"十四五"普通高等教育系列教材

BIM 技术实训绘图教程

主　编　连　勇

副主编　武　鹏　赵丽霞

参　编　张　蔚　张瑞鹏　李彦君　尹晓娟

　　　　许园林　程明旺　周志英　王宏强

　　　　白　鹏　张晋峰　韩垚森　赵永峰

主　审　范红岩　彭　辉

中国电力出版社

CHINA ELECTRIC POWER PRESS

内容提要

本书为"十四五"普通高等教育系列教材,全书共两篇12章,第一篇为 Revit 实训绘图,第二篇为 Navisworks。本书以实际工程项目为载体,在介绍 Revit 和 Navisworks 软件相关概念、参数含义、对象设定、功能创建和模型使用的基础上,以标高和轴网、墙体、门窗、楼板、屋顶和洞口、楼梯、扶手和坡道、场地、族、体量建模等为主线打造模块化信息模型创建任务。使读者能够熟练掌握 Revit 和 Navisworks 技术要点,继而提高 BIM 设计中所遇问题的处理能力。

本书可作为工程管理专业及工程造价专业教材,也可作为建筑工程技术人员自学和参考用书,还可作为相关专业人员参考用书。

图书在版编目(CIP)数据

BIM 技术实训绘图教程 / 连勇主编 . — 北京:中国电力出版社,2021.3(2024.1 重印)
"十四五"普通高等教育系列教材
ISBN 978-7-5198-5241-2

Ⅰ. ① B… Ⅱ. ① 连… Ⅲ. ① 建筑制图 — 计算机制图 — 应用软件 — 高等学校 — 教材 Ⅳ. ① TU201.4

中国版本图书馆 CIP 数据核字(2020)第 259185 号

出版发行:中国电力出版社
地　　址:北京市东城区北京站西街 19 号(邮政编码 100005)
网　　址:http://www.cepp.sgcc.com.cn
责任编辑:孙　静(010-63412542)
责任校对:黄　蓓　郝军燕　李　楠
装帧设计:郝晓燕
责任印制:吴　迪

印　　刷:固安县铭城印刷有限公司
版　　次:2021 年 3 月第一版
印　　次:2024 年 1 月北京第四次印刷
开　　本:787 毫米 × 1092 毫米　16 开本
印　　张:19
字　　数:508 千字
定　　价:58.00 元

前　　言

　　为深入推进建筑行业信息化发展，顺应建筑行业职业化、专业化的发展要求，满足高等院校人才培养目标，进一步提升技术型人才培养质量，使学生具备良好的理论和实践水平，不少高校已设立 BIM 建模实训课程。基于此，为便于工程管理专业学生学习 BIM 建模技术，也为了服务于兄弟院校日常教学工作，特组织编写本教材。

　　本书以实际工程为案例，从基本的软件前景、概念、用途和架构入手，介绍工程实践案例的实操应用，培养学生具备更强的实践动手能力。全书内容通俗易懂，形象直观。

　　本书分为两篇，以 Revit 和 Navisworks 软件背景需求、应用环节及软件的操作流程为主线，通过大量图例，运用简洁的语言，对 Revit 和 Navisworks 软件在工程实践建模中各类概念、参数含义、对象设定、功能创建和模型使用等进行全面系统的讲解和介绍，功能指向明确，实践目的性强。

　　本书由连勇任主编，其中连勇编写第 1~5 章，武鹏编写第 6、7 章，张蔚、张瑞鹏编写第 8 章，赵丽霞、许园林编写第 9、10 章，程明旺、周志英、王宏强编写第 11 章，白鹏、张晋峰、韩垚森、赵永峰编写第 12 章。

　　本书由范红岩和彭辉高工主审，提出了许多宝贵的意见和建议。在编写过程中，我们参阅借鉴了大量的 BIM 技术绘图方面、建筑工程方面的图书以及众多工程实践专家学者的科研成果，在此一并表示感谢！

　　为了使学生的动手能力更强，提升学生的综合能力和竞争力，本书的编排着重从突出引导学生动手方面予以探索和尝试，但限于编者水平，书中难免有不妥之处，恳请读者批评指正，以期修订时更加完善，不断提高。

编　者

2021 年 1 月

目　　录

第一篇
Revit 实训绘图

第 1 章　Revit 定义及相关名词解释

1.1　定义

Revit：是 Autodesk 公司一套系列软件的名称。Revit 的各种功能，即是用于规划、设计、建造以及管理建筑和基础设施的基于模型的智能流程。Revit 支持多领域协作设计，是专为建筑信息模型（BIM）构建的，可帮助建筑设计师设计、建造和维护质量更好、能效更高的建筑，是我国建筑业 BIM 体系中使用最广泛的软件。

1.2　基本概念

项目：是单个信息数据库——建筑信息模型。项目包括了用于设计模型的构件、项目视图和设计图纸的设计信息。通过使用单个项目文件，使用者可以简单地修改设计。并且使修改反映在所有关联区域（例如平面视图、立面视图、剖面视图、明细表）中。

资源：可以利用系统提供的资源辅助学习与技术交流，也可以在线查看中文帮助。

样板文件：样板文件是一个系统性文件。项目样板文件在实际设计过程中起到非常重要的作用，它统一的标准设置为设计提供了便利，在满足设计标准的同时大大提高了设计师的效率。项目样板提供项目的初始状态。每一个 Revit 软件中都提供几个默认的样板文件，也可以创建自己的样板。

标高：是无限水平平面，用作屋顶、楼板和天花板等以层为主体的图元的参照。标高大多用于定义建筑内的垂直高度或楼层。要放置标高，必须处于剖面或者立面视图中。如图 1-1 所示。

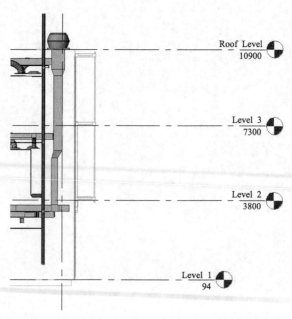

图 1-1

实例：放置在项目中的实际项（单个图元），它们在建筑（模型实例）或图纸（注释实例）中都有特定的位置。

图元：在创建项目时，可以向设计中添加 Revit 参数化建筑图元。Revit 按照类别、族和类型对图元进行分类，如图 1-2 所示。

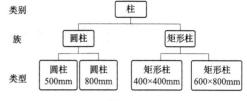

图 1-2

类别：用于对建筑设计进行建模或记录的图元。

族：某一类别图元的类。

族可分为三种：

1）可载入族：可以载入到项目中，且根据样板创建。它们可以确定族的属性设置和族的图形化表示方法。

2）系统族：包括楼板、尺寸标注、屋顶和标高。它们不能作为单个文件载入或创建。Revit Structure 预定义了系统组的属性设置及图形表示。可以在项目内使用预定义类型生成属于此族的新类型。

3）内建族：用于定义在项目的上下文中创建的自定义图元。

提示：由于内建图元在项目中的使用受到限制，因此每个内建族都只包含一种类型。在项目中可以创建多个内建族，并且可以将同一内建图元的多个副本放置在图元中。与系统和标准构建族不同，操作者不能通过复制内建族类型来创建多种类型。

族库：Revit 族库就是把大量 Revit 族按照特性、参数等属性分类归档而成的数据库。相关行业企业或组织随着项目的开展和深入，都会积累到一套自己独有的族库。在以后的工作中，直接调用族库数据，并根据实际情况修改参数，便可提高工作效率。Revit 族库可以说是一种无形的知识生产力。族库的质量是相关行业企业或组织的核心竞争力的一种体现。

类型：每个族都可以拥有多个类型。类型可以是族的特定尺寸，例如 30×42 或 A0 标题栏。类型也可以是样式，例如，尺寸标注的默认对齐样式或默认角度样式。

1.3　参数化建模系统中的图元行为

项目中 Revit 有三种可使用的图元，分别为模型图元、基准图元、视图专有图元。

1）模型图元：建筑的实际三维几何图形，它们显示在模型的相关视图中。

模型图元有两种类型：

① 主体：通常在构造场地在位构建。② 模型构建：建筑模型中其他所有类型的图元。

2）基准图元：帮助定义项目上下文。

3）视图专有图元：只显示在放置这些图元的视图中。可以帮助对模型进行描述或归档。视图专有图元有两种类型，一类为注释图元，另一类为详图。

① 注释图元：对模型进行归档并在图纸上保持比例的二维构件。② 详图：在特定视图中提供有关建筑模型详细信息的二维项。

Revit 图元可以被用户直接创建和修改，无须进行编程。在 Revit 中，图元通常根据其在建筑中的上下文来确定自己的行为。上下文是由构件的绘制方式，以及该构件与其他构件之间建立的约束关系确定的。一般来说，要建立这些关系，无须执行任何操作，执行的设计操作和绘制方式已隐含了这些关系。在其他情况下，可以显示控制这些关系。

第 2 章　参数化建模系统图元行为

2.1　图元的基本选择方法

（1）定位要选择的图元：将鼠标移动到绘图区域的图元上。Revit 2018 将高亮显示该图元并在状态栏和工具中显示有关该图元的信息。

（2）选择一个图元：单击该图元。

（3）选择多个图元：Ctrl+ 单击每个图元。

（4）确定当前选择的图元数量：在状态栏 ▽:0 上选择"合计"。

（5）选择特定类型的全部图元：选择所需类型的一个图元，并键入"选择全部实例"（或符号 SA）。

（6）选择某种类别（或某些类别）的所有图元：在图元周围绘制一个拾取框，并单击 修改 | 选择多个 选项卡【过滤器】面板，单击【过滤器】▽ 按键。按照所需类型，并单击【确定】按键。

（7）取消选择图元：shift+ 单击每个图元，可以从一组选定图元中取消选择该图元。

（8）重新选择以前的图元：Ctrl+ 左箭头键（◁）。

（9）图元基本选择方法案例示范：

1）单击快速访问工具栏的【打开】选项 ⬀，打开 Revit 2018 安装路径（安装位置下的 rst_advanced_sample_family 族文件），如图 2-1 所示。

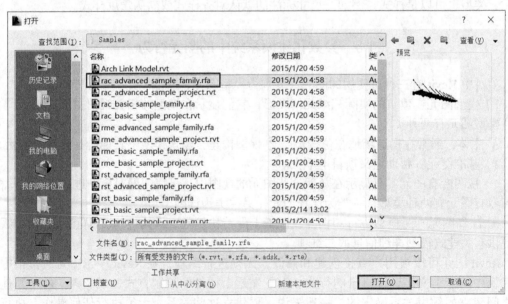

图 2-1

2）将光标移动到绘图区域中要选择的图元上，Revit 2018 将用蓝色显示该图元，并在左下角状态栏显示有关该图元的信息。如图 2-2 所示。

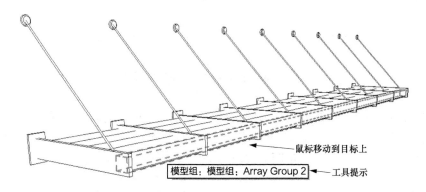

图 2-2

3）单击显示工具提示的图元，该图元呈半透明蓝色显示。

4）按住 Ctrl 键同时选择其他图元，之后多个图元被选中。

5）此时右下角状态栏可显示当前所选图元数量，如图 2-3 所示。

图 2-3

6）单击 图标，【过滤器】对话框将被打开，取消勾选或者勾选类别复选框，可选择所选图元是否显示。

7）如果需要选择同一类别的图元，先选中此类别中的任意一个图元，然后直接输入 SA，剩余同类别图元即会被选中。

8）也可以先选中一个图元单击鼠标右键并执行菜单中的【选择全部实例】|【在视图中可见】命令即可同时选中同类别的全部图元，如图 2-4 所示。

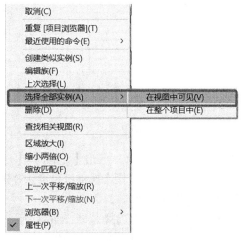

图 2-4

或者通过拾取框选择，先用鼠标在图形区画一个从右向左的矩形，矩形边框所包含或相交的部分的图元都将被选中，此方法选中的图元不分类别。

9）若要部分取消或者全部取消选中的图元，则按住 Shift 键同时选择图元，即可取消选择。

10）快速全部取消图元按 Esc 即可。

提示：① Revit 2018 输入的快捷命令只能显示在状态栏上，因为 revit 2018 没有命令输入文本。

②按下 shift 键，鼠标箭头上会新增一个"-"符号，按下 Ctrl 键会有一个"+"符号。

2.2　通过选择过滤器选择图元

Revit 2018 提供了控制图元显示的过滤器选项，过滤器包括"选择链接""选择基线图元""选择锁定图元""按面选择图元""选择时拖拽图元"。可在工具面板【选择】面板中的过滤器选项以及状态栏右下角的选择过滤器按键找到【过滤器】。

（1）选择链接："选择链接"跟链接的文件以及其链接的图元有关。此选项可以选择包括 Revit 模型、CAD 文件和点云扫描数据问价等类别的链接及其图元。

提示：想要判断一个项目中是否有链接的模型或者文件，在项目浏览器底部的【Revit 链接】查看是否有链接对象。

（2）选择基线图元：基线即是用来参照底图、定位。

实例演示

1）单击快速访问工具栏上的【打开】按键，从【打开】中打开 Revit 安装路径下的 rac_advanced_sample_project.rvt 建筑样例文件。

2）在项目浏览器的【视图】|【楼层平面】中双击点开"03-Floor"视图，如图 2-5 所示。

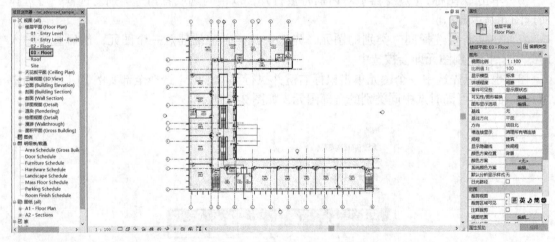

图 2-5

3）在属性选项板的【基线】选项，展开，点击【范围】|【底部标高】选择【01-Entry Level】作为基线，并单击属性选择板底部的【应用】按键进行确认并进行应用，如图 2-6 所示。

4）图形中显示楼层一的基线（灰显）如图 2-7 所示。

5）在工具面板的【选择】面板中选择【选择基线图元】选项，或者在右下角状态栏单击【选择基线图元】选项，之后即可选择灰显的基线图元。

（3）选择锁定图元：在建筑项目中，某些图元被锁定后，将不能被选择。如果想要取消锁定，则需要设置此过滤器选项。

实例演示

1）单击快速访问工具栏的【打开】，从 Revit 软件下载路径中选择 rme_advanced_

sample_project.rvt 样例文件打开。

图 2-6

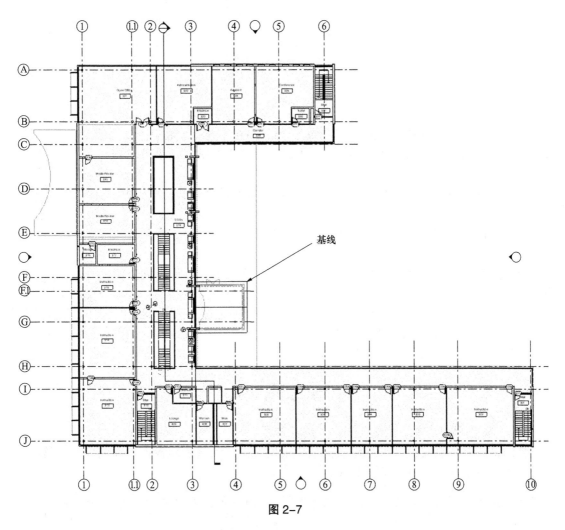

图 2-7

2）打开样例后，在图形区中选择默认视图中一个通风管道图元，并执行右键【选择全部实例】|【在整个项目中】，选中该类型的所有通风管图元，如图 2-8 所示。

3）之后在弹出的【修改|风管】选项卡的【修改】面板中单击【锁定】按键，被选中的风管图元上添加了图钉标记，表示被锁定。

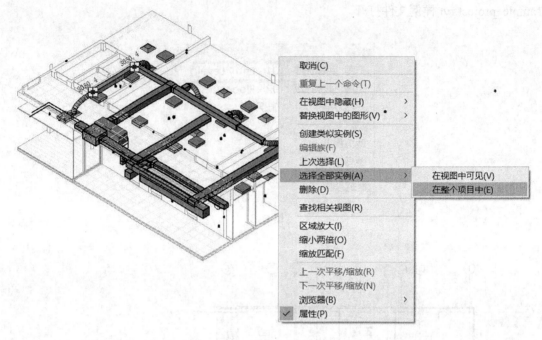

图 2-8

4）默认情况下，被锁定的图元不能选择，需要在【选择】面板点击勾选【选择锁定图元】解除限制或者点击【修改 | 风管】面板的【解锁】按键，如图 2-9 所示。

（4）按面选择图元：想要通过内部面板拾取而不是边来选择图元时，可以选择此过滤器选项。

提示：此选项适用于所有模型视图和详图视图，但不适用于视觉样式的"线框"。

（5）选择时拖拽图元：既要选择图元又要移动图元时，可选择此过滤器选项或者点击状态栏上【选择时拖拽图元】按键。

提示：选择此过滤器选项的同时最好也选择【按面选择图元】，这样可以快速地选择并移动图元，如果选择图元的同时移动图元不选择此选项，则需要选择图元释放鼠标，再移动鼠标，需要分步进行。

图 2-9

2.3　图元的变换操作

1. Revit 提供了一些图元变换操作和编辑工具

使用这些技术来修改和操纵绘图区域中的图元，以实现建筑模型所需的设计。这些工具都在【修改】选项卡中，如图 2-10 所示。

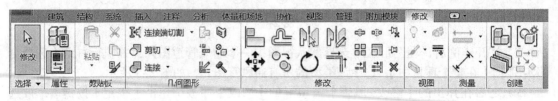

图 2-10

2. 编辑与操作图形

在【修改】选项卡【几何图形】面板中的工具用于连接和修剪几何图形，这里的"几何图形"其实是针对三维视图中的模型图元。

切割与剪切工具。切割与剪切工具包括【应用连接端切割】【删除连接端切割】【剪切几何图形】和【取消剪切几何图形】工具。

实例演示

【应用连接端切割】与【删除连接端切割】工具主要应用在建筑结构设计中梁和柱的连接端口的切割。

1）打开"源文件 /Ch02/ 钢梁结构 .rvt"，如图 2-11 所示。

2）在 1 号位置上选中钢梁结构件，如图 2-12 所示，将显示"结构框架构件端点"和"造型操纵柄"。

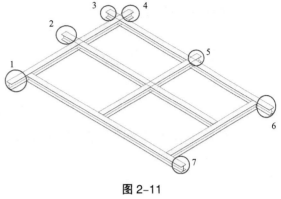

图 2-11

3）拖曳构件端点或者造型操纵柄控制点，拉长钢梁构件，如图 2-13 所示。

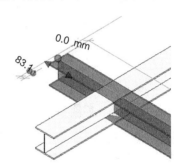

图 2-12　　　　　　　　　图 2-13

4）拖曳时不要将钢梁构件拉伸得过长，会影响切割的效果。拖曳过长，得到的会是相交处被切断，切断处以外的钢梁构件均保留，如图 2-14 所示。此处需要的是两条钢梁构件相互切割，多余部分将切割掉不保留。

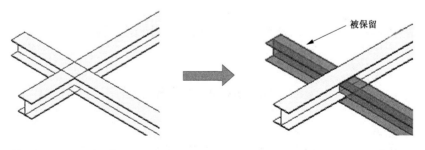

图 2-14

5）同理，将相交的另一钢梁构件（该构件明显过长）拖曳其构件端点缩短其长度。

6）经过上述修改钢梁结构长度后，在【修改】选项卡【几何图形】面板中单击【连接段切割】选项，首先选择被切割的钢梁构件，再选择作为切割工具的另一钢梁结构，如图 2-15 所示。

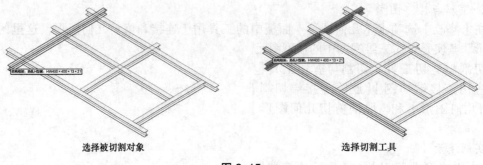

选择被切割对象　　　　　　　　　　　选择切割工具

图 2-15

7）随后 Revit 自动切除切割，切割后的效果如图 2-16 所示。

8）同理，交换切割对象和切割工具，对未切割的另一钢梁构件进行切割，切割结果如图 2-17 所示。

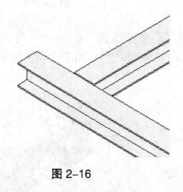
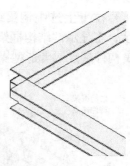

图 2-16　　　　　　　　　　　　　　图 2-17

9）对编号 2、3、4、5、6 位置处的相交钢梁构件进行连接段切割。切割完成结果如图 2-18 所示。

10）最后切割中间形成十字交叉位置的钢梁构件，只切割其中一根。

提示：作为被切割对象的钢梁，判断其是否过长，可以先切割，查看效果，然后通过拖曳构件端点或者造型操纵柄控制点来修改长度，Revit 会自动完成切割操作。

11）切割完成后需要检查，如果切割效果不理想，单击【删除连接段切割】选项，然后依次选择被切割对象与切割工具，删除连接段切割，然后重新切割。

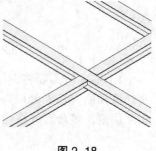

图 2-18

2.4　Revit 模型图元

2.4.1　模型线

模型线可用来表达 Revit 建筑模型或建筑结构中的绳索、固定线等物体。模型线可以是某个工作平面上的线，也可以是空间曲线。若是空间模型线，在各个视图中都将可见。

模型线是基于草图的图元，通常利用模型线草图工具来绘制如楼板、天花板和拉伸的轮廓曲线。

在【模型】面板中单击【模型线】按键，功能区中将显示【修改|放置线】选项卡，如图 2-19 所示。

图 2-19

【修改|放置线】选项卡的【绘制】面板及【线样式】面板中包含了所有用于绘制模型线的绘图工具与线样式设置，如图 2-20 所示。

图 2-20

（1）直线。单击【直线】按键，选项栏显示绘图选项，如图 2-21 表示，且光标由箭头变为十字。

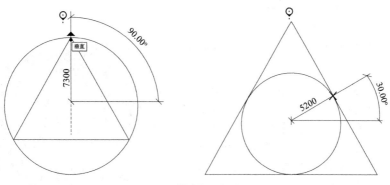

图 2-21

放置平面：该列表显示当前的工作平面，还可以从列表中选择标高或者拾取新平面作为工作平面。

链：选择此选项，将连续绘制直线。

偏移量：设定直线与绘制轨迹之间的偏移距离。

半径：选择此选项，将会在直线与直线之间自动绘制圆角曲线（圆角半径为设定值）。

提示：要选择【半径】选项，必须先选择【链】选项。否则绘制单条直线是无法创建圆角曲线的。

（2）矩形。【矩形】命令将绘制由起点和对角点构成的矩形。单击【矩形】按键，选项栏显示矩形绘制选项。

提示：选项栏中的选项与【直线】命令选项栏相同。

（3）多边形。Revit 中绘制多边形有两种方式：外接多边形（外接于圆）和内接多边形（内接于圆），如图 2-22 所示。

图 2-22

单击【内接多边形】按键，选项栏显示多边形绘制选项，如图 2-23 所示。

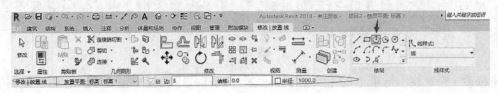

图 2-23

边：输入正多边形的边数，边数至少为 3 及以上。

半径：不选择选项时，可绘制任意半径（内接于圆的半径）的正多边形。若选择此选项，可精确绘制输入半径值的内接多边形。

在绘制正多边形时，选项栏中的"半径"是控制多边形内接于圆或外切于圆的大小参数，如要控制旋转角度，请通过【管理】选项卡中的【捕捉】选项，设置【角度尺寸标注捕捉增量】的角度，如图 2-24 表示。

图 2-24

（4）圆形。单击【圆形】按键，可以绘制由圆心和半径来控制的圆。

（5）其他图形。【绘制】面板中的其他图形工具包括圆弧、样条曲线、椭圆、椭圆弧、拾取线等。

（6）线样式。可以为绘制的模型线设置不同的线形样式，在【修改|放置线】选项卡【线样式】面板中，提供了多种可供选择的线样式。要设置线样式，先选中要变换线形的模型线，然后再选择线样式下拉列表中的线形，如图 2-25 所示。

2.4.2 模型文字

模型文字是基于工作平面的三维图元，可用于建筑或墙上的标志或字母。对于能以三维方式显示的族（如墙、门、窗和家具），可以在项目视图和族编辑器中添加模型文字。模型文字不可用于只能以二维方式表示的族，如注释、详图构件和轮廓。

图 2-25

实例演示——创建模型文字

1）打开本例源文件"别墅 .rvt"建筑模型，如图 2-26 所示。

2）单击功能区【建筑】选项卡【工作平面】面板中的【设置】按键，打开【工作平面】对话框。

3）选择【拾取一个平面】选项，单击【确定】按键，然后选择 East 立面的墙面作为新的工作平面。

4）在【建筑】选项卡【模型】面板上单击【模型文字】按键，弹出【编辑文字】对话框。在文本框中输入"别墅"，并单击【确定】按键。

图 2-26

5）将文本放置在大门的上方。

6）放置文本后自动生成具有凹凸感的模型文字，如图 2-27 所示。

7）接下来编辑模型文字，使模型文字变小变薄。首先选中模型文字，在属性选项板中设置尺寸标注的深度为"50"，单击【应用】按键，如图 2-28 所示。

8）在属性选项板中单击【编辑类型】按键，打开【类型属性】对话框。在对话框中设置文字字体为"长仿宋体"，字体大小为"500"，选择【粗体】选项，最后单击【应用】按键模型文字的属性编辑，如图 2-29 所示。

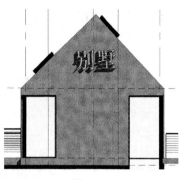

图 2-27

图 2-28

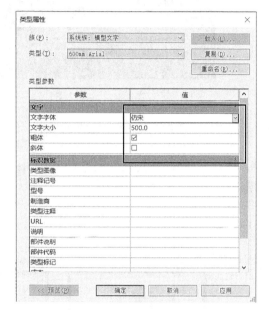

图 2-29

9）编辑属性后，模型文字的位置需要重新设置。拖曳模型文字到新位置即可，如图 2-30 所示。

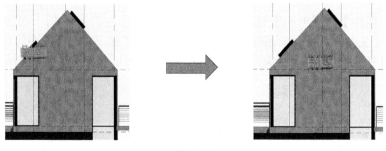

图 2-30

10）完成后将文件保存。

2.4.3　创建模型组

对组的应用是对现有项目文件中可重复利用图元的一种管理和应用方法，可以通过采取组这种方式来管理像族一样和应用设计资源。组的应用可以包括模型对象、详图对象以及模型和详图的混合对象。

Revit 可以创建以下类型的组：

（1）模型组：此组合全部由模型图元组成。

（2）详图组：详图组则由尺寸标注、门窗标记、文字等注释类图元组成。

（3）附着的详图组：可以包含与特定模型组关联的视图专有图元。

实例演示——创建模型组

1）打开本例源文件"学校 .rvt"建筑项目文件，如图 2-31 所示。

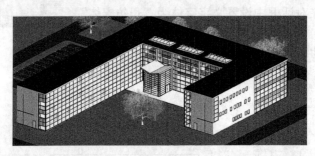

图 2-31

2）切换至"Leve.2"楼层平面视图。在该项目中，已经为左侧住宅创建了门窗、阳台以及门窗标记。

3）按住 Ctrl 键选择西侧"Leve.2"楼层的所有阳台栏杆、门和窗，自动切换至【修改 | 选择多个】选项卡，如图 2-32 所示。

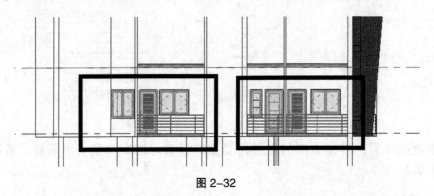

图 2-32

4）单击【创建】面板中的【创建组】按键，弹出如图 2-33 所示的【创建模型组】对话框，在【名称】文本框输入"标准层阳台组合"作为组名称，不选择【在组编辑器中打开】选项，单击【确定】按键，将所选择图元创建生成组，按 Esc 键退出当前选择集。

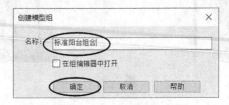

图 2-33

5）单击组中任意楼板或楼板边图元，Revit 将选择"标准层阳台组合"模型组中的所有图元，自动切换至【修改 | 模型组】选项卡。

6）使用【列阵】工具，在选项栏中设置【项目数】为"4"（按 Enter 键确认），其余选项保留默认。然后在视图中选择一个参考点作为阵列复制的起点，如图 2-34 所示。

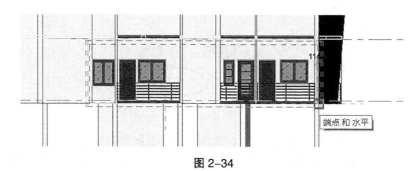

图 2-34

7）然后在"Leve.3"楼层的标高线上拾取一点作为复制的终点，且该终点与起点呈垂直关系，如图 2-35 所示。

图 2-35

8）单击终点可以查看阵列复制的预览效果，如图 2-36 所示。

9）最后在空白处单击，将弹出警告对话框，如图 2-37 所示。单击【警告】对话框中的【确定】按键即可完成模型组的阵列操作。按 Esc 键退出【修改 | 模型组】编辑模式。

图 2-36

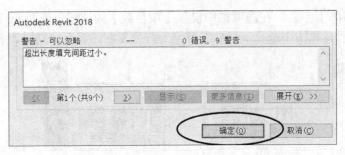

图 2-37

10）在项目浏览器中的【组】|【模型】节点下，单击鼠标右键选中【标准层阳台组合】，从右键菜单中选择【保存组】，弹出【保存组】对话框，指定保存位置并输入文件名称，单击【保存】按键保存即可，如图 2-38 所示。

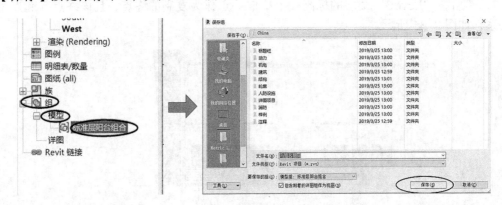

图 2-38

提示：如果该模型组中包含附着的详图组，还可以选择对话框底部的【包含附着的详图组作为视图】选项，将附着详图组一同保存。

实例演示——放置模型组

若不需要用阵列的方式放置组，还可以用插入的方式来放置模型组。

1）打开本例源文件"学校 .rvt"建筑项目文件。

2）切换至"leve.2"楼层的所有阳台栏杆、门和窗，自动切换至【修改|选择多个】选项卡，如图 2-39 所示。

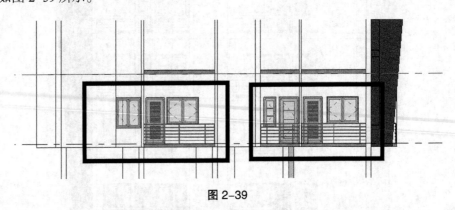

图 2-39

3）单击【创建】面板中的【创建组】按键，弹出【创建模型组】对话框，在【名称】文本框输入"标准层阳台组合"作为组合名称，不选择【在组编辑器中打开】选项，单击

【确定】按键，将所选图元创建生成组，按 Esc 键退出当前选择集。

4）在功能区【建筑】选项卡【模型】面板中【模型组】命令组中单击【放置模型组】按键，Revit 以组原点为放置参考点，并捕捉到与"Leve.3"阳台上表面延伸线的交点。

5）在组原点竖直追踪线与阳台上表面交点单击，放置模型组，功能区显示【修改 | 模型组】选项卡，如图 2-40 所示，单击【完成】按键，结束放置模型组的操作。

图 2-40

第 3 章　软件入门及操作

3.1　Revit 2018 界面指南

（1）打开 Revit 2018 首先进入的是欢迎界面，欢迎界面包括【项目】和【族】的创建入口功能，以及【资源】功能。

（2）点击新建或者样板进入 Revit 工作界面。

（3）Revit 2018 工作界面指南（见图 3-1）：①快速访问工具栏（用户可自定义快速访问工具栏）；②应用程序菜单；③信息中心；④工具面板；⑤属性；⑥项目浏览器；⑦绘图区；⑧导航栏；⑨状态栏。

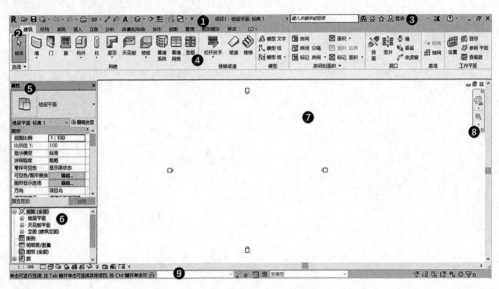

图 3-1

（4）Revit 正向建模，通过 Revit architecture（建筑）、Revit struture（结构）、Revit MEP（设备）三种软件组合操作建模。其中 Revit structure 是完成建筑项目第一阶段结构设计的。可帮助设计师使用智能模型，通过模拟和分析，深入了解项目，并在施工前预测性能。使用智能模型中固有的坐标和一致信息，提高文档设计的精确度。可以输出结构施工图图纸和相关明细表。

Revit architecture 模块是完成第二阶段设计的。Autodesk Revit 软件可以按照建筑师和设计师的思考方式进行设计，因此，可以提供更高质量、更加精确的建筑设计。通过使用专为支持建筑信息模型工作流而构建的工具，可以获取并分析概念，并可通过设计、文档和建筑保持设计者的视野。强大的建筑设计工具可以帮助设计者捕捉和分析概念，以及保持从设计到建筑的各个阶段的一致性，最后得到建筑施工图和效果图。

Revit MEP 是完成建筑项目第三阶段的系统设计、设备安装与调试的。可以为暖通、电气和给排水（MEP）工程师提供工具，可以设计最复杂的建筑系统。

（5）更换背景色，有时候为了绘制的图看得更清晰，可通过更改背景色使绘制的图更

明显。首先打开左上角文件，点击【选项】，然后点击【图形】按键，选择【颜色|背景】，将背景色换成黑色或者其他颜色，最后点击确定，背景色则会换成软件使用者修改的颜色，如图 3-2 所示。

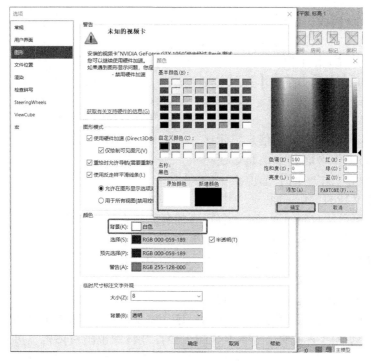

图 3-2

（6）族文件加载：点击【插入】选项卡，选择【载入族】面板，在弹出的窗口选择需要的族文件，然后点击【系统】选项卡的【构件】面板或者点击【建筑】选项卡的构件，即可将需要的族文件放在绘制的图中。

（7）导入外部工具：Revit 2018 的【附加模块】中的【外部工具】是用于拓展 Revit 2018 功能的应用程序，可导入 Navisworks 2018。

（8）【模型】：包含模型文字、模型线、模型组，其中模型文字可将三维文字添加到建筑模板中，模型线是用于创建一条存在于三维空间中且在项目的所有视图中都可见的线，模型组是将创建的一组定义的图元或一组图元，这组图元可以多次放置在一个项目或一个族中。

（9）过滤器：过滤器的作用是批量选择。在绘图界面绘制多个类型的图元，例如墙、门、窗等，框选所有图元，在工具面板选择过滤器，就可以单独选择需要选择的部分图元。

（10）明细表：显示项目中任意类型图元的列表。创建明细表、数量和材质提取，以确定并分析在项目中使用的构件和材质。明细表是模型的另一种视图。

3.2　工作平面的创建

3.2.1　工作平面介绍

了解工作平面：工作平面是在三维空间中建模，作为视图或者绘制起始图元的虚拟二维平面。工作平面也可以作为视图平面。

创建或设置工作平面的工具在【建筑】选项卡或【结构】选项卡的【工作平面】面板中。

3.2.2　设置工作平面

Revit 中的每个视图都与工作平面相关联。例如，平面视图与标高相关联，标高为水平工作平面。

在某些视图（如平面视图、三维视图和绘图视图）以及族编辑器的视图中，工作平面是自动设置的。在立面视图、剖面视图中，则必须设置工作平面。

在【工作平面】选项卡单击【设置】按键，打开【工作平面】对话框，如图 3-3 所示。

【工作平面】对话框的顶部信息显示区域会显示当前的工作平面基本信息。还可以通过【指定新的工作平面】选项组中的三个子选项来定义新的工作平面。

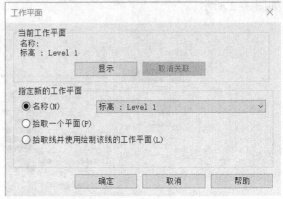

图 3-3

（1）名称：可以从右侧的列表中选择已有的名称作为新工作平面的名称。通常，此列表中将包含有标高名称、网格名称和参照平面名称。

提示：即使尚未选择"名称"选项，该列表也处于活动状态。如果从列表中选择名称，Revit 会自动选择"名称"选项。

（2）拾取一个平面：选择此选项，可以选择建筑模型中的墙面、标高、拉伸面、网格和已命名的参照平面作为要定义的新工作平面。选择屋顶的一个斜平面作为新工作平面。

提示：如果选择的平面垂直于当前视图，会打开转到视图对话框，可以根据自己的选择，确定要打开哪个视图，例如，如果选择北向的墙，则允许在对话框上面的窗格中选择平行视图，或在下面的窗格中选择三维视图。

（3）拾取线并使用绘制该线的工作平面：可以选取与线共面的工作平面作为当前工作平面。例如，选取模型线，则模型线是在标高 1 层面上进行绘制的，所以标高 1 层面将作为当前工作平面。

3.2.3　显示、编辑与查看工作平面

（1）显示：显示工作平面，在功能区【建筑】【结构】或者【系统】选项卡的工作平面面板中单击【显示】按键即可。

（2）编辑：工作平面是可编辑的，可以修改其边界大小、网格大小。

实例演示：

1）打开案例如图 3-4 所示。

提示：若打开的桌子边框为粗实线，则点击【视图】选项卡下的【细线】功能卡，文件则会变为如图 3-4 所示。

2）双击桌面图元，显示桌面的截面曲线，如图 3-5 所示。

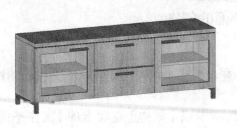

图 3-4

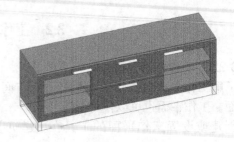

图 3-5

3）单击【查看器】按键▣，弹出如图 3-6 所示的工作平面查看器活动窗口。

4）选中左侧边界曲线，然后拖曳改变其大小，之后拖曳右侧的边界曲线改变其位置，拖曳的距离大致相等即可，如图 3-7 所示。

5）关闭查看器窗口，实际上桌面的轮廓曲线已经发生改变，如图 3-8 所示。

6）最后单击【修改 | 编辑拉伸】上下文选项卡的【完成编辑】按键▣，退出编辑模式，完成图元的修改，如图 3-9 所示。

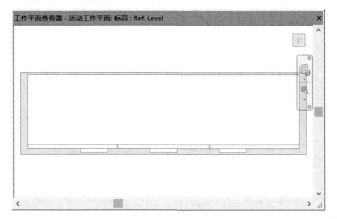

图 3-6

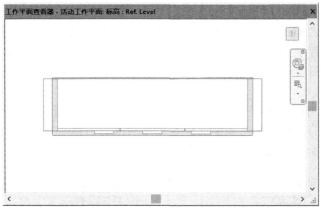

图 3-7

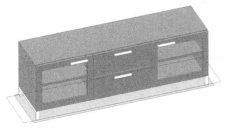

图 3-8

图 3-9

3.3　项目视图操作

Revit 模型视图是建立模型和设计图纸的重要参考。可以借助不同的视图（工作平面）

建立模型，也能借助不同视图来创建结构施工图、建筑施工图或水电气布线图、设备管路设计施工图等。进入不同的模组，就会有不同的模型视图。

3.4　项目样板与视图

不同的项目视图由不同的项目样板来决定。在欢迎界面的【项目】选项区选择【构造样板】【建筑样板】【结构样板】或【机械样板】选项，这四种选项样板的实质是选择样板文件来创建项目，如图 3-10 所示。

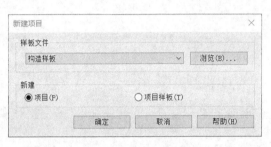

图 3-10

项目样板为新项目提供了起点，包括视图样板、已载入的族、已定义的设置（如单位、填充样式、线样式、线宽、视图比例等）和几何图形。安装成功的 Revit 提供了若干样板，用于不同的规程和建筑项目类型。

所谓项目样板之间的差别，其实是由设计行业需求不同决定的，同时体现在【项目浏览器】中的视图内容不同。建筑样板和构造样板的视图内容是一样的，即这两种项目样板都可以进行建筑模型设计，而且出图的种类也是最多的，图 3-11 所示为建筑样板与构造样板的视图内容。

提示：在 Revit 中进行建筑模型设计，其实只能做一些造型较为简单的建筑框架、室内建筑构件、外幕墙等模型，复杂外形的建筑模型只能通过第三方软件如 Rhino、SketchUP、3dsMAX 等进行造型设计，通过转换格式导入或链接到 Revit 中。

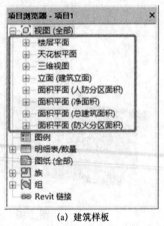

(a) 建筑样板

(b) 构造样板

图 3-11

3.4.1　项目视图的基本使用

（1）楼层平面视图。在项目视图中，【楼层平面】视图节点下默认的楼层仅包括"场地""标高 1"和"标高 2"。"场地"楼层平面用来包容属于场地的所有构建要素，包括绿地、院落植物、围墙、地坪等。一般来说，场地的标高比第一层的要低，为的是避免往室内渗水。

"标高 1"楼层就是建筑的地上第一层，跟立面图中的"标高 1"标高是相互对应的。

平面视图中的"标高 1"这个名称可以进行修改，选中"标高 1"视图，用鼠标右键单击，选择快捷菜单的【重命名】命令，即可重新命名视图，如图 3-12 所示。

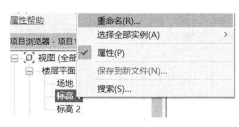

图 3-12

重命名平面视图名称后，系统会提示用户：是否希望将重命名应用于相应标高和视图。如果单击【是】，就关联其他视图，反之则只修改平面视图名称，而其他视图中的名称不受影响。

（2）立面视图。立面视图包括东南西北 4 个建筑立面视图，与之对应的是楼层平面视图中的 4 个立面标记。

在平面视图中双击立面图标记箭头部分，即可转入该标记指示的立面视图中。

3.4.2 视图范围的控制

视图范围是控制对象在视图中的可见性和外观的水平平面集。

每个平面图都具有视图范围属性，该属性也称为可见范围。定义视图范围的水平平面为"俯视图""剖切面"和"仰视图"。顶剪裁平面和底剪裁平面表示视图范围的最顶部和最底部的部分。剖切面是一个平面，用于确定特定图元在视图中显示为剖面时的高度。这三个平面可以定义视图范围的主要范围。

视图深度是主要范围之外的附加平面。更改视图深度，以显示底剪裁平面下的图元。默认情况下，视图深度与底裁剪平面重合。

一般显示平面视图的视图范围：①顶部；②剖切面；③底部；④偏移（从底部）；⑤主要范围；⑥视图深度。

当创建了多层建筑后，可以通过设置视图范围，让当前楼层以下或以上的楼层隐藏不显示，便于观察。

除了以上为正常情况的剖切显示（剖切面的剖切位置）外，还有以下几种情况的视图范围显示控制方法：

（1）与剖切平面相交的图元。

在平面视图中，Revit 使用以下规则显示与剖切平面相交的图元：①这些图元使用其图元类别的剖面线宽绘制。②当图元类别没有剖面线宽时，该类别不可剖切。此图元使用投影线宽绘制。

与剖切面相交的图元显示的例外情况包括以下内容：

①高度小于 6 英尺（或 2 米）的墙不会被截断，即使它们与剖切面相交。

提示：从边界框的顶部到主视图范围的底部测得的结果为 6 英尺（或 2 米）。例如，如果创建的墙的顶部比底剪裁平面高 6 英尺，则在剖切平面上剪切墙。当墙顶部不足 6 英尺时，整个墙显示为投影，即使与剖切面相交的区域也如此。将墙的"墙顶定位标高"属性指定为"未连接"时，始终会出现此行为。

②对于某些类别，各个族被定义为可剖切或不可剖切。如果族被定义为不可剖切，则其图元与剖切面相交时，使用投影线宽绘制。

（2）低于剖切面且高于底剪裁平面的图元。在平面视图中，Revit 使用图元类别的投影线宽绘制这些图元。在如图 3-13 所示的图中，浅灰色区域指示低于剖切面且高于底剪裁平面的图元。右侧平面视图显示以下内容：

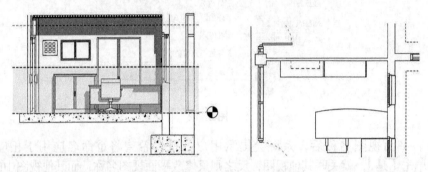

图 3-13

使用投影线宽绘制的图元，因为它们不与剖切面相交。

（3）低于底剪裁平面且在视图深度内的图元。视图深度内的图元使用"超出"线样式绘制，与图元类别无关。

例外情况：位于视图范围之外的楼板、结构楼板、楼梯和坡道使用一个调整后的范围，比主要范围的底部低 4 英尺（约 1.22 米）。在该调整范围内，使用该类别的投影线宽绘制图元。如果它们存在于此调整范围之外但在视图深度内，则使用"超出"线样式绘制这些图元。

例如，在如图 3-14 所示的图中，浅灰色区域低于底剪裁平面且在视图深度内的图元。右侧平面视图显示以下内容：

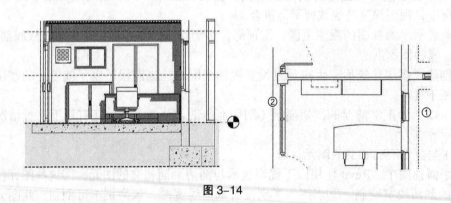

图 3-14

①使用"超出"线样式绘制的视图深度内的图元（基础）。②使用投影线宽为其类别绘制的图元，因为它满足例外条件。

（4）高于剖切面且低于顶剪裁平面的图元。这些图元不会显示在平面视图中，除非其类别是窗、橱柜或常规模型。这三个类别中的图元使用从上方查看时的投影线宽绘制。

例如，在如图 3-15 所示图中，浅灰色区域指示视图范围顶部和剖切平面之间出现的图元。

右侧平面视图显示以下内容：①使用投影线宽绘制的壁装橱柜。在这种情况下，在橱柜族中定义投影线的虚线样式。②未在平面中绘制的壁灯（照明类别），因为其类别不是窗、橱柜或常规模型。

在属性面板中，在【范围】选项组下单击【编辑】按键，可打开【视图范围】对话框设置视图范围。

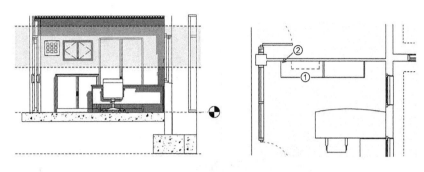

图 3-15

3.4.3　视图控制栏的视图显示工具

绘图区下方视图控制栏上的视图显示工具可以快速操作视图，本节将介绍视图控制栏上的视图显示工具。视图控制栏上的视图显示工具如图 3-16 所示。下面简单介绍这些工具的基本用法。

图 3-16

（1）视觉样式。图形的模型显示样式设置，可以在视图控制栏上利用【视觉样式】工具来实现。单击【视图样式】按键展开菜单，如图 3-17 所示。选择【图形显示选项】命令，可打开【图形显示选项】对话框进行视图设置，如图 3-18 所示。

（2）日光设置。当渲染场景为白天时，可以设置日光。单击【日光设置】按键，弹出包含有 3 个选项的菜单，如图 3-19 所示。

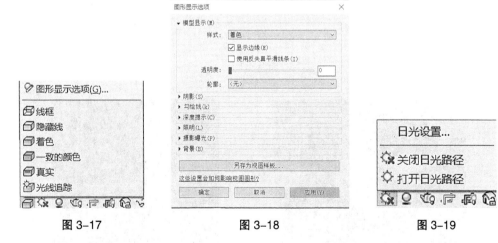

图 3-17　　　　　　　　　图 3-18　　　　　　　　　图 3-19

日光路径是指阳光一天中在地球上照射的时间和地理路径，并以运动轨迹可视化表现，如图 3-20 所示。

选择【日光设置】选项可以打开【日光设置】对话框进行日光研究和设置，如图 3-21所示。

（3）阴影开关。在视图控制栏上单击【打开阴影】按键 ⚲ 或者【关闭阴影】按键 ⚲ 控制真实渲染场景中的阴影显示或关闭。图 3-22 所示为打开阴影的场景，图 3-23 所示为关闭阴影的场景。

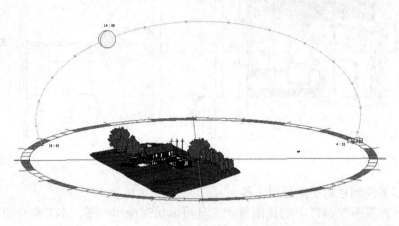

图 3-20

图 3-21

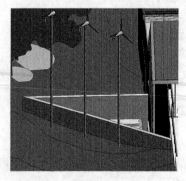

图 3-22　　　　　　　　　　　　　　　　图 3-23

（4）视图的剪裁。剪裁视图用于查看三维建筑模型剖面在裁剪前后的视图状态。

3.4.4 项目视图操作

实例演示——查看视图的剪裁与不剪裁状态

1）从欢迎界面中打开"建筑样例项目"文件。

2）进入 Revit 建筑项目设计工作界面后，在项目浏览器中双击【视图】|【立面图】|【East】视图。

3）此视图实际上是一个剪裁视图。单击视图控制栏上的【不剪裁视图】按键 ，可以查看被剪裁之前的整个建筑图，如图 3-24 所示。

4）此时没有显示视图剪裁边界，要想显示，需要单击旁边的【显示裁剪区域】按键 ，显示的裁剪的视图边界。

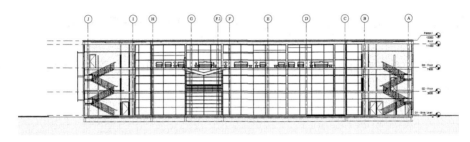

图 3-24

5）要返回正常的立面图视图状态，需再单击【裁剪视图】按键 和【隐藏裁剪区域】按键 。

3.4.5 控制柄和造型操纵杆

（1）控制柄。单箭头：当移动仅限于线，但外部方向是明确的时，此控制柄在立面视图和三维视图中显示为造型操纵柄。例如，未添加尺寸标注限制条件的三维形状会显示单箭头。三维视图中所选墙上的单箭头控制柄也可以用于移动墙。

提示： 将光标放置在控制柄上按 Tab 键，可在不改变墙尺寸的情况下移动墙。

双箭头：当造型操纵柄限于沿线移动时显示。例如，如果向某一族添加了标记的尺寸标注，并使其成为实例参数，则在将其载入到项目并选择它后，显示双箭头。

提示： 可以在墙端点控制柄上单击鼠标右键，并使用关联菜单选项来允许或禁止墙连接。

圆点：当移动仅限于平面时此控制柄在平面视图中会与墙和线一起显示。拖曳圆点控制柄可以拉长、缩短图元和修改图元方向。

实例演练——用拖曳控制柄改变模型

1）在欢迎界面中打开"建筑样例族"文件。

2）首先选中并双击凳子的 4 条腿，进入拉伸编辑模式，如图 3-25 所示。

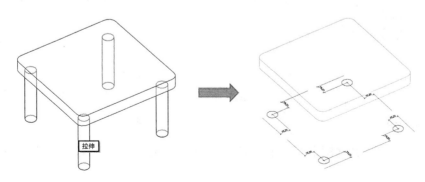

图 3-25

3）选择凳子腿截面曲线（选择桌腿内侧截面曲线）修改器半径值，如图 3-26 所示。同理，修改其余 3 条腿的截面曲线的半径。

图 3-26

提示：修改技巧是先选中曲线，然后再选中显示的半径标注数字，即可显示尺寸数值文本框。

4）在【修改|编辑拉伸】上下文选项卡【模式】面板中单击【完成编辑模式】按键 ✓，退出编辑模式。

5）拖曳造型操纵柄向下，移动一定的距离，使凳子腿变长，如图 3-27 所示。

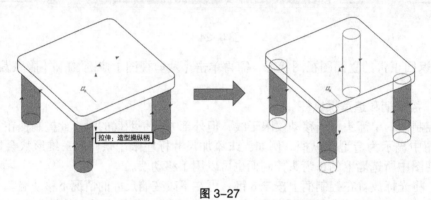

图 3-27

6）选中凳面板显示全部的拖曳控制柄。再拖曳凳面上的控制柄箭头，拖曳到新位置，如图 3-28 所示。

7）随后会弹出错误的警告信息提示框，单击 删除约束 按键即可完成修改，如图 3-29 所示。

图 3-28　　　　　　　　　　　　　图 3-29

提示：当第一次删除限制条件仍然不能修改模型时，可以反复多次拉伸并删除限制条件。

8）接着再拖曳水平方向上的控制柄箭头，使凳子面长度加长，如图 3-30 所示。

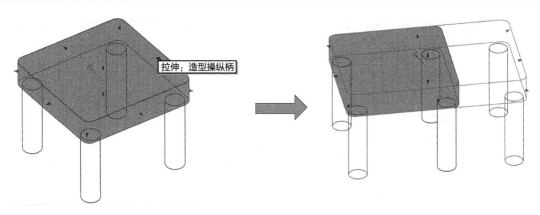

图 3-30

提示：拖曳圆角上的控制柄箭头，可以同时拉伸两个方向。

9）最终结果如图 3-31 所示。

（2）造型操纵柄。造型操纵柄主要用来修改图元的尺寸。在平面视图中选择墙后，将鼠标置于所选墙体的端点控制柄（蓝色圆点）上，然后按 Tab 键可显示造型操纵柄。在立面视图或三维视图中高亮显示墙时，按 Tab 键可将距光标最近的整条边显示为造型操纵柄，通过拖曳该控制柄可以调整墙的尺寸。拖曳用作造型操纵柄的边时，它将显示为蓝色（或定义的选择颜色），如图 3-32 所示。

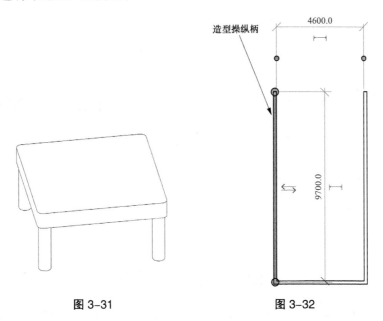

图 3-31   图 3-32

实例演示

1）新建建筑项目文件，选择 "Revit 2018 中国样板" 文件作为当前建筑项目样板。

2）在功能区【建筑】选项卡【构建】面板中单击【墙】按键，然后绘制几段基本墙，如图 3-33 所示。

3）选中墙体，然后在属性选项板中重新选择基本墙，并设置新墙体类型为 "基础 -900mm 基脚"，如图 3-34 所示。

4）选中其中一段基脚，显示造型操纵柄，如图 3-35 所示。

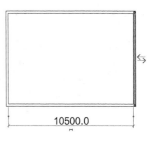

图 3-33

5）拖曳造型操纵柄，改变此段基脚的位置（也就使竖直方向的基脚尺寸改变了），同时删除，如图 3-36 所示。

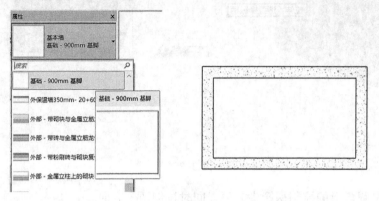

图 3-34

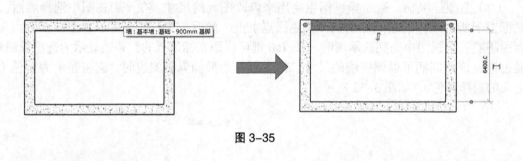

图 3-35

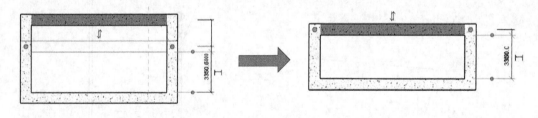

图 3-36

6）最后将结果另保存。

3.5　项目管理与设置

Revit 功能区【管理】选项卡【设置】面板中的工具主要用来定制符合自己企业或行业的建筑设计标准。功能区【管理】选项卡【设置】面板，如图 3-37 所示。

图 3-37

3.5.1　材质设置

【材质】是 Revit 对 3D 模型进行逼真渲染时，模型上的真实材料表现。简单来说，就是建筑框架完成后进行装修时，购买的建筑材料，包括室内和室外的材料。在 Revit 中，会以贴图的形式附着在模型表面上，可获得渲染的真实场景反映。单击【材质】按键，弹出【材料浏览器】对话框，如图 3-38 所示。通过该对话框，可以从系统材质库中选择已有材质，也可以自定义新材质。

3.5.2　对象样式设置

【对象样式】工具主要是用来设置项目中任意类别及子类型图元的线宽、线颜色、线型和材质等。

实例演示——设置对象样式

1）单击【对象样式】按键，对话框如图 3-39 所示。

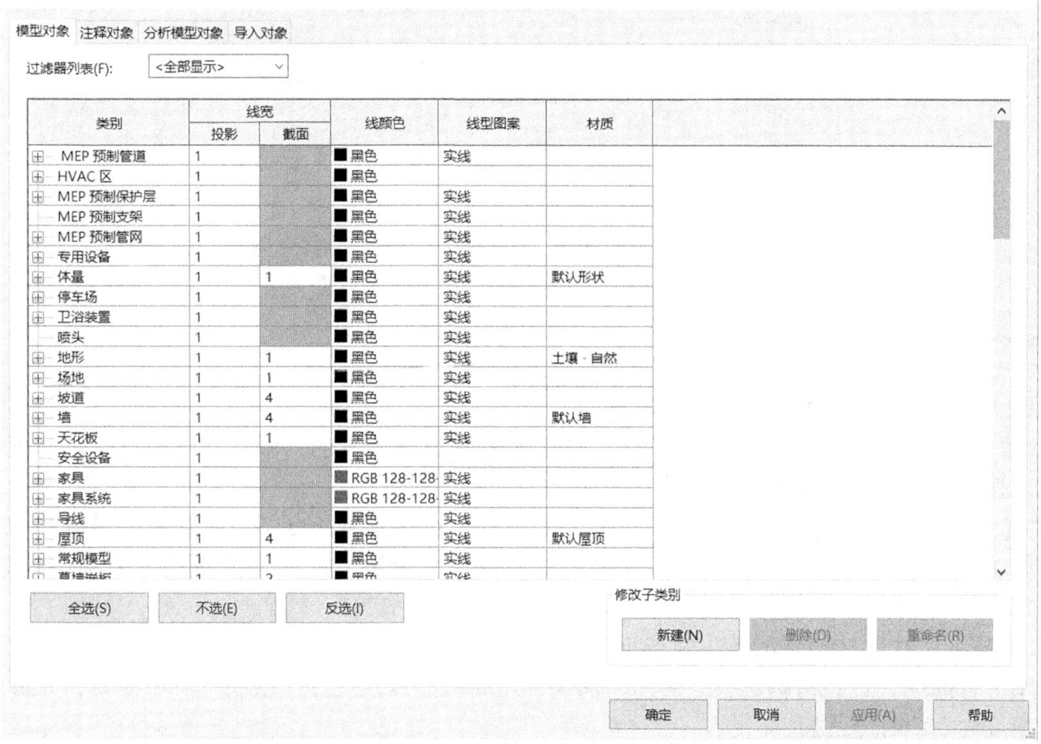

图 3-38

图 3-39

2）此对话框跟【可见性 | 图形变换】对话框的功能类似，都能实现对象样式的修改或者替换。

3）在该对话框的列表中，灰色图块 ░░░░░░ 表示此项不能被编辑，白色图块表示 ▭ 是可以编辑的。

4）例如设置线宽时，双击白色图块，会显示下拉列表，可从下拉列表中选择线宽编号，如图 3-40 所示。

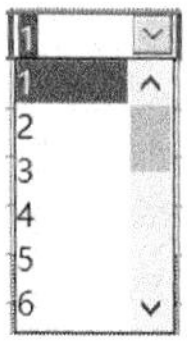

图 3-40

3.5.3　捕捉设置

在绘图及建模时启用捕捉功能，可以帮助用户精准地找到对应点、参考点，完成快速建模或制图。单击【捕捉】按键，打开【捕捉】对话框，如图 3-41 所示。

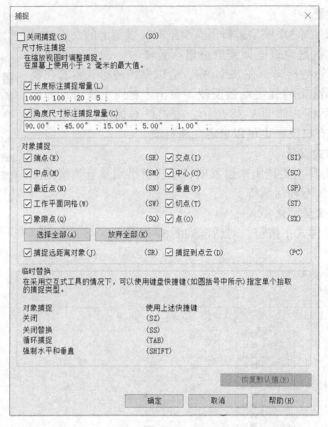

图 3-41

（1）尺寸标注捕捉。选项含义如下：

【关闭捕捉】复选框：默认情况下，此复选框是取消勾选的，即当前已经启动了捕捉模式。选择此复选框，将关闭捕捉模式。

【长度标注捕捉增量】复选框：选择此复选框，在绘制有长度图元时会根据设置的增量进行捕捉，达到精确建模。例如，仅设置长度尺寸增量为1000，绘制一段剪力墙墙体时，光标会每隔1000小时停留捕捉。

【角度尺寸标注捕捉增量】复选框：选择此复选框，在绘制有角度图元时会根据设置的增量进行捕捉，达到精确建模。例如，仅设置角度尺寸增量为30°绘制一段墙体时，光标会以角度为30°时停留捕捉。

（2）对象捕捉。对象捕捉设置在绘制图元时非常重要，如果不启用对象捕捉，两条线间隔很近，要拾取标示的交点是很不容易的。

可以设置的捕捉点类型如图 3-42 所示。

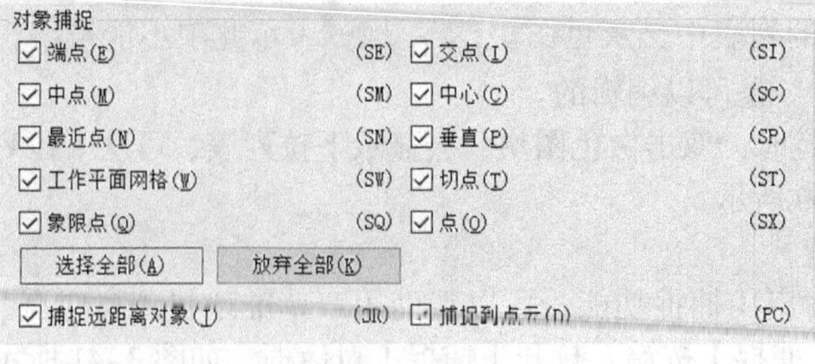

图 3-42

可以根据实际建模需要，取消选择或选择部分捕捉点复选框，也可以单击【选择全部】按键全部勾选，还可单击【放弃全部】按键取消所有捕捉点复选框的勾选。

（3）临时替换。在放置图元或绘制线时，可以临时替换捕捉设置。临时替换只影响单个拾取。

选择要放置的图元，为需要多次拾取的图元（例如墙）选择图元并进行第一次拾取。

执行以下操作：

①输入键盘快捷键，这些快捷键位于【捕捉】对话框中。

②单击鼠标右键，并单击【捕捉替换】，然后选择一个选项。

③完成放置图元。

实例演示：

1）在快速访问工具栏单击【新建】按键，打开【新建项目】对话框，选择【建筑样板】样板文件，单击【确定】按键进入工作环境。

2）由于此案例仅是利用捕捉功能绘制基本图形，其他选项设置暂时不考虑。在项目浏览器中，在【视图 | 楼层平面】节点下双击"标高 1"视图，激活该视图。

3）执行右键菜单中的【重命名】命令，在弹出的【重命名视图】对话框中输入"层"，单击【确定】按键。

4）单击【管理】选项卡【设置】面板中的【捕捉】按键，打开【捕捉】对话框。设置【长度标注捕捉增量】和【角度尺寸标注捕捉增量】，并启用所有对象捕捉，如图 3-43 所示。设置后单击【确定】按键关闭对话框。

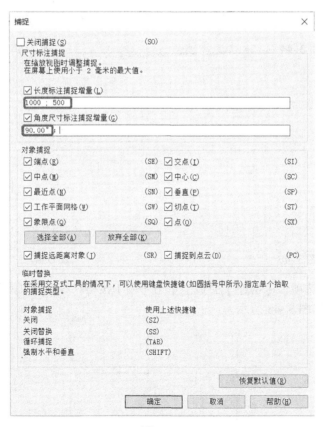

图 3-43

5）在【建筑】选项卡【基准】面板上单击【轴网】按键，然后在图形区绘制第一条轴线，绘制过程中捕捉到角度尺寸标注 90°，如图 3-44 所示。

　　提示：如果绘制的轴线中间部分没有显示，说明轴线类型需要重新选择，在"属性"选项板上选择"轴网 -65mm 编号"即可。

　　6）继续绘制第 2 条竖直方向的轴线，捕捉第 1 条轴线的起点（千万不要单击）然后水平右移，再捕捉长度尺寸标注，在 3500 的位置单击，以确定第 2 条轴线的起点，最后再竖直向上并捕捉到第 1 轴线终点作为第 2 轴线的终点参考，如图 3-45 所示。

　　7）同理，依次绘制出向右平移距离分别为 5000、4500、300 的 3 条轴线，如图 3-46 所示。

　　8）同理，启用捕捉模式再绘制水平方向的轴线及轴线编号，如图 3-47 所示。水平方向的轴线编号需要双击并更改为 A、B、C、D。

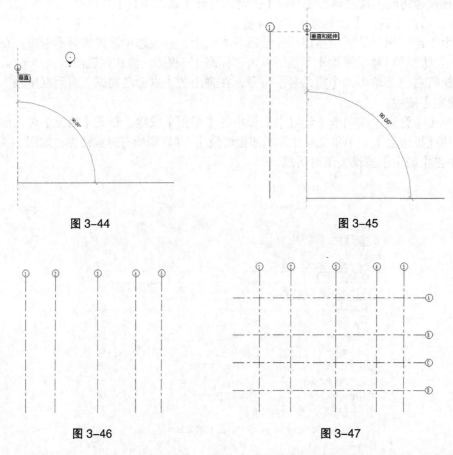

图 3-44　　　　　　　　　　　　　　　图 3-45

图 3-46　　　　　　　　　　　　　　　图 3-47

　　9）在【建筑】选项卡【构建】面板上单击【墙】按键，捕捉到轴网中两相交轴线的交点作为墙的起点，如图 3-48 所示。

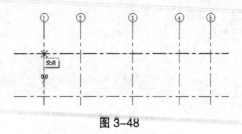

图 3-48

10）然后再继续捕捉轴线交点并依次绘制出整个建筑一层的墙体，如图 3-49 所示。

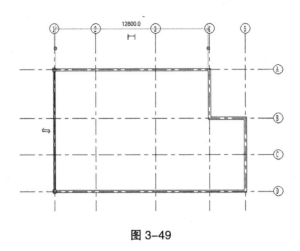

图 3-49

3.5.4 项目信息

【项目信息】是建筑项目中设计图图签及明细表、标题栏中的信息，可以通过单击【项目信息】按键在打开的【项目属性】对话框中进行编辑或修改，如图 3-50 所示。

此对话框仅用来修改值或编辑值，不能删除参数，要添加或删除参数，可以通过【项目参数】进行设置。

通常，标题栏的信息在【其他】中，明细表信息在【标识数据】中。如图 3-51 所示为图纸标题栏与项目信息。

图 3-50

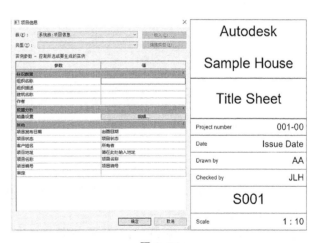

图 3-51

3.5.5 项目参数设置

通过将参数指定给多个类别的图元、图纸或视图，系统会将它们添加到图元。项目参数中存储的信息不能与其他项目共享。项目参数用于在项目中创建明细表、排序和过滤。跟【项目信息】不同，项目信息不增加项目参数只提供项目信息并修改信息。

实例演示——设置项目参数

1）在【管理】选项卡【设置】面板中单击【项目参数】按键，弹出【项目参数】对话框，如图 3-52 所示。

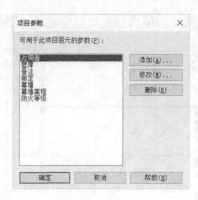

图 3-52

2）通过该对话框可以添加修改和删除项目参数。单击【添加】按键，会弹出如图 3-53 所示的【参数属性】对话框。

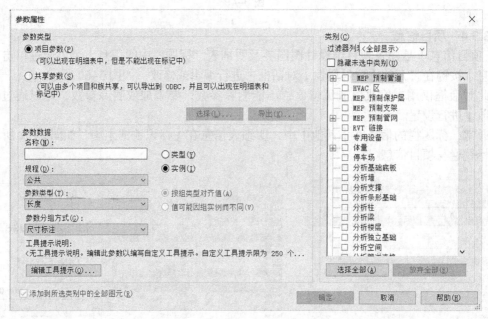

图 3-53

3）下面介绍【参数属性】对话框中各选项组及选项的含义。

①【参数类型】选项组。

【参数类型】选项组包括项目参数和共享参数两种参数类型。两种类型的参数含义在其选项的下方括号。

【项目参数】仅在本地项目的明细表中，【共享参数】可以通过工作共享本机上的模型及其所有参数。

②【参数数据】选项组。

名称：输入新数据的名称，【项目数据】对话框中将显示。

类型：选择此选项，将以族类型方式存储参数。

实例：选择此选项，将以图元实例方式存储参数，另外还可将实例参数指定为【报告参数】。

规程：规程是 Revit 中进行规范设计的应用程序，例如建筑规程、结构规程、电气规程、管道规程、能量规程及 HVAC 规程等，如图 3-54 所示。其中电气、管道、能量和 HVAC 是在 Revit MEP 系统设计模块中进行的。公共规程是指项目参数应用到下列所有的规程中。

参数类型：设定项目参数的参数编辑类型。【参数类型】列表如图 3-55 所示。如果选择"文字"，将在【项目信息】对话框中此参数后面只能输入文字。如果选中"数值"，那么只能在【项目信息】对话框中此参数后面输入数值。

图 3-54   图 3-55

参数分组方式：设定参数的分组，可在【项目信息】对话框中或属性选项板上查看。
编辑工具提示：单击此按键，可编辑项目参数的工具提示，如图 3-56 所示。

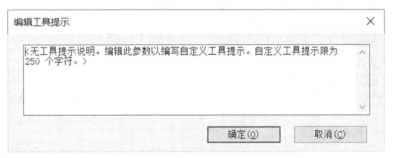

图 3-56

③【类别】选项组。【类别】选项组中包含所有 Revit 规程的图元类别。可以通过【过滤器】下拉列表中的规程过滤器进行过滤选择。例如，仅勾选【建筑】复选框，下方的列表框内显示所有建筑规程的图元类别，如图 3-57 所示。

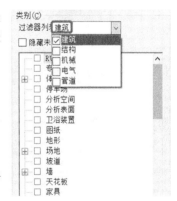

3.5.6 项目单位设置

【项目单位】用来设置建筑项目中的数值单位，如长度、面积、体积、角度、坡度、货币及质量等。

实例演示——设置项目单位

1）单击【项目单位】按键 ，弹出【项目单位】对话框，如图 3-58 所示。

2）从对话框上的选项可以看出，在各规程下可以设置单位与格式，以及小数位数分组。

图 3-57

3）单击格式列的按键，可以打开相对应单位的格式设置对话框，如图 3-59 所示。单击长度单位旁【格式】相对应的按键，打开【格式】对话框。默认的长度单位格式是毫米。可根据设计需求选择单位。

图 3-58　　　　　　　　　　　　　　　图 3-59

4）其余单位设置操作与此处相同。

3.5.7　共享参数

【共享参数】用于指定在多个族或项目中使用的参数。读者可将此建筑项目的设计参数以文件形式保存并共享给其他设计师。

实例演示——为通风管添加共享参数

1）打开 Revit 提供的"Arch Link Model.rvt"建筑样例文件。

2）单击【共享参数】按键，打开【编辑共享参数】对话框，如图 3-60 所示。

3）单击【创建】按键，在打开的【创建共享参数文件】对话框中输入文件名并单击【保存】按键，如图 3-61 所示。

图 3-60

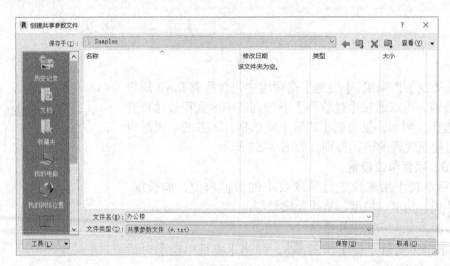

图 3-61

4）单击【组】选项组下的【新建】按键，输入新的参数组名，如图 3-62 所示。

5）参数组建立好后，为参数组添加参数。单击【参数】组中的【新建】按键打开【参数属性】对话框设置参数，如图 3-63 所示。

6）单击【编辑共享参数】对话框中的【确定】按键，完成编辑。

7）在【管理】选项卡【设置】面板单击【项目参数】按键，打开【项目参数】对话框。

单击【添加】按键打开【参数属性】对话框，并选择【共享参数】按键，如图 3-64 所示。

 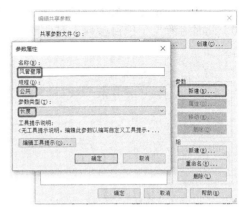

图 3-62   图 3-63

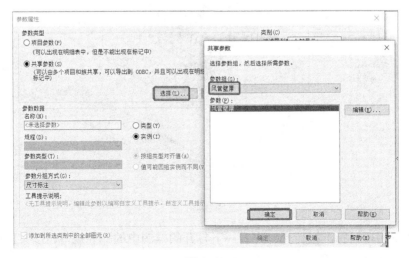

图 3-64

8）单击【选择】按键打开【共享参数】对话框，并选择前面步骤中所创建的共享参数，如图 3-65 所示。

图 3-65

9）在【参数属性】对话框的右侧【类别】选项组下勾选【风管、风管附件、风管管件】等复选框，最后单击【确定】按键完成共享参数的操作，如图 3-66 所示。

10）此时可看见【项目参数】对话框中多了【风管壁厚】项目参数，如图 3-67 所示。

图 3-66　　　　　　　　　　　　图 3-67

3.5.8　传递项目标准

有些项目设计时，或许有多个设计院参与设计，如果采用的设计标准不一样，会对项目设计和施工产生很大影响。在 Revit 中采用统一标准的方法目前有两种：一种是建立可靠的项目样板，另一种是传递项目标准。

第一种适合新建项目时统一标准，第二种适合不同设计院设计同一项目时统一标准。

【传递项目标准】工具是帮助设计师统一不同图纸设计标准的好工具，具有高效、快捷的效果。缺点是如果采用统一的标准中出现问题，那么所有图纸都会出现同样的错误。

下面介绍如何传递项目标准。

实例演示——传递项目标准

1）打开本例源文件"建筑中心.rvt"，如图 3-68 所示。

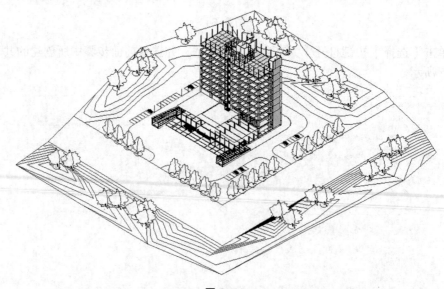

图 3-68

2）为了证明项目标准被传递，先看一下打开的样例中的一些规范，以某段墙为例，查看其属性中有哪些自定义的标准，如图 3-69 所示。

3）在接下来的项目标准传递中，会把墙的标准传递到新项目中。在快速访问工具栏上单击【新建】按键，新建一个建筑项目文件并进入项目设计环境中，如图3-70所示。

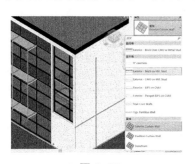 

图 3-69　　　　　　　　　　　　　　　　图 3-70

4）在功能区【管理】选项卡【设置】面板中单击【传递项目标准】按键，打开【选择要复制的项目】对话框。

5）单击【选择全部】按键，再单击【确定】按键，如图3-71所示。

6）随后开始传递项目标准，传递过程中如果遇到与新项目中的部分类型相同，Revit会弹出【重复类型】对话框，单击【覆盖】按键即可，如图3-72所示。虽然有些类型的名称相同，但涉及的参数与单位可能会不同，所以最好完全覆盖。

 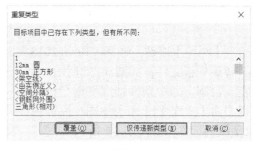

图 3-71　　　　　　　　　　　　　　　　图 3-72

7）传递项目标准完成后，还会弹出警告信息提示对话框，如图3-73所示。单击对话框右侧的【下一个警告】按键，查看其余的警告。

8）下面验证是否传递了项目标准。在【建筑】选项卡【构建】面板单击【墙】按键，进入绘制与修改墙状态（这里无须绘制墙）。

9）在属性选项板中查看墙的类型列表，如图3-74所示。源文件中的墙类型全部转移到了新项目中，说明传递项目标准成功。

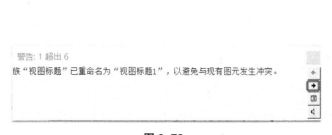 

图 3-73　　　　　　　　　　　　　　　　图 3-74

3.5.9　创建与编辑标高

仅当视图为"建筑立面视图"时，建筑项目环境中才会显示标高。默认的建筑项目设计环境下的预设标高，如图 3-75 所示。

图 3-75

标高是有限水平平面，用作屋顶、楼板和天花板等以标高为主体的图元的参照。可以调整其范围的大小，使其不显示在某些视图中。要创建新标高，必须在立面视图中进行。

实例演示——创新并编辑标高

1）启动 Revit 2018，在欢迎界面【项目】选项区单击【新建】选项，打开【新建项目】对话框。

2）单击【浏览】按键，选择"Revit 2018 样板 .rte"建筑样板文件，如图 3-76 所示。

3）在项目浏览器中切换楼层平面"标高 1"平面视图为【立面】|【东】视图，立面视图中显示预设的标高，如图 3-77 所示。

图 3-76

图 3-77

4）由于加载的样板文件为 GB 标准样板，所以项目单位无须做更改。如果不是中国建筑模板，先在【管理】选项卡【设置】面板中单击【项目单位】按键，打开【项目单位】对话框，设置长度为 mm、面积为 m²，体积为 m³，如图 3-78 所示。

5）在【建筑】选项卡【基准】面板中单击【标高】按键，在选项栏单击【平面视图类型】按键，在弹出的【平面视图类型】对话框中选择视图类型为"楼层平面"，如图 3-79 所示。

图 3-78

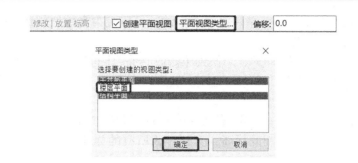

图 3-79

提示： 如果该对话框中其余的视图类型也被选中，可以按下 Ctrl 键选择，即可取消视图类型的选择。

6）在图形区中捕捉标头位置对齐线（蓝色虚线）作为新标高的直线起点，如图 3-80 所示。

图 3-80

7）单击确定起点后，水平绘制标高直线，直到捕捉到另一侧标头对齐线，单击确定标高线终点，如图 3-81 所示。

图 3-81

8）随后绘制的标高处于激活状态，此刻可以更改标高的临时尺寸值，修改后标高符号上的值将随之变化，而且标高线上会自动显示"标高 3"名称，如图 3-82 所示。

图 3-82

9）按 Esc 键退出当前操作。采用复制的方法，可以更为高效地创建标高。此方法可以连续创建多个标高值相同的标高。

10）选中刚才建立的"标高 3"，切换到【修改 | 标高】选项卡。单击此选项卡中的【复制】按键，并在选项栏上选择【多个】选项。然后在图形区"标高 3"上任意位置拾取复制的起点。

11）往垂直方向上移动，并在某点位置单击放置复制的"标高 4"，如图 3-83 所示。

12）继续向上单击放置复制的标高，直到完成所有的标高，按 Esc 键退出，如图 3-84 所示。

提示： 如果是高层建筑，用复制功能创建标高，其效率还是不够高，建议利用【陈列】工具，一次性完成所有标高的创建。

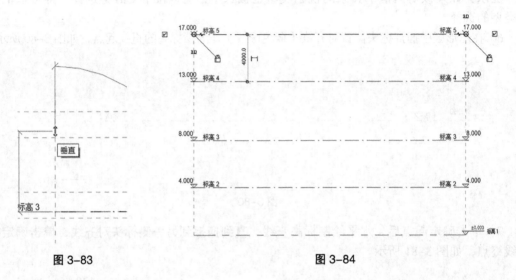

图 3-83　　　　　　　　　　　　　　　　　　图 3-84

13）修改复制后的每一个标高值，最上面的标高是修改标头上的总标高值，修改结果如图 3-85 所示。

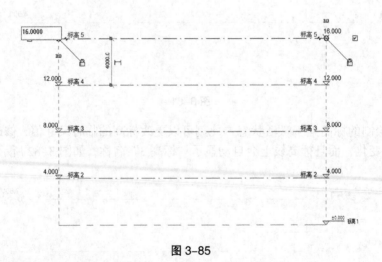

图 3-85

14）同样，利用复制功能，将命名为"标高 1"的标高向下复制，得到一个负数标高值的标高，如图 3-86 所示。

15）可以看出，标高 1 和其他标高（上标头）的族属性不同，如图 3-87 所示。

图 3-86

16）选中标高 1，然后在属性选项板的类型选择器中重新选择"正负零标头"选项，使其与其他标高类型保持一致，如图 3-88 所示。

17）同理，命名为"标高 6"的标高，在正负零标头之下，因此重新选择属性类型为"标高：小标头"。

18）"标高 6"标高则按使用性质，可以修改名称，例如此标高用作室外场地标高，那么可以在属性选项板中重新命名为"室外场地"。

19）在项目浏览器中切换成其他立面视图，会看到同样的标高已经创建。但是，在项目浏览器的楼层平面图中，却并没有出现利用【复制】工具或【阵列】工具创建的标高楼层。而且在图形区中的标高，通过复制或阵列的标高标头颜色为黑色，与项目浏览器中一一对应的标高标头颜色则为蓝色，如图 3-89 所示。

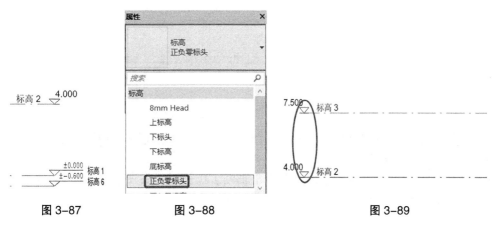

图 3-87   图 3-88   图 3-89

20）双击蓝色的标头会跳转到相应的楼层平面视图，但是单击黑色标头却没有反应。其原因是复制或阵列命令仅复制了标高的样式，并不能复制标高所对应的视图。

21）下面为缺少视图的标高添加楼层视图。在【视图】选项卡【创建】面板中选择【平面视图】【楼层平面】命令，弹出【新建楼层平面】对话框。

22）在【新建楼层平面】对话框的视图列表中，列出了还未建立视图的所有标高。按 Ctrl 键选中所有标高，然后单击【确定】按键，完成楼层平面视图的创建，如图 3-90 所示。

23）创建楼层平面视图后，再来看看项目浏览器中的"楼层平面"视图节点下的视图。图形区中先前标头为黑色的已经转变为蓝色。

图 3-90

3.5.10 创建与编辑轴网

标高创建完成后，可以切换至任意平面视图（如楼层平面视图）来创建和编辑轴网。轴网用于在平面视图中定位项目图元。

使用【轴网】工具，可以在建筑设计中放置柱轴网线。然而轴线并非仅仅是作为建筑墙体的中轴线，与标高一样，轴线还是一个有限平面，可以在立面图中编辑其范围大小，使其不与标高线相交。轴网包括轴线和轴线编号。

实例演示——创建并编辑轴网

1）新建建筑项目文件。然后在项目浏览器中切换视图到【楼层平面】下的"标高 1"平面视图。

2）楼层平面视图中的立面图标记。单击此标记，将显示此里面视图平面，如图 3-91 所示。

3）双击此标记，将切换到该立面视图，如图 3-92 所示。

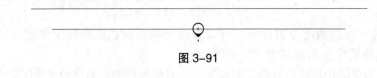

图 3-91

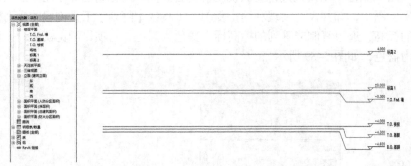

图 3-92

4）立面图标记是可以移动的，当平面图所占区域比较大且超出立面图标记时，可以拖曳立面图标记，如图 3-93 所示。

5）在【创建】选项卡【基准】面板单击【轴网】按键，然后在立面图标记内以绘制直线的方式放置第一条轴线与轴线编号，如图 3-94 所示。

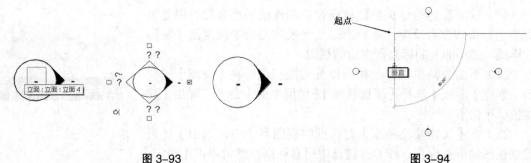

图 3-93　　　　　　　　　　　　　　　　图 3-94

6）绘制轴线后，从属性选项板查看此轴线的属性类型为"轴网：6.5mm 编号间隙"，说明绘制的轴线是有间隙的，而且是单边有轴线编号的，不符合中国建筑标准。

7）在属性选项板类型选择器中选择"双标头"类型，绘制的轴线随之更改为双标头的轴线。

8）利用【复制】工具，绘制出其他轴线，轴线编辑号自动排列顺序，如图 3-95 所示。

9）如果利用【陈列】工具，陈列出来的轴线分两种情况．一种是按顺序编号的，一种是乱序的。首先看第一种陈列方式，如

图 3-95

图 3-96 所示。

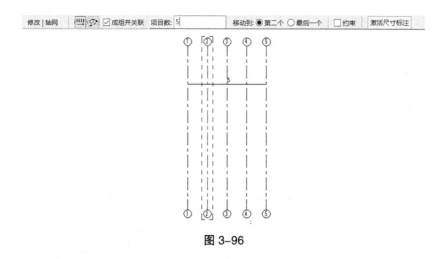

图 3-96

10）另一种阵列方式。因此，在做阵列的时候一定要清楚结果，才能决定选择何种阵列方式。

11）同图 3-96 如果利用【镜像】工具镜像轴线，将不会按顺序编号。

12）绘制完横向的轴线后，再继续绘制纵向的轴线，绘制的顺序是从上至下。

13）纵向轴线绘制后的编号仍是阿拉伯数字，因此需选中圈内的数字进行修改，从上往下依次修改为 A、B、C、D…，如图 3-97 所示。

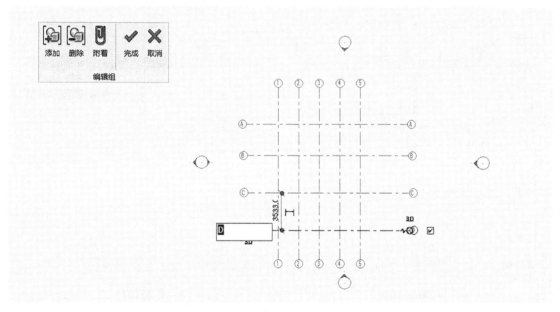

图 3-97

14）单击一条轴线，轴线进入编辑状态。

15）轴线编辑与标高编辑是差不多的，在切换到【修改 | 轴网】选项卡后，可以利用修改工具对轴线进行修改操作。

16）选中临时尺寸，可以编辑此轴线与相邻轴线之间的间距，如图 3-98 所示。

17）轴网中轴线标头的位置对齐时，会出现标头对齐虚线，如图 3-99 所示。

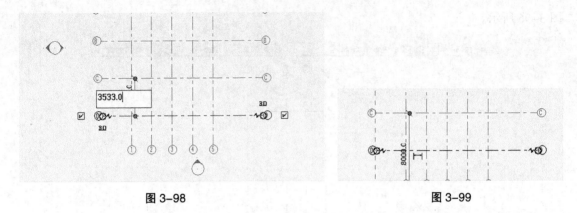

图 3-98　　　　　　　　　　　　　　　　　　　图 3-99

18）选择任何一根轴线，单击标头外侧选项，即可打开 / 关闭轴号显示。

19）如需控制所有轴号的显示，选择所有轴线，自动切换【修改 | 轴网】选项卡，在属性选项板单击【编辑类型】按键，打开【类型属性】对话框。修改类型属性，选择【平面视图轴号端点 1（默认）】选项和【平面视图轴号端点 2（默认）】复选框，如图 3-100所示。

20）在轴网的【类型属性】对话框中设置【轴线中段】的显示方式，在【轴线中段】的下拉列表中选择"连续"，如图 3-101 所示。

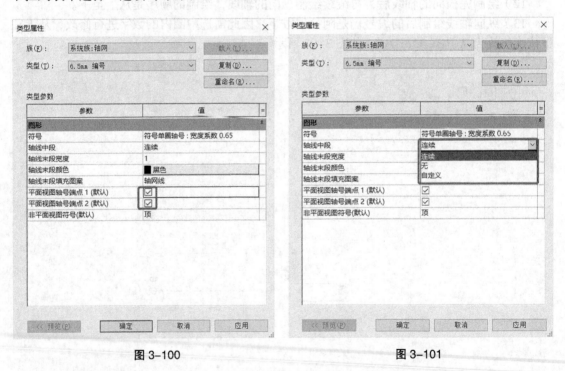

图 3-100　　　　　　　　　　　　　　　　　　图 3-101

21）轴线中段设置为"连续"，设置其"轴线末端宽度""轴线末端颜色"以及"轴线末端填充图案"的样式，如图 3-102 所示。

22）轴线中段设置为"无"，设置其"轴线末端宽度""轴线末端颜色"以及"轴线末端填充图案"的样式，如图 3-103 所示。

23）当两轴线相距较近时，可以单击【添加弯头】标记符号，改变轴线编号位置，如图3-104 所示。

图 3-102

图 3-103

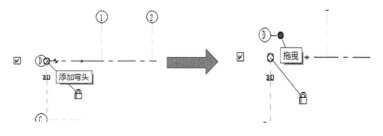

图 3-104

3.6　实战案例——升级旧项目样板文件

不同的国家、不同的领域、不同的设计院设计的标准以及设计的内容都不一样，虽然 Revit 软件提供了若干样板用于不同的规程和建筑项目类型，但是仍然与国内各个设计院标准相差较大，所以每个设计院都应该在工作中定制适合自己的项目样板文件。

本节将使用传递项目标准的方法来建立一个符合中国建筑规范的 Revit 2018 项目样板文件，步骤如下：

1）首先从光盘源文件夹中打开 "Revit 2014 中国样板 .rte" 样板文件。如图 3–105 所示为该项目样板的项目浏览器中的视图样板。

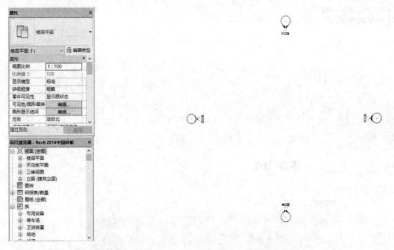

图 3–105

提示：此样板为 Revit 2014 软件制作，与 Revit 2018 的项目样板相比，视图样板有些区别。

2）在快速访问工具栏单击【新建】按键，在【新建项目】对话框中选择 "建筑样板" 样板文件，设置新建的类型为 "项目样板"，单击【确定】按键（如果需要选择度量制则选择【公制】）进入 Revit 项目样板中。

3）Revit 2018 的样板如图 3–106 所示。

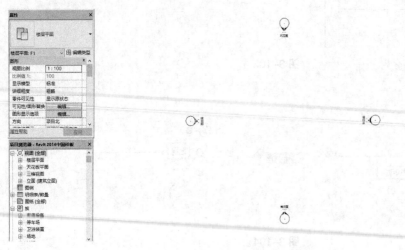

图 3–106

4）在功能区【管理】选项卡【设置】面板中单击【传递项目标准】按键，打开"选择要复制的项目 1"对话框。对话框中默认选择了来自"Revit 2014 中国样板"的所有项目类型，单击【确定】按键，如图 3-107 所示。

5）在随后弹出的【重复类型】对话框中单击【覆盖】按键，完成参考样板的项目标准传递，如图 3-108 所示（覆盖完成后可能会弹出警告提示对话框）。

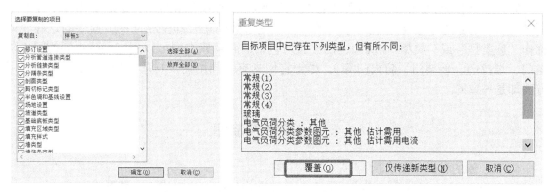

图 3-107　　　　　　　　　　　　　图 3-108

6）最后在应用菜单浏览器中执行【另存为|样板】命令，将项目样板命名为"Revit 2018 中国样板"并保存在 C：\ProgramData\Autodesk\RVT 2018\Temp\China 路径下。

第 4 章　族的创建与应用

族是一个包含通用属性（也称作参数）集和相关图形表示的图元组。属于一个族的不同图元的部分或全部参数可能有不同的值，但是参数的集合却是相同的。族中的这些变体称作"族类型"或"类型"。例如，门类型所包括的族及族类型可以用来创建不同的门（防盗门、推拉门、玻璃门、防火门等），尽管它们具有不同用途及材质，但在 Revit 中的使用方法却是一致的。

4.1　了解族与族库

4.1.1　族的种类

Revit 2018 中的族有系统族、可载入族（标准构件族）和内建族三种形式。

4.1.2　族样板

要创建族，就必须要选择合适的族样板。Revit 带大量的族样板。在新建族时，从选择族样板开始。根据选择的样板，新族有特定的默认内容，如参照平面和子类别。Revit 因模型族样板、注释族样板和标题栏样板的不同而不同。

当我们需要创建自定义的可载入族时，可以在 Revit 欢迎界面的【族】选项组单击【新建】按键，打开【新族选择样板文件】对话框。从系统默认的族样板文件存储路径下找到族样板文件，单击【打开】按键即可。如果已经进入了建筑设计环境，可以在菜单栏执行【文件】|【新建】|【族】命令，同样可以打开【新族选择样板文件】对话框。

提示： 默认安装 Revit 2018 后，族样板文件和建筑样板文件都是缺少的，需要官方提供的样板文件库。

4.1.3　族创建与编辑的环境

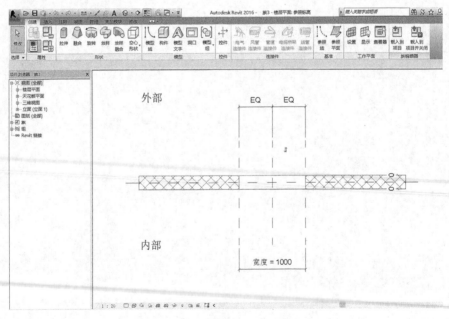

图 4-1

不同类型的族有不一样的族设计环境（也叫"族编辑器"模式）。族编辑器是 Revit 中的一种图形编辑模式，能够创建和修改在项目中使用的族。族编辑器与 Revit 建筑项目环境的外观相似，不同的是应用工具。

在【新族选择样板文件】对话框选择一种族样板后（选择"公制窗 .rft"），单击【打开】按键，进入族编辑器模式中。默认显示的是"参照标高"楼层平面视图，如图 4-1 所示。

若是编辑可载入族或者自定义的族，可以在欢迎界面【族】选项组下单击【打开】按键，从【打开】对话框中选择一种族类型（建筑 / 橱柜 / 家用厨房 / 底柜 – 单门），打开即可进入族编辑器模式。默认显示的是族三维视图，如图 4-2 所示。

从族的几何定义来划分，Revit 族又包括二维族和三维族。二维族和三维族同属模型类别族。二维模型族可以单独使用，也可以作为嵌套族载入三维模型族中使用。

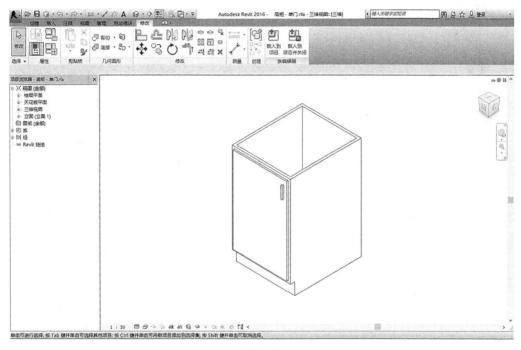

图 4-2

4.2　创建族的编辑器模式

不同类型的族有不一样的族设计环境（族编辑器模式）。族编辑器是 Revit 中的一种图形编辑模式，能够创建和修改在项目中使用的族。族编辑器与 Revit 建筑项目环境的外观相似，不同的是应用工具。族编辑器不是独立的应用程序。创建或修改构件族或内建族的几何图形时可以访问族编辑器。

提示：与系统族（它们是预定义的）不同，可载入族（标准构件族）和内建族始终在族编辑器中创建。但系统族可能包含可在族编辑器中修改的可载入族，例如，墙系统族可能包含用于创建墙帽、浇筑或分隔缝的轮廓构件族几何图形。

实例演示——打开族编辑器方法一

1）在 Revit 2018 的初始欢迎界面的【族】选项组，单击【打开】按键，弹出【打开】对话框，如图 4-3 所示。通过该对话框可打开 Revit 自带的族。"标题栏"文件夹中的族文件为标题栏族，"注释"文件夹中的族文件为注释族，其余文件夹中的文件为模型族。

图 4-3

2）在"标题栏"文件夹中打开其中一个公制的标题栏族文件，可进入到族编辑器模式中，如图 4-4 所示。

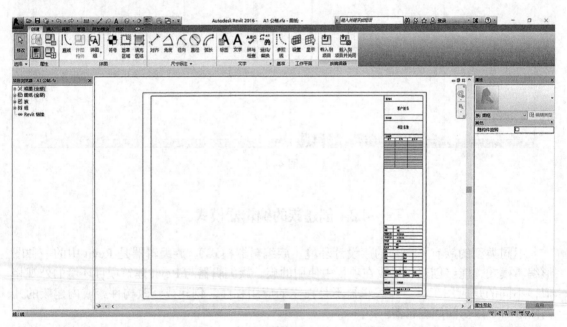

图 4-4

3）如果在"注释"文件夹中打开"标记"或在"符号"子文件夹下的建筑标记或建筑符号，可进入到注释族编辑器模式，如图 4-5 所示。

4）如果打开模型族库中的某个族文件，如【建筑】|【按填充图案划分的幕墙嵌板】文件夹中的"Z 字形表面 .rfa"族文件，会进入到模型族编辑器模式中，如图 4-6 所示。

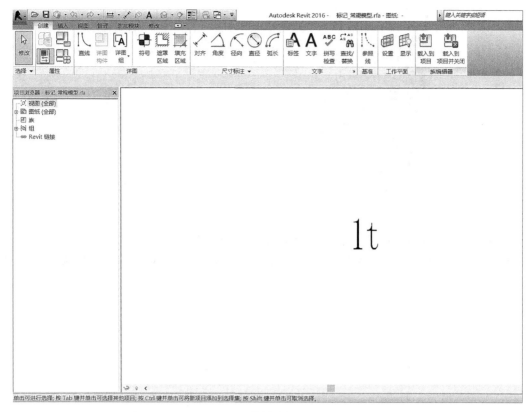

图 4-5

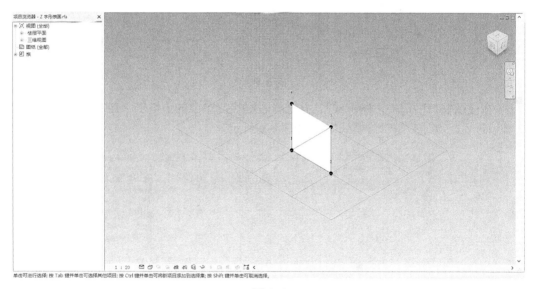

图 4-6

实例演示——打开族编辑器方法二

1）新建建筑项目文件进入到建筑项目设计环境中。

2）在项目浏览器中将视图切换至三维视图。在【插入】选项卡【从库中载入】面板中单击【载入族】按键，打开【载入族】对话框。

3）从该对话框中载入【建筑】|【厨柜】|【家用厨房】文件夹中的"底柜－单门.rfa"族文件，如图 4-7 所示。

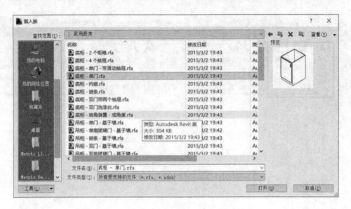

图 4-7

4）载入的族在项目浏览器【族】|【橱柜】节点下可看到。

5）选中一个尺寸规格的橱柜族，拖曳到视图窗口中释放，即可添加族到建筑项目中，如图 4-8 所示。

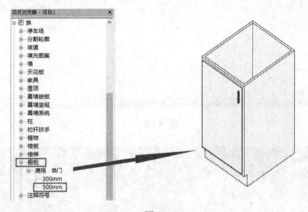

图 4-8

6）在视图窗口中选中"橱柜族"，并选择右键快捷单中的【编辑】命令，或者双击橱柜族，即可进入柜族的族编辑器模式中，如图 4-9 所示。

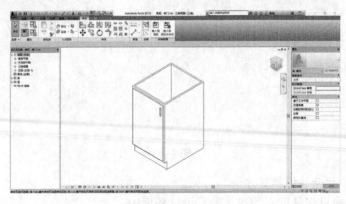

图 4-9

　　提示：还有一种打开族编辑器模式的方法就是在建筑项目中，在【建筑】选项卡【构建】面板中选择【构件】|【内建模型】命令，在弹出的【族类别和族参数】对话框中设置族类别后，单击【确定】按键即可激活内建模型族的族编辑器模式。

4.3　创建二维模型族

二维模型族和三维模型族同属模型类别族。二维模型族可以单独使用，也可以作为嵌套族载入到三维模型族中使用。

二维模型族包括注释类型族、标题栏族、轮廓族、详图构件族等。不同类型的族由不同的族样板文件来创建。注释族和标题栏族是在平面视图中创建的，主要用作辅助建模、平面图例和注释图元。轮廓族和详图构件族仅在【楼层平面】|【标高 1】或【标高 2】的视图工作平面上创建。

4.3.1　创建注释类型族

注释类型族是 Revit Architecture 非常重要的一种族，它可以自动提取模型族中的参数值，自动创建构件标记注释。使用"注释"类族模板可以创建各种注释类族，例如，门标记、材质标记、轴网标头等。注释类型族是二维的构件族，分标记和符号两种类型标记，主要用于标注各种类别构件的不同属性，如窗标记、门标记等。符号则一般在项目中用于"装配"各种系统族标记，如立面标记、高程点标高等。注释构件族的创建与编辑都很方便，主要是对于标签参数的设置，以达到用户对于图纸中构件标记的不同需求。注释族拥有"注释比例"的特性，即注释族的大小，会根据视图比例的不同而变化，以保证在出图时注释族保持同样的出图大小。

下面以门标记族的创建为例，列出创建步骤。

实例演示——创建门标记族

1）启动 Revit 2018，在欢迎界面单击【新建】按键，弹出【新族 – 选择族样板】对话框。

2）双击"注释"文件夹，选择"公制门标记 .rfa"作为族样板，单击【打开】按键进入族编辑器模式，如图 4-10 所示。该族样板中默认提供了两个正交参照平面，参照平面交点位置表示标签的定位位置。

图 4-10

3）在【创建】选项卡的【文字】面板中单击【标签】按键，自动切换至【修改放置标签】选项卡，如图 4-11 所示。设置【格式】面板中"水平对齐"和"垂直对齐"方式均为"居中"。

图 4-11

4）确认【属性】面板中的标签样式为"3.0mm"。在选项卡的【属性】面板中单击【类型属性】按键打开【类型属性】对话框，复制出名称为"3.5mm"的新标签类型，如图 4-12 所示。

5）该对话框中类型参数与文字类型参数完全一致。修改文字颜色为"蓝色"，背景为"透明"；设置文字字体为仿宋，文字大小为"35mm"，其他参数参照图中所示设置，如图 4-13 所示。完成后单击【确定】按键，退出【类型属性】对话框。

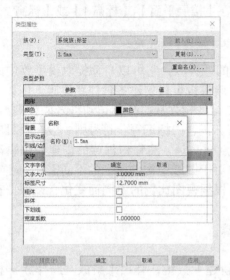

图 4-12

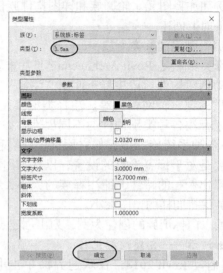

图 4-13

6）移动鼠标指针至参照平面交点位置后单击，弹出【编辑标签】对话框，如图 4-14 所示。

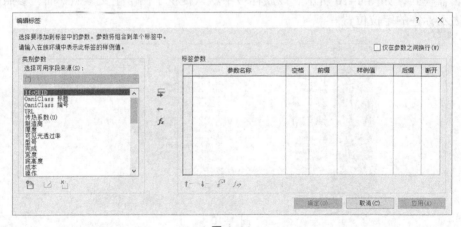

图 4-14

7）在左侧【类别参数】列表中列出门类别中所有默认可用参数信息。选择【类型名称】参数，单击【将参数添加到标签】按键，将参数添加到右侧【标签参数】栏中。单击【确定】按键关闭对话框，如图 4-15 所示。

8）随后将标签添加到视图中，如图 4-16 所示。然后关闭选项卡。

9）适当移动标签，使样例文字中心对齐垂直方向参照平面，底部稍偏高于水平参照平面，如图 4 17 所示。

10）单击【创建】选项卡【文字】面板中的【标签】按键，在参照平面交点位置单击打开【编辑标签】对话框。然后选择"类型标记"参数并完成标签的编辑，如图 4-18 所示。

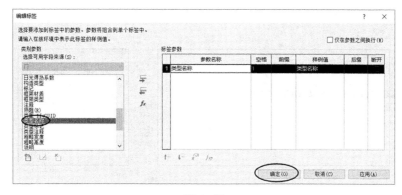

图 4-15

图 4-16　　　　　　　　　　　　　图 4-17

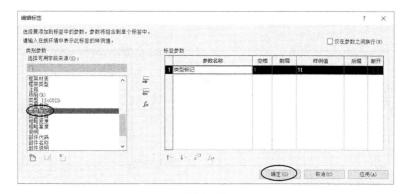

图 4-18

11）随后将标签添加到视图中，如图 4-19 所示。然后关闭选项卡。

12）适当移动标签，使样例文字中心对齐垂直方向参照平面，底部稍偏高于水平参照平面，如图 4-20 所示。

图 4-19　　　　　　　　　　　　　图 4-20

13）退出选项卡。在图形区选中"类型名称"标记，在属性面板上单击【关联族参数】按键。

14）在弹出的【关联族参数】对话框中单击【添加参数】按键，在新打开的【参数属性】对话框中输入名称尺寸标记，单击【确定】按键关闭该对话框，如图 4-21 所示。

15）在【关联族参数】对话框中单击【确定】按键关闭对话框。重新选中"1t"标记，然后添加名称为"门标记可见"的新参数，如图 4-22 所示。

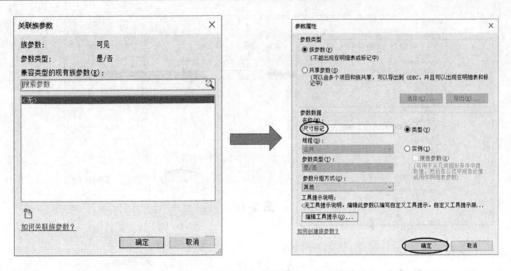

图 4-21

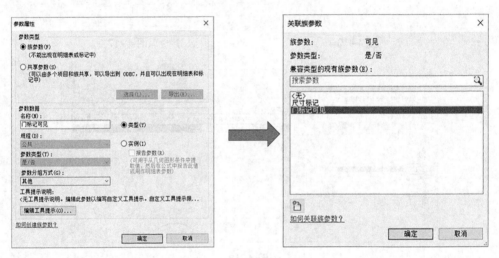

图 4-22

16）最后将族文件另存并命名为"门标记"。下面验证创建的门标记族是否可用。

提示： 如果已经打开项目文件，单击【从库中载入】面板中的【载入族】按键可以将当前族直接载入至项目中。

17）可以新建一个建筑项目，如图 4-23 所示。在默认打开的视图中，利用【建筑】选项卡【构建】面板中的【墙】工具，绘制任意墙体，如图 4-24 所示。

图 4-23   图 4-24

18）在项目浏览器的【族】【注释符号】节点下找到 Revit 自带的【标记门】，单击鼠标右键执行【删除】命令将其删除，如图 4-25 所示。

19）再利用【建筑】选项卡【构建】面板中的【门】工具，会弹出【未载入标记】信息提示对话框，单击【是】按键，如图 4-26 所示。

图 4-25　　　　　　　　　　　　图 4-26

20）载入先前保存的"门标记"注释族。

21）切换到【修改|放置门】选项卡，在【标记】面板中单击【在放置时进行标记】按键。然后在墙体上添加门图元，系统将自动标记门。

22）选中门标记族，在属性面板中单击【编辑类型】按键，在【类型属性】对话框中可以设置门标记族里面包含的 2 个标记的显示，如图 4-27 所示。

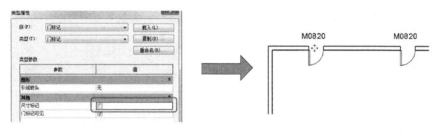

图 4-27

4.3.2　创建轮廓族

轮廓族用于绘制轮廓截面，所绘制的是二维封闭图形，在放样、融合等建模时作为轮廓截面载入使用。用轮廓族辅助建模，可以提高工作效率，而且还能通过替换轮廓族随时更改形状。在 Revit 2018 中，系统族库中自带 6 种轮廓族样板文件，如图 4-28 所示。

图 4-28

鉴于轮廓族有 6 种，且限于文章篇幅，下面仅以创建楼梯扶手轮廓族为例，详细描述创建步骤及注意事项。

扶手轮廓族常用于创建楼梯扶手、栏杆和支柱等建筑构件中。

实例演示——创建扶手轮廓族

1）在 Revit 2018 欢迎界面【族】选项组单击【新建】按键，弹出【新建 – 选择样板文件】对话框。

2）选择 "公制轮廓 – 扶栏 .rft" 族样板文件，单击【确定】按键进入族编辑器模式中，如图 4-29 所示。

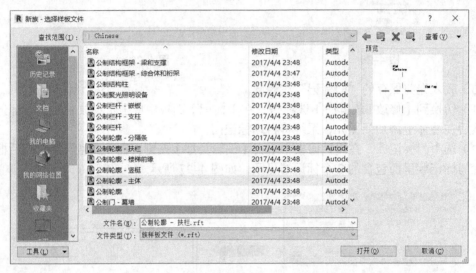

图 4-29

3）在【创建】选项卡【属性】面板中单击【族类型】按键，弹出【族类型】对话框，如图 4-30 所示。

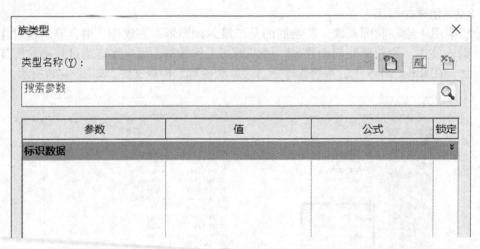

图 4-30

4）在【族类型】对话框中单击【参数】选项组下的【添加】按键，弹出【参数属性】对话框然后设置新参数名称，完成后单击【确定】按键，如图 4-31 所示。

5）在【族类型】对话框中输入参数到直径的值为如图 4-32 所示。

6）同理，添加名称为 "半径" 的参数，如图 4-33 所示。

7）单击【创建】选项卡【基准】面板中的【参照平面】按键，然后在视图中 "扶栏顶部" 平面下方新建两个工作平面，并利用 "对齐" 的尺寸标注，标注两个新平面，如图 4-34 所示。

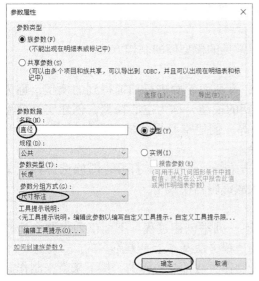

图 4-31

图 4-32

图 4-33

图 4-34

8）选中标注为 "60" 的尺寸标注，然后在选项栏中选择 "直径 =60" 的标签。

9）同样，对另一尺寸标注选择 "半径 = 直径 2=30°" 标签。

10）选择【创建】|【详图】|【直线】命令，绘制直径为 60 的圆，作为扶手的横截面轮廓。

11）绘制轮廓后重新选中圆，然后在属性面板上选择 "中心标记可见" 选项。圆轮廓中心点显示圆心标记。选中圆心标记和所在的参照平面，单击【修改】面板中的【锁定】按键进行锁定。

12）标注圆的半径，并为其选择 "半径 = 直径 ／ 2=30" 标签。

13）在【视图】选项卡【图形】面板单击【可见性图形】按键，打开【楼层平面：参照标高的可见性图形替换】对话框。在【注释类别】选项卡中取消【在此视图中显示注释类别】选项的选择。

14）选中圆轮廓，在属性面板上取消【中心标记可见】选项的选择。至此，扶手轮廓族文件创建完成，保存族文件即可。

4.4 创建三维模型族

模型工具最终是用来创建模型族的，下面介绍常见的模型族的制作方法。

4.4.1 模型工具介绍

创建模型族的工具主要有两种：一种是基于二维截面轮廓进行扫描得到的模型，称为实心模型；另一种是基于已建立模型的切剪而得到的模型，称为空心模型，创建实心模型的工具包括拉伸、融合、旋转、放样、放样融合等。创建空心形状的工具包括空心拉伸、空心融合、空心旋转、空心放样、空心放样融合等。

要创建模型族，在欢迎界面【族】选项组单击【新建】按键，打开【新族选择样板文件】对话框，选择一个模型族样板文件，然后进入族编辑器模式中。

4.4.2 创建三维模型族

要创建的三维模型族类型是非常多的，此处不一列举创建过程。下面仅列出两个比较典型的窗族和嵌套族进行讲解，其余三维模型族的建模方法基本上是差不多的。

（1）创建窗族。不管是什么类型的窗，其族的制作方法都是一样的，接下来就来制作简单的窗族。

实例演示——创建窗族

1）启动 Revit 2018，在欢迎界面单击【新建】按键，弹出【新族 – 选择族样板】对话框。选择"公制窗 .rft"作为族样板，单击【打开】按键进入族编辑器模式。

2）单击【创建】选项卡【工作平面】面板【设置】命令，在弹出的【工作平面】对话框选择【拾取一个平面】单选按键，单击【确定】按键，选择墙体中心位的参照平面作为新工作平面，如图 4-35 所示。

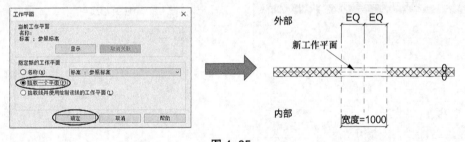

图 4-35

3）在随后弹出的【转到视图】对话框中，选中立面【外部】选项，单击【打开视图】按键，如图 4-36 所示。

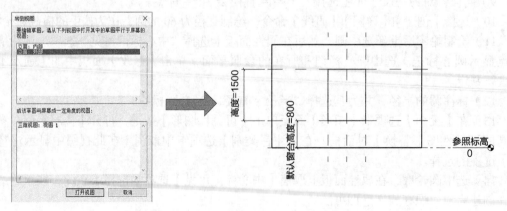

图 4-36

4）单击【创建】选项卡【工作平面】面板【参照平面】按键，然后绘制新工作平面并标注尺寸，如图 4-37 所示。

5）选中标注为"1107"的尺寸，在选项栏【标签】下拉列表中选择【添加参数】选项，打开【参数属性】对话框。确定参数类型为【族参数】，在【参数数据】中添加参数【名称】为"窗扇高"，并设置其【参数分组方式】为【尺寸标注】，单击【确定】按键，完成参数的添加，如图 4-38 所示。

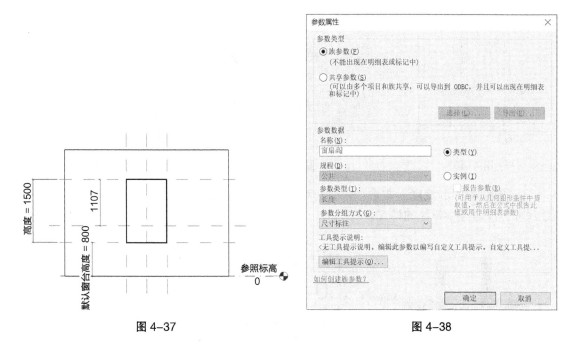

图 4-37   图 4-38

6）选择【创建】选项卡【拉伸】命令，利用矩形绘制工具，以洞口轮廓及参照平面为参照，创建轮廓线并与洞口进行锁定，绘制完成的结果，如图 4-39 所示。

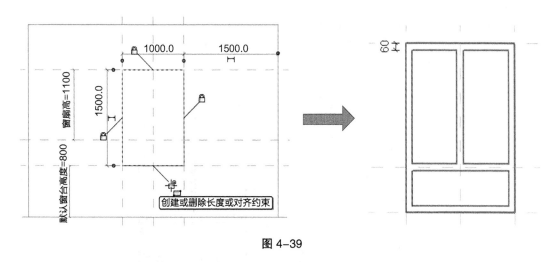

图 4-39

7）利用【修改编辑拉伸】选项卡【测量】面板中的【对齐尺寸标注】工具，标注窗框，如图 4-40 所示。

8）选中单个尺寸，在选项栏中【标签】下拉列表中选择【添加参数】选项，打开【参数属性】对话框为选中尺寸添加命名为"窗框宽"的新参数，如图 4-41 所示。

9）添加新参数后，依次选中其余窗框的尺寸，并为其选择"窗框宽"的参数标签，如图 4-42 所示。

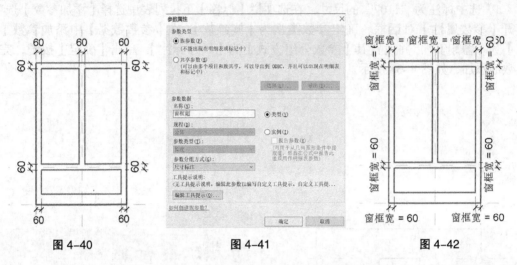

图 4-40　　　　　　　　　图 4-41　　　　　　　　　图 4-42

10）窗框中间的宽度为左右、上下对称，因此需要标注 EQ 等分尺寸，如图 4-43 所示 EQ 尺寸标注是连续标注的样式。

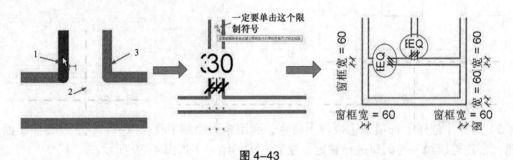

图 4-43

11）单击【完成编辑模式】按键，完成轮截面的绘制。在窗口左侧的属性选项板上设置【拉伸起点】为"40"，【拉伸终点】为"40"，单击【应用】按键完成拉伸模型的创建，如图 4-44 所示。

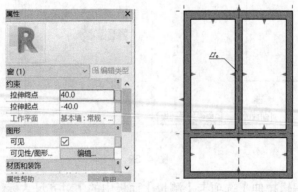

图 4-44

12）在拉伸模型仍处于编辑状态下，在属性选项板上单击【材质】右侧的【关联族参数】，打开【关联族参数】对话框并单击【添加参数】，如图 4-45 所示。

13）设置材质参数的名称、参数分组方式等，如图 4-46 所示。最后依次单击 2 个对话框的【确定】按键，完成材质参数的添加。

图 4-45　　　　　　　　　　　　　　　　图 4-46

14）窗框制作完成后，接下来制作窗扇。制作窗扇部分的模型，与制作窗框是一样的，只是截面轮廓、拉伸深度、尺寸参数、材质参数有所不同，如图 4-47、图 4-48 所示。

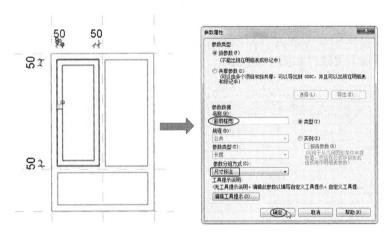

图 4-47

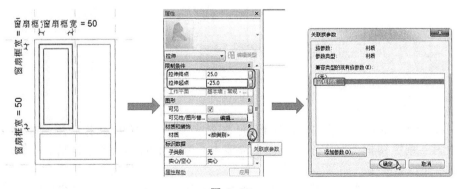

图 4-48

提示：在以窗框洞口轮廓为参照创建窗扇框轮廓线时，切记要与窗框洞口进行锁定，这样才能与窗框发生关联。

15）右边的窗扇框和左边的窗扇框形状、参数是完全相同的，可以采用复制的方法来创建。选中第一扇窗扇框，在【修改拉伸】选项卡【修改】面板单击【复制】按键，将窗扇框复制到右侧窗口洞中，如图 4-49 所示。

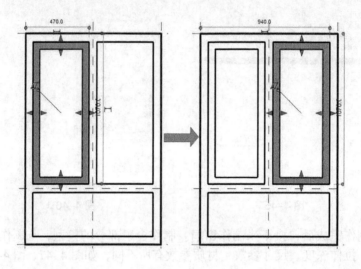

图 4-49

提示： 在以窗框洞口轮廓为参照创建窗扇框轮廓线时，切记要与窗框洞口进行锁定，这样才能与窗框发生关联，如图 4-50 所示。

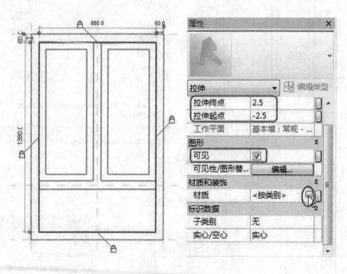

图 4-50

16）右边的窗扇框和左边的窗扇框形状、参数是完全相同的，可以采用复制的方法来创建。选中第一扇窗扇框，在【修改拉伸】选项卡【修改】面板单击【复制】按键，将窗扇框复制到右侧窗口洞中，如图 4-51 所示。

17）在项目管理器中，打开【楼层平面】|【参照标高】视图。标注窗框宽度尺寸，并添加尺寸参数标签，如图 4-52 所示。

18）至此完成了窗族的创建，结果如图 4-53 所示。保存"窗"族文件。

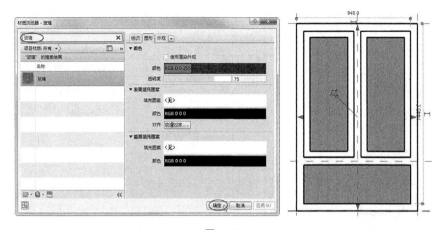

图 4-51

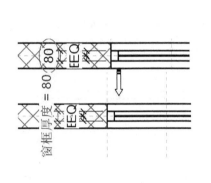

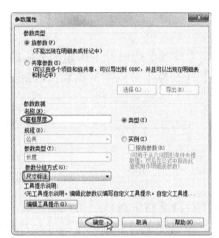

图 4-52

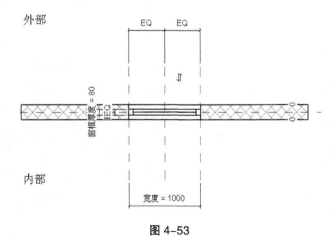

图 4-53

19）最后测试下所创建的窗族。新建建筑项目文件进入到建筑项目环境中。在【插入】选项卡【从库中载入】面板中单击【载入族】按键，从源文件夹中载入"窗族 .rfa"文件，如图 4-54 所示。

图 4-54

20）利用【建筑】选项卡【构建】面板的【墙】工具，任意绘制一段墙体，然后将项目管理器【族】|【窗族】节点下的窗族文件拖拽到墙体中放置如图 4-55 所示。

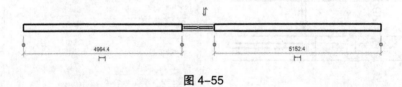

图 4-55

21）在项目浏览器中选择三维视图，然后选中窗族。在属性选项板中单击【编辑类型】按键，在【类型属性】对话框的【尺寸标注】列中，可以设置窗族高度宽度、窗框宽、窗扇框宽、窗扇高、窗框厚度等尺寸参数，以测试窗族的可行性，如图 4-56 所示。

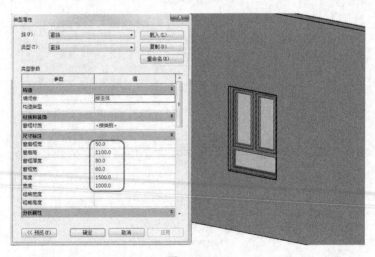

图 4-56

（2）创建嵌套族。族的制作除了类似窗族的制作方法外，还可以在编辑器模式中载入其他族（包括轮廓、模型、详图构件及注释符号族等），并在族编辑器模式中组合使用这些族，这种将多个简单的族嵌套在一起而组合成的族称为嵌套族。

4.4.3　测试族

前面详细介绍了族的创建，在实际使用族文件前应对创建的族文件进行测试，以确保在实际使用中的正确性。

（1）测试目的。测试自己创建的族，目的是保证族的质量，避免在今后的使用中受到影响。

1）确保族文件的参数参变性能对族文件的参数参变性能进行测试，从而保证族在实际项目中具备良好的稳定性。

2）符合国内建筑设计的国标出图规范，参考中国建筑设计规范与图集，以及公司内部有关线型、图例的出图规范，对族文件在不同视图和粗细精度下的显示进行检查，从而保证项目文件最终的出图质量。

3）具有统一性。对于族文件统一性的测试，虽然不直接影响到质量本身，但如果在创建族文件时注意统一性方面的设置，将会对族库的管理非常有帮助。而且在族文件载入项目文件后，也将对项目文件的创建带来一定的便利。包括族文件与项目样板的统一性：在项目文件中加载族文件后，族文件自带的信息，例如"材质""填充样式""线性图形"等被自动加载至项目中。如果项目 5.5 测试族文件已包含同名的信息，则族文件中的信息将会被项目文件覆盖。因此，在创建族文件时，建议尽量参考项目文件已有的信息，如果有新建的需要，在命名和设置上应当与项目文件保持统一，以免造成信息冗余。族文件自身的统一性：规范族文件的某些设置例如插入点、保存后的缩略图、材质、参数命名等，将有利于族库的管理、搜索以及载入项目文件后使之本身所包含的信息达到统一。

（2）测试流程。族的测试，其过程可以概括为依据测试文档的要求，将族文件分别在测试项目环境中、族编辑器模式和文件浏览器环境中进行逐条测试，并建立测试报告。

1）制定测试文件。不同类别的族文件，其测试方式是不一样的，可以先将族文件按照二维和三维进行分类。

由于三维族文件包含了大量不同的族类别，部分族类别创建流程、族样板功能和建模方法都具有很高的相似性。例如常规模型、家具、柜、专用设备族等，其中家具族具有一定的代表性，因此建议以"家具"族文件测试为基础，制定"三维通用测试文档"，同时"门""窗"和"幕墙嵌板"之间也具有高度相似性，但测试流程和测试内容相比"家具"要复杂很多，可以合并作为一个特定类别指定测试文档。而部分具有特殊性的构件，可以在"三维通用测试文档"的基础上添加或者删除一些特定的测试内容，制定相关测试文档。针对二维族文件，"详图构件"族的创建流程和族样板功能具有典型性，建议以此类为基础，指定通用测试文档"标题栏""注释"及"轮廓"族等也具有一定的特殊性，可以在"二维通用测试文档"的基础上添加或者删除一些特定的测试内容，指定相关测试文档。针对水、暖、电的三维族，还应在族编辑器模式和项目环境中对连接件进行重点测试。根据族类别和连接件类别（电气、风管、管道、电缆桥架、线管）的不同，连接件的测试点也不同。一般在族编辑器模式中，应确认以下设置和数据的正确性，如连接件位置、连接件属性、主连接件设置、连接件链接等。在项目环境中，应测试组能否正确地创建逻辑系统，以及能否正确使用系统分析工具。针对三维结构族，除了参变测试和统一性测试以外，要对结构族中的一些特殊设置重新检查，因为这些设置关系到结构族在项目中的行为是否正确。例如检查混凝土结构梁的梁路径的端点是否与样板中的"构件左"和"构件右"两条参照平面锁定；检查结构柱族的实心拉伸的上边是否拉伸至"高于参照 2500mm 处，并与标高锁定，是否将实心拉伸的下边缘与"低于参照标高 0"的标高锁定等。而后可以将各类结构族加载到项目中检查族的行为是否正确，例如相同不同材质的梁与结构柱的连接、检查分析模型、检查钢筋是否充满在绿色虚线内，弯钩方向是否正确、是否出现畸变、Revit

2018 保护层位置是否正确等。

测试文档的内容主要包括测试项目、测试方法、测试标准和测试报告四个方面。

2）创建测试项目文件。针对不同类别的族文件，测试时需要创建相应的项目文件，模拟族在实际项目中的调用过程，从而发现可能存在的问题。例如在门窗的测试项目文件中创建墙，用于测试门窗是否能正确加载。

3）在测试项目环境中进行测试。在已经创建的项目文件中，加载族文件，检查不同视图下族文件的显示和表现。改变族文件类型参数与系统参数设置，检查族文件的参变性能。

4）在族编辑器模式中进行测试。在族编辑器模式中打开族文件，检查族文件与项目样板之间的统一性，例如材质、填充式和图案等，以及族文件之间的统一性，例如插入点、材质、参数命名等。

5）在文件浏览器中进行测试。在文件浏览器中，观察文件缩略图显示情况，并根据文件属性查看文件大小是否在正常范围。

6）完成测试报告。参照测试文档中的测试标准，对错误的项目逐条进行标注，完成测试报告，以便接下来的文件修改。

第 5 章 概念体量、门、窗、洞口设计

5.1 概念体量设计

Revit 为用户提供了两种创建概念体量模型的方式：在项目中在位创建概念体量或在概念体量族编辑器中创建独立的概念体量族。

在位创建的概念体量仅仅可用于当前项目，而创建独立的概念体量族文件可以像模板族文件那样载入到不同的项目中。

5.1.1 创建概念体量模型

要在项目中创建概念体量，可以单击【体量和场地】选项卡【概念体量】面板中的【内建体量】工具，输入概念体量名称就可以进入概念体量族编辑状态。内建体量工具创建的体量模型，称为内建族。

要创建独立的概念体量族，在菜单栏内选择【文件】|【新建】|【概念体量】的命令，在弹出的【新概念体量 – 选择样板文件】对话框中选择"公制体量.rft"族样板文件，单击【打开】按键就能进入概念体量编辑模式，如图 5–1 所示。

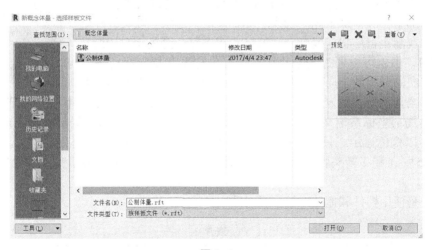

图 5–1

或者在 Revit 2018 欢迎界面的【族】选项组单击【创建概念体量】按键，打开【新概念体量 – 选择样板文件】对话框，双击"公制体量.rft"族样板文件，同样能进入概念体量设计环境（体量族编辑器模式）。

5.1.2 概念体量设计环境

概念体量设计环境是 Revit 为了创建概念体量而开发的一个操作界面，在这个界面用户能自主创建概念体量。所谓的概念体量设计环境就是一种族编辑器模式，概念体量模型是三维模型族，如图 5–2 所示的为概念体量设计环境。

如何区分概念体量设计环境与族编辑器模式呢？虽然它们都是创建三维模型族的工具，但族编辑器模式只能创建形状比较规则的几何模型，而概念体量设计环境却能设计出自由形状的实体和曲面。

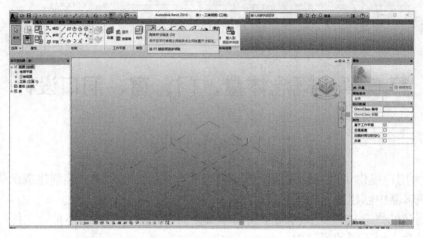

图 5-2

在概念体量设计环境中，常会遇到一些名词，例如三维控件、三维标高、三维参照平面、三维工作平面、形状、放样、轮廓等，分别对这些名词进行简单的介绍。

（1）三维控件。在选择形状的表面、边、或顶点后出现的操纵控件，该控件也能显示在选定的点上，如图 5-3 所示。

对于不受约束的形状中的每个参照点、表面、边、顶点或点，在被选中后都会显示三维控件。通过该控件，可以沿局部或全局坐标系所定义的轴或平面进行拖拽，从而直接操纵形状。通过三维控件可以：①在局部坐标和全局坐标间切换。②直接操纵形状。③可以通过拖拽三维控制箭头将形状拖拽到合适的尺寸或位置。箭头相对于所选形状而定向，但也可以通过按空格键在全局坐标系和局部坐标系之间切换其方向。形状的全局坐标系基于 View Cube 的东、南、西、北

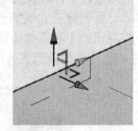

图 5-3

四个坐标。当形状发生重定向并且与全局坐标系有不同的关系时，形状位于局部坐标系中。如果形状由局部坐标系定义，形状位于局部坐标系中。如果形状由局部坐标系定义，三维形状控件会以橙色显示。只有转换为局部坐标系的坐标才会以橙色显示。例如，将一个立方体旋转 15°，X 和 Y 箭头将以橙色显示，但由于全局 Z 坐标值保持不变，因此 Z 箭头仍以蓝色显示。

表 5-1 是使用控件和拖拽对象位置对照表。

表 5-1

拖曳对象的位置	使用的控件
沿全局坐标系 Z 轴	蓝色箭头
沿全局坐标系 X 轴	红色箭头
沿全局坐标系 Y 轴	绿色箭头
沿局部坐标轴	橙色箭头
在 XY 平面中	蓝色平面控件
在 YZ 平面中	红色平面控件
在 XZ 平面中	绿色平面控件
在局部平面中	橙色平面控件

（2）三维标高。一个有限的水平平面，充当以标高为主体的形状和点的参照。当光标移动到绘图区域中三维标高的上方时，三维标高会显示在概念体量设计环境中。这些参照平面可以设置为工作平面。三维标高如图 5-4 所示（小提示：需要说明的是，三维标高仅存在概念体量设计环境中，在 Revit 项目环境中不存在创建概念体量）。

（3）三维参照平面。一个三维平面，用于绘制将创建形状的线。三维参照平面显示在概念体量设计环境中。这些参照平面可以设置为工作平面，如图 5-5 所示。

（4）三维工作平面。一个三维平面，用于绘制将创建形状的线。三维标高和三维参照平面都可以设置为工作平面。当光标移动到绘图区域中三维工作平面的上方时，三维工作平面会自动显示在概念体量设计环境中，如图 5-6 所示。

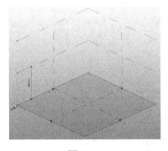
图 5-4

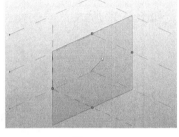
图 5-5

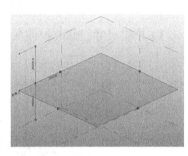
图 5-6

（5）形状。通过【创建形状】工具创建的三维或二维表面 / 实体。通过创建各种几何形状（拉伸、融合、旋转、放样）来开始研究建筑概念。形状始终是通过这样的过程创建的：绘制线，选择线，然后单击【创建形状】，选择可选择的创建方式。使用该工具创建形状、三维实心或空心形状，然后通过三维形状操纵控件直接进行操纵，如图 5-7 所示。注：创建前需要先选择工作平面。

图 5-7

（6）放样。由平行或非平行工作平面上绘制的多条线（单个段、链或环）而产生的形状。

（7）轮廓。单条曲线或一组端点相连的曲线，可单独或组合使用，以利用支持的几何图形构造技术（拉伸、放样、扫掠、旋转、曲面）来构造形状图元。

5.1.3　创建形状

体量形状包括实心形状和空心形状。两种类型形状的创建方法是完全相同的，但是所表现的形状特征却不同。如图 5-8 所示为两种体量形状类型。

【创建形状】工具将自动分析所拾取的草图。通过所拾取的草图形态可以生成拉伸、旋转、扫掠、融合等多种形态的对象。

图 5-8

（1）创建与修改拉伸。当绘制的截面曲线为单个工作平面上的闭合轮廓时，Revit 将自动识别轮廓并创建拉伸模型。

实例演示——拉伸实体：单一截面轮廓（闭合）

1）在【创建】选项卡【绘制】面板中利用【直线】命令，在"标高 1"上绘制如图 5-9所示的封闭轮廓。

2）在【修改 | 放置线】选项卡的【形状】面板中单击【创建】按键，Revit 自动识别轮

廓并自动创建如图 5-10 所示的拉伸模型。

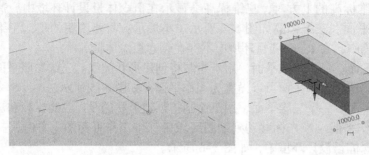

图 5-9　　　　　　　　　　　　　　图 5-10

3）单击尺寸，修改拉伸深度，如图 5-11 所示。

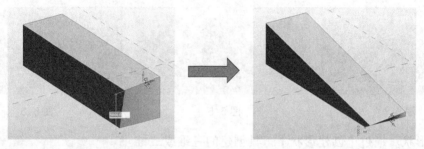

图 5-11

4）如果要创建具有一定斜度的拉伸模型，先选中模型表面，再通过拖曳模型上显示的控标来改变倾斜角度，以此达到修改模型形状的目的，如图 5-12 所示。

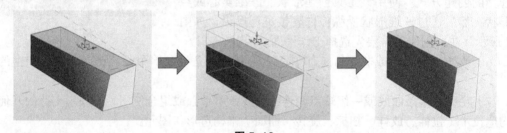

图 5-12

5）选择模型上的某条边，拖曳控标可以修改模型局部的形状，如图 5-13 所示。

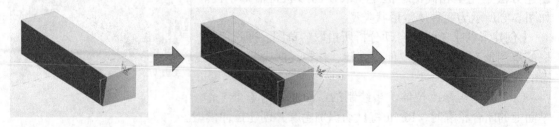

图 5-13

6）当选中模型的端点时，拖曳控标可以改变该点在三个方向的位置，达到修改模型的目的，如图 5-14 所示。

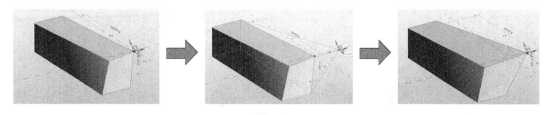

图 5-14

实例演示

当绘制的截面曲线为单个工作平面上的开放轮廓时，Revit 将自动识别轮廓并创建拉伸曲面。

1）在【创建】选项卡【绘制】面板中利用【圆心、端点弧】命令，在"标高 1"上绘制，如图 5-15 所示。

2）在【修改 | 放置线】选项卡的【形状】面板中单击【创建形状】按键，Revit 自动识别轮廓并自动创建如图 5-16 所示的拉伸曲面。

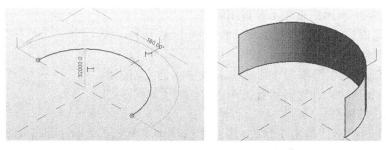

图 5-15   图 5-16

3）选中整个曲面，所显示的控标将控制曲面在 6 个自由度方向上的平移，如图 5-17 所示。

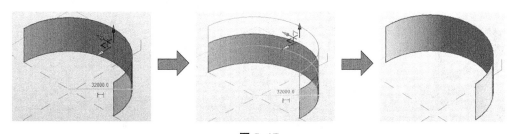

图 5-17

4）选中曲面边，所显示的控标将控制曲面在 6 个自由度方向上的尺寸变化，如图 5-18 所示。

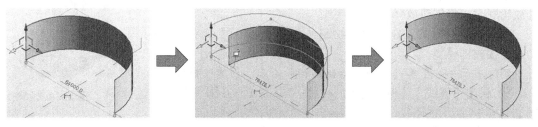

图 5-18

5）选中曲面上一角点，显示的控标将控制曲面的自由度变化，如图 5-19 所示。

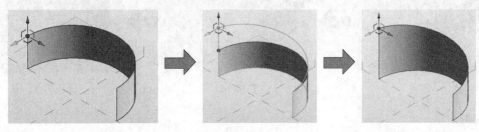

图 5-19

（2）创建与修改旋转。如果在同一个工作平面上绘制一条直线和一个封闭轮廓，将会创建旋转模型。如果在同一个工作平面上绘制一条直线和一个开放的轮廓，将会创建旋转曲面。直线可以是模型直线，也可以是参照曲线，此直线会被 Revit 识别为旋转轴。

实例演示——创建旋转模型

1）利用【绘制】面板中的【直线】命令，在标高工作平面上绘制如图 5-20 所示的直线 1 和封闭轮廓。

2）绘制完成后，先关闭【修改|放置线】选项卡。按 Ctrl 键选中封闭轮廓和直线。

3）在【修改|线】选项卡【形状】画板中单击【创建形状】按键，Revit 自动识别轮廓和直线并自动创建了如图 5-21 所示的选中的旋转模型。

图 5-20

4）选中旋转模型，单击【修改|形式】选项卡【模式】面板上的【编辑轮廓】按键，显示轮廓和直线，如图 5-22 所示。

5）将视图切换为上视图，然后重新绘制封闭轮廓为圆形，如图 5-23 所示。

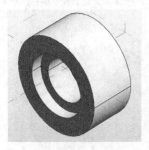
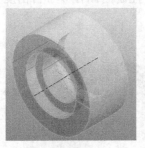
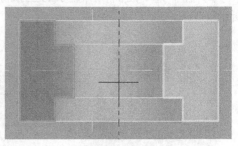

图 5-21   图 5-22   图 5-23

6）单击【完成编辑模式】按键，完成旋转模型的更改，结果如图 5-24 所示。

（3）创建与修改放样。在单一工作平面上绘制路径和截面轮廓将创建放样，截面轮廓为闭合时将创建放样模型，截面轮廓为开放轮廓时，将创建放样曲面。

若在多个平行的工作平面上绘制开放或闭合轮廓，将创建放样曲面或放样模型。

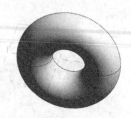

图 5-24

实例演示——在单一平面上绘制路径和轮廓，创建放样模型

1）利用【直线】、【圆弧】命令，在"标高 1"工作平面上绘制如图 5-25 所示的路径。

2）利用【点图元】命令，在路径曲线上创建参照点，如图 5-26 所示。

3）选中参照点将显示与路径垂直的工作平面，如图 5-27 所示。

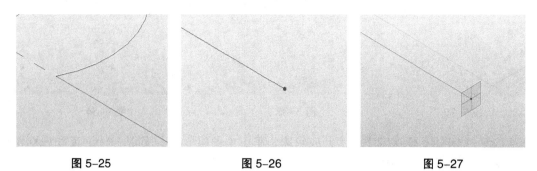

图 5-25　　　　　　　　图 5-26　　　　　　　　图 5-27

4）利用【圆形】命令，在参照点位置的工作平面上绘制如图 5-28 所示的闭合轮廓。

5）按 Ctrl 键选中封闭轮廓和路径，将自动完成放样模型的创建，如图 5-29 所示。

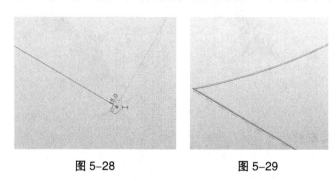

图 5-28　　　　　　　　　　图 5-29

6）如果要编辑路径，先选中放样模型中间部分表面，再单击【编辑轮廓】按键，即可编辑路径曲线的形状和尺寸，如图 5-30 所示。

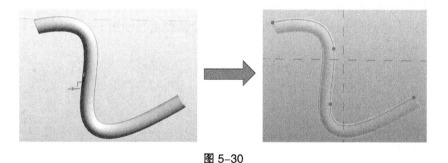

图 5-30

7）如果要编辑截面轮廓，先选中放样模型两个端面之一的边界线，再单击【编辑轮廓】按键，即可编辑轮廓形状和尺寸，如图 5-31 所示。

实例演示——在多个平行平面上绘制轮廓，创建放样曲面

1）单击【创建】选项卡【基准】面板中的【标高】按键，然后输入新标高的偏移量 40000，连续创建"标高 2"和"标高 3"，如图 5-32 所示。

2）利用【圆心—端点弧】命令，选择"标高 1"作为工作平面并绘制如图 5-33 所示的开放轮廓。

3）同样，分别在"标高 2"和"标高 3"上绘制开放轮廓，如图 5-34、图 5-35 所示。

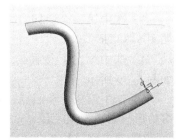

图 5-31

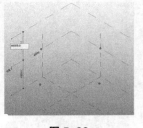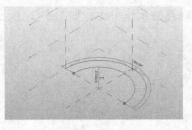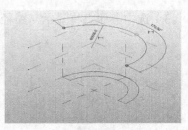

图 5-32　　　　　　　　　　图 5-33　　　　　　　　　　图 5-34

4）按【Ctrl 键】依次选中 3 个开放轮廓，单击【创建形状】按键，Revit 自动识别轮廓并自动创建放样曲面，如图 5-35 所示。

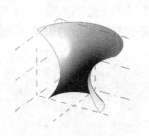

图 5-35

5.1.4　创建多样融合

当在不平行的多个工作平面上绘制相同或不同的轮廓时，将创建放样融合。闭合轮廓将创建放样融合模型，开放轮廓将创建放样融合曲面。

实例演示——创建放样融合模型

1）先利用【起点—终点—半径弧】命令，在"标高 1"上任意位置绘制一段圆弧，作为放样融合的路径参考，如图 5-36 所示。

2）再利用【点元图】命令，在圆弧上创建 3 个参照点，如图 5-37 所示。

图 5-36　　　　　　　　　　　　　　图 5-37

3）选中第一个参照点，利用【矩形】命令，在第一个参照点位置的平面上绘制矩形，如图 5-38 所示。

4）选中第二个参照点，利用【圆形】命令，在第二个参照点位置的平面上绘制圆形，如图 5-39 所示。

5）选中第三个参照点，利用【内接多边形】命令，在第三个参照点位置的平面上绘制多边形，如图 5-40 所示。

6）选中路径和 3 个闭合轮廓，单击【创建形状】按键，Revit 自动识别轮廓并自动创建放样融合模型，如图 5-41 所示。

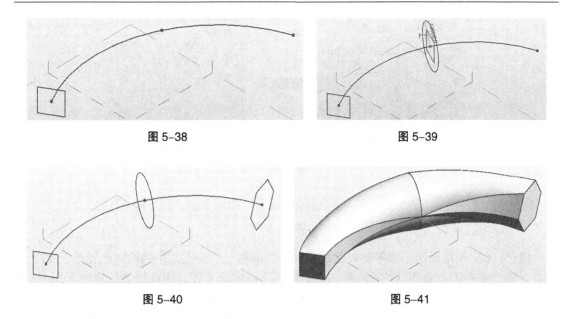

图 5-38　　　　　　　　　　　　　　　图 5-39

图 5-40　　　　　　　　　　　　　　　图 5-41

5.1.5　空心形状

一般情况下，空心模型将自动剪切与之相交的实体模型，也可以自动剪切创建的实体模型。

在概念体量设计环境中，需要设计作为建筑模型填充图案、配电盘或自适应构件的主体时，就需要分割路径和表面。

（1）分割路径。【分割路径】工具可以沿任意曲线生成指定数量的等分点。对于任意曲面边界、轮廓或曲线，均可在选择曲线或边对象后，单击【分割】面板中的【分割路径】工具，对所选择的曲线或边进行等分分割。

提示：相似地，还可以分割闭合路径。可以按 Tab 键选择分割路径将其多次分割。

默认情况下，路径将分割为具有 6 个等距离节点的 5 段（英制样板）或具有 5 个等距离节点的 4 段（公制样板）。可以通过更改【更改风格设置】对话框中的设置来更改这些默认的分区。

在绘图区域中，将以分割的路径显示节点数。单击此数字并输入一个新的节点数。按 "Enter" 键完成更改分割数。

（2）分割表面。可以使用表面分割工具对体量表面或曲面进行划分，划分为多个均匀的小方格，即以平面方格的形式替代原曲面对象。方格中每一个顶点位置均由原曲面表面点的空间位置决定。例如，在曲面形式的建筑幕墙中，幕墙最终均由多块平面玻璃嵌板沿曲面方向平铺而成，要得到每块玻璃嵌板的具体形状和安装位置，必须先对曲面进行划分才得到正确的加工尺寸，这在 Revit 中称为有理化曲面。

实例演示——分割体量模型的表面

1）打开本例素材源文件 "体量曲面 .rfa"。

2）选择体量上任意面，单击【分割】面板中的【分割表面】按钮，表面将通过 UV（表面的自然网格分割）网格分割所选表面，如图 5-42 所示。

3）分割表面后会自动切换到【修改 | 分割的表面】选项卡，用于编辑 UV 网格的命令面板如图 5-43 所示。

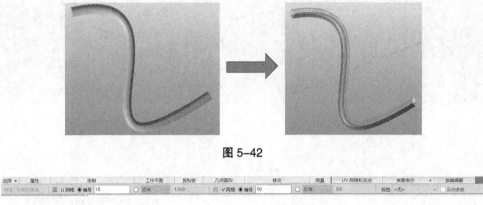

图 5-42

选择 ▼	属性	绘制	工作平面	剪贴板	几何图形	修改	测量	UV 网格和交点	表面表示	按编辑器
修改 | 分割的表面		▓ U 网格 ● 编号 10	○ 距离	1169	╱ V 网格 ● 编号 10	○ 距离	69		标签: <无> ▼	□ 实例参数	实例参数

图 5-43

提示：UV 网格适用于非平面表面的坐标绘图网格。三维空间中的绘图位置基于 XYZ 坐标系，而二维空间则基于 XY 坐标系。由于表面不一定是平面，因此绘制位置时采用 UVW 坐标系。这在图纸上表示为一个网格，该网格针对非平面表面或形状的等高线进行调整。UV 网格用在概念设计环境中，相当于 XY 网格，即两个方向默认垂直交叉的网格，表面的默认分割数为 12×12（英制单位）和 10×10（公制单位）。

4）UV 网格彼此独立，并且可根据需要开启或关闭。默认情况下，最初分割表面后，【U 网格】命令和【V 网格】命令都处于激活状态。可以单击两个命令控制 UV 网格的显示或隐藏，如图 5-44 所示。

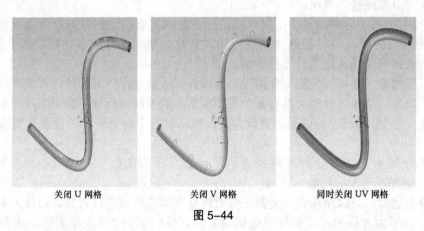

关闭 U 网格　　　　　关闭 V 网格　　　　　同时关闭 UV 网格

图 5-44

5）单击【表面表示】面板的【表面】按键，可控制分割表面后的网格最终结果的显示，如图 5-45 所示。

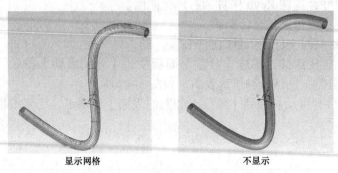

显示网格　　　　　　　　　不显示

图 5-45

6）【表面】工具主要用于控制原始表面、节点和网格线的显示。单击【表面表示】面板右下角的【显示属性】按键，弹出【表面表示】对话框，勾选【原始表面】、【节点】等复选框，可以显示原始表面和节点，如图 5-46 所示。

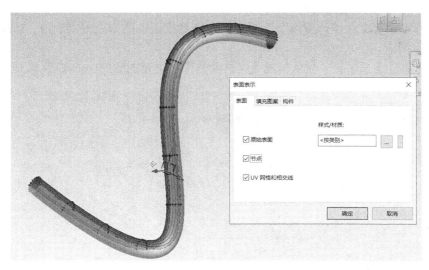

图 5-46

7）选项框可以设置 UV 排列方式："编号"即以固定数量排列网格，例如下面图中的设置，U 网格"编号"为"10"，即共在表面上排布 10 格 U 网格，如图 5-47 所示。

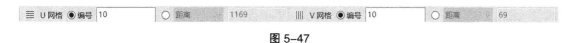

图 5-47

8）选择选项栏的【距离】选项，下拉列表可以选择"距离""最大距离""最小距离"并设置距离，如图 5-48 所示。下面以距离数值为 2000mm 为例介绍三个选项对 U 网格排列的影响。

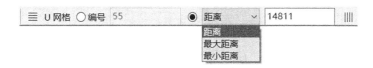

图 5-48

①距离 2000mm：表示以固定间距 2000mm 排列 U 网格，第一个和最后一个不足 2000mm 也自成一格。

②最大距离 2000mm：表示以不超过 2000mm 的相等间距排列 U 网格，如果总长度为 11000mm，将等距产生 U 网格 6 个，即每段 2000mm 排布 5 条 U 网格还有剩余长度，为了保证每段都不超过 2000mm，将等距生成 6 条 U 网格。

③最小距离 2000mm：以不小于 2000mm 的相等间距排列 U 网格，如果总长度为 110000mm，将等距产生 U 网格 5 个，最后一个剩余的不足 2000mm 的距离将均分到其他网格。

9）V 网格的排列设置与 U 网格相同。同理，将模型的其余面进行分割，如图 5-49 所示。

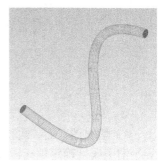

图 5-49

（3）为分割的表面填充图案。模型表面被分割后，可以为其添加填充图案，可以得到理想的建筑外观效果。填充图案的方式为自动填充图案和自动适应填充图案族。自动填充图案就是修改被分割表面的填充图案属性。

实例演示——自动填充图案

1）打开本例源文件"体量模型 .rfa"。选中体量模型中的一个分割表面，切换到【修改｜分割的表面】选项卡。

2）在【属性】选项板，默认情况下网格面是没有填充图案的，如图 5-50 所示。

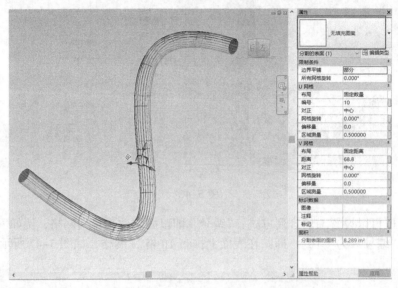

图 5-50

3）展开"矩形棋盘"图案，Revit 会自动对所选的 UV 网格面进行填充，如图 5-51 所示。

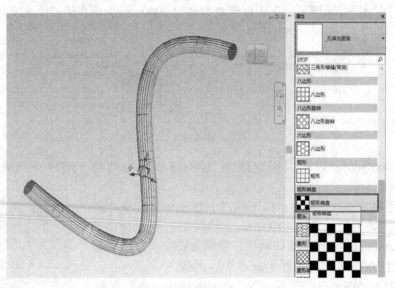

图 5-51

4）填充图案后，可以为图案的属性进行设置。在属性选项板【限制条件】选项组，【边界平铺】属性确定填充图案与表面边界相交的方式——空、部分或悬挑，如图 5-52 所示。

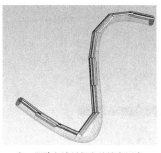 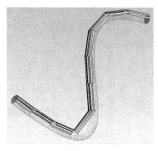 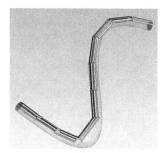

空：删除与边界相交的填充图案　　部分：边缘剪切超出的填充图案　　悬挑：完整显示与边缘相交的填充图案

图 5-52

5）在【所有网格旋转】选项中设置角度，可以旋转图案，如输入45，单击【应用】按键后，填充图案角度改变，如图 5-53 所示。

6）在【修改｜分割的表面】选项卡【表面表示】面板单击【显示属性】按键，弹出【表面表示】对话框。

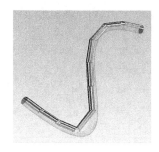 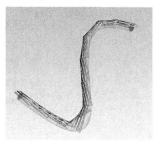

图 5-53

7）在【表面表示】对话框【填充图案】选项卡中，可以勾选或取消勾选【填充图案线】复选框和【图案填充】复选框来控制填充图案边线、填充图案是否可见，如图 5-54 所示。

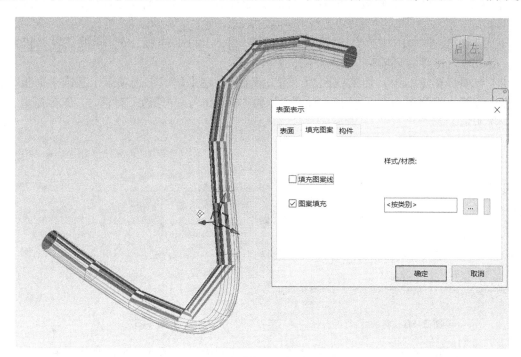

图 5-54

8）单击【图案填充】右侧的【浏览】按键，打开【材质浏览器】对话框，在该对话框中可以设置填充图案的材质属性、图案截面、着色等，如图 5-55 所示。

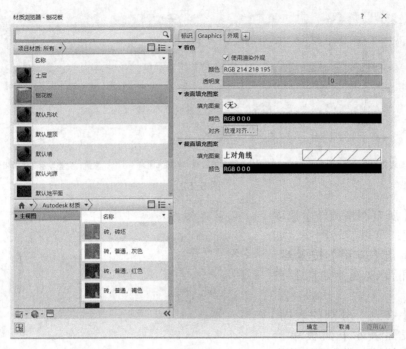

图 5-55

实战案例：别墅建筑体量设计

在项目前期概念、方案设计阶段，建筑师经常会从体块分析入手，首先创建建筑的体块模型，并不断推敲修改，估算建筑的表面面积、体积，计算体形系数等经济技术指标。

1）启动 Revit 2018 中新建建筑项目，选择 "Revit2018 样板 .rte" 样板文件，进入到 Revit Architecture 项目环境中，如图 5-56 所示。

2）在项目浏览器中，切换视图为 "东立面图"。在【建筑】选项卡【基准】面板单击【标高】按键，绘制场地 "标高 1" "标高 3" 和 "标高 4"，并修改 "标高 2" 的标高值，如图 5-57 所示。

图 5-56   图 5-57

提示：在创建场地标高时，请删除楼层平面视图中的 "场地" 平面视图。在此创建标高是为了创建楼层平面以载入相应 AutoCAD 参考平面图。

3）切换楼层平面视图为 "标高 1"，在【插入】选项卡【导入】面板单击【导入 CAD】按键，打开【导入 CAD 格式】对话框，从本例源文件夹中导入 "别墅一层平面图 - 完成 .dwg" CAD 文件，如图 5-58 所示。

图 5-58

4）导入的别墅一层平面图 CAD 参考图，如图 5-59 所示。

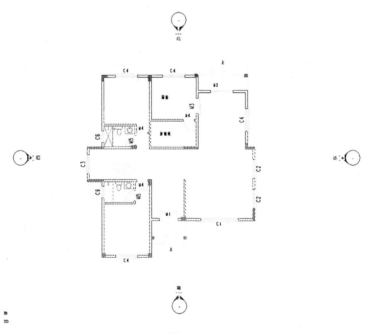

图 5-59

5）同理，分别在楼层平面"标高2""标高3"和"标高4"视图中依次导入"别墅二层平面图""别墅三层平面图"和"别墅四层平面图"。

6）切换到"标高1"视图。在【体量和场地】选项卡【概念体量】面板单击【内建体量】按键，新建命名为"别墅概念体量"的体量，如图 5-60 所示。

7）进入概念体量环境后，利用【直线】工具，沿着参考图的墙体外边线，绘制封闭的轮廓，如图 5-61 所示。完成绘制后按 ESC 键退出绘制。

图 5-60

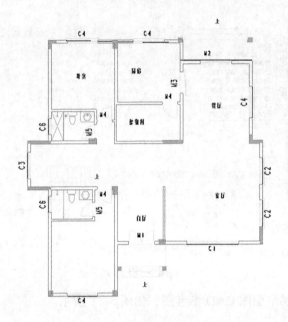

图 5-61

8）选中绘制的封闭轮廓线，在【修改｜线】选项卡的【形状】面板单击【创建形状】|【实心形状】命令，创建实心的体量模型，此时切换到三维视图查看，如图 5-62 所示。

9）单击体量高度值，修改（默认生成高度为 6000）为 "3500"，按 Enter 键即可改变，如图 5-63 所示。

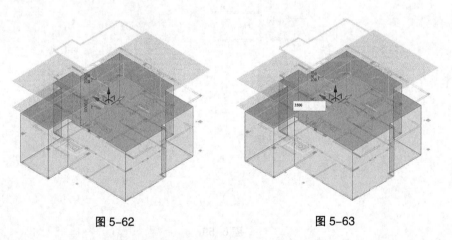

图 5-62　　　　　　　　　　　　　　　　　图 5-63

10）修改后单击图形区空白位置返回继续 "标高 2" 和 "标高 3" 之间的体量创建。创建方法完全相同，只是绘制的轮廓稍有改变。

11）选中轮廓，在【修改｜线】选项卡的【形状】面板单击【创建形状】|【实心形状】命令，创建实心的体量模型，此时切换到三维视图查看，并修改体量模型高度为 "3200"。

12）同理，切换至 "标高 3" 楼层平面视图绘制并修改体量模型。

13）接下来就是一些建筑附加体的体量创建，如屋顶、阳台、雨篷等，这些烦琐的工作由读者自行完成。也可以不创建附加体，在后面建筑模型的制作过程中，利用相关的屋顶、雨篷构件等，要快速得多。最后单击【完成体量】按键，完成别墅概念体量模型的创建。

14）由于还没有楼层信息，所以还需要创建体量楼层。创建体量模型，激活【修改|体量】选项卡，单击【体量楼层】命令，弹出【体量楼层】对话框。

15）在该对话框中勾选【标高 1】复选框【标高 4】复选框，场地和顶层【标高 5】是没有楼层，无须勾选，如图 5-64 所示。

16）单击【确定】按键，自动创建体量楼层，如图 5-65 所示。

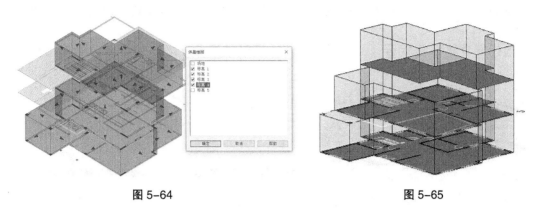

图 5-64　　　　　　　　　　　　　　　　图 5-65

17）完成体量设计后，在后面设计各层的建筑模型时，可以将概念模型的面转成墙体、楼板等构件。

5.2　建筑墙体与门窗设计

建筑墙、建筑柱及门窗是建筑楼层中的"墙体"的重要组成因素。Revit 中的建筑和结构设计，都离不开一个重要的概念—族。本节将学习建筑墙、门窗及建筑柱的设计过程和技巧。

5.2.1　Revit 建筑墙设计

建筑墙体分为承重墙和非承重墙。先于柱、梁及楼板而修建的墙是承重墙，后于柱、梁及楼板而创建的墙是非承重墙。在 Revit 中，建筑墙体设计包括基本墙（单体墙、复合墙与叠层墙）、面墙以及幕墙的设计。

单体墙：指由实心砖或其他砌块砌筑，或由混凝土等材料浇筑而成的实心墙体。Revit 中，墙的创建就是参照轴网进行墙族的放置过程，如图 5-66 所示。

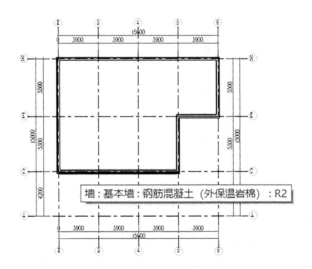

图 5-66

5.2.2　复合墙与叠层墙

复合墙与叠层墙是基于基本墙的属性修改而得到的。复合墙就像屋顶、楼板和天花板可包含多个水平层一样，包含多个垂直层或区域。

在创建墙体时，可在墙的属性面板中选择复合墙的系统族来创建复合墙，如图 5-67 所示。

选择复合墙系统族后，可以通过单击【编辑类型】按键来编辑复合墙的结构，如图 5-68 所示。

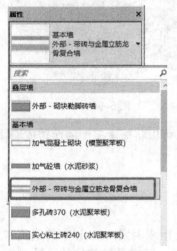

图 5-67

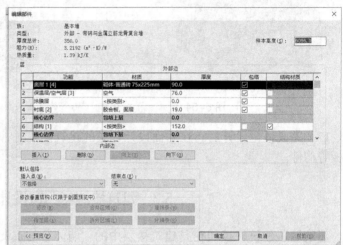

图 5-68

叠层墙是一种由若干个不同子墙（基本墙类型）相互堆叠在一起而组成的主墙，可以在不同的高度定义不同的墙厚、复合层和材质。

提示： 复合墙的拆分是基于外墙涂层的拆分，并非墙体拆分，而 "叠层" 墙体是将墙体拆分成上下几个部分。

同样，在墙属性面板中也提供一种叠层墙系统族，如图 5-69 所示。其结构属性如图 5-70 所示。

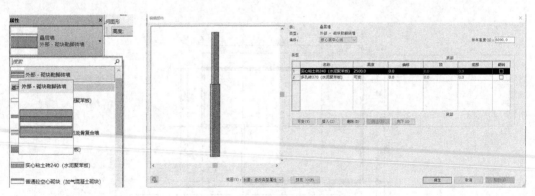

图 5-69　　　　　　　　　　　　图 5-70

实例演示——创建叠层墙

1）打开本例源文件 "基本墙体 .rvt"。

2）选中全部墙体，在属性选项板的类型选择器中选择 "叠层墙" 类型，随后单击【编辑类型】按键，如图 5-71 所示。

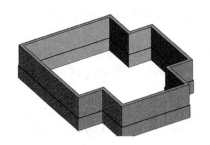
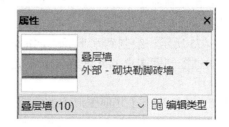

图 5-71

3）打开【类型属性】对话框，在"结构"参数一栏单击【编辑】按键，弹出【编辑部件】对话框，如图 5-72 所示。

图 5-72

4）单击【插入】按键增加一个墙的构造层，将原本的"外部—带砌块与金属立筋龙骨复合墙"类型改为"多孔砖 370（水泥聚苯板）"，再设置新增的构造层类型为"实心黏土砖240"，高度为 2500，设置如图 5-73 所示。

5）单击【编辑部件】对话框中的【确定】按键，再单击【类型属性】对话框中的【确定】按键，完成叠层墙体的创建，效果如图 5-74 所示。

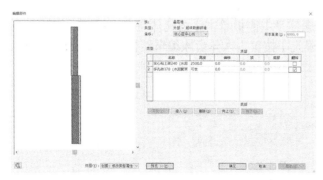
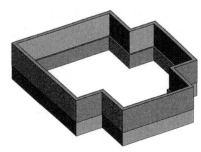

图 5-73　　　　　　　　　　　　　　　　　图 5-74

5.2.3　墙体的编辑

（1）墙的连接与连接清理。当墙与墙相交时，Revit Architecture 通过控制墙端点处"允许连接"方式控制连接点处墙连接的情况。该选项适用于叠层墙、基本墙和幕墙等各种墙图元实例。

如图 5-75 所示，绘制到水平墙表面的两面墙，有允许墙连接和不允许墙连接的情况。除了可以通过控制墙端点的允许连接和不允许连接外，当两个墙相连时，还可以控制墙的连接形式。

在【修改】选项卡【几何图形】的面板中，提供了墙连接工具，如图 5-76 所示。

使用该工具，移动鼠标指针至墙图元相连接的位置；Revit Architecture 在墙连接位置显示预选边框。单击要编辑墙连接位置，即可通过采取修改选项栏的连接方式来修改墙连接。

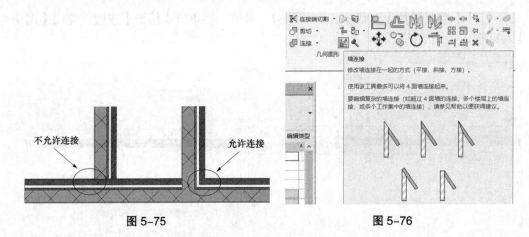

图 5-75　　　　　　　　　　　　　　　　图 5-76

提示：值得注意的是：当在视图中使用"编辑墙连接"工具单独指定墙连接的显示方式后，视图属性中的墙连接显示选项将变为不可调节。必须确保视图中所有的墙连接均为默认的"使用视图设置"，视图属性中的墙连接显示选项才可以设置和调整。

（2）墙的附着与分离。Revit Architecture 在【修改|墙】面板中，提供了【附着】和【分离】工具，用于将所选择的墙附着至其他图元对象，例如参照平面或楼板、屋顶、天花板等构件表面。

5.2.4　创建面墙

要创建斜墙或异形墙，可先在 Revit 概念体量环境中创建体量曲面或体量模型，然后再在 Revit 建筑设计环境下利用【面墙】工具将体量表面转换为墙图元。

实例演示——创建异形墙

1）新建建筑项目文件。

2）在【体量和场地】选项卡【概念体量】面板单击【内建体量】按键，在打开的【名称】对话框中输入"异形墙"，单击【确定】按键进入体量族编辑器模式，如图 5-77 所示。

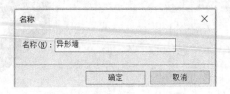

图 5-77

3）单击【绘制】面板中的【外接多边形】工具，在"标高 1"楼层平面视图中绘制截面 1，如图 5-78 所示。

4）再利用【外接多边形】工具在"标高 2"楼层平面视图中绘制截面 2，如图 5-79 所示。

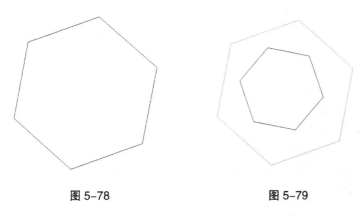

图 5-78   图 5-79

5）按 Ctrl 键选中两个外接多边形，再在【修改｜线】选项卡的【形状】面板中单击
【创建形状】按键，自动创建如图 5-80 所示的放样体量模型。单击【完成体量】按键，退出
体量创建与编辑模式。

6）在【建筑】选项卡【构建】面板单击【墙｜面墙】按键，切换到【修改放置墙】选
项卡。

7）在属性选项板的选择浏览器中选择墙体类型为基本墙面砖陶粒砖墙 250，然后在体
量模型上拾取一个面作为面墙的参照。

8）隐藏体量模型，查看异形墙的完成效果，如图 5-81 所示。

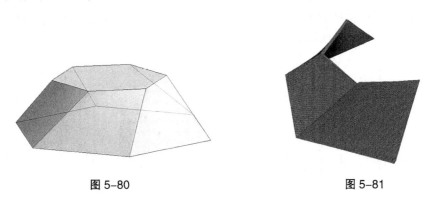

图 5-80   图 5-81

5.2.5 幕墙设计

幕墙按材料分玻璃幕墙、金属幕墙和石材幕墙等类型。

幕墙由"幕墙嵌板""幕墙网格"和"幕墙竖梃"三部分组成。

Revit Architectures 提供了幕墙系统（其实是幕墙嵌板系统）族类别，可以使用幕墙创建
所需的各类幕墙嵌板。

（1）幕墙嵌板设计。幕墙嵌板属于墙体的一种类型，可以在属性选项板的选择浏览器中
选择一种墙类型，也可以替换为自定义的幕墙板族。幕墙嵌板的尺寸不能像一般墙体那样
通过拖曳控制柄或修改属性来修改。只能通过修改幕墙来调整板尺寸。幕墙嵌板是构成幕
墙的基本单元，幕墙由一个或多块幕墙嵌板组成。幕墙嵌板的大小、数量由划分幕墙的幕
墙网格决定。下面介绍两个实例演示案例，一个使用墙体系统族创建幕墙嵌板，另一个利
用【幕墙系统】工具来创建幕墙嵌板。

实例演示——使用幕墙嵌板族

1）新建"Revit 2018 中国样板"的建筑项目文件。

2）切换视图为三维视图。利用【墙】工具，以标高"1"为参照标高，在图形区中绘

制墙体，如图 5-82 所示。

3）选中所有墙体，在属性选项板的类型选择器中选择新类型"幕墙——外部玻璃"类型，基本墙体自动转换为幕墙，如图 5-83 所示。

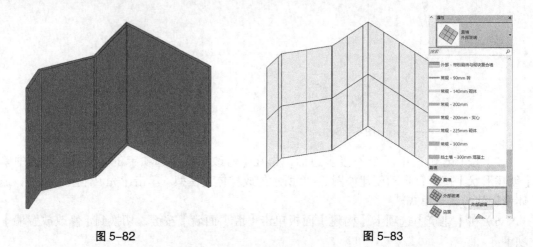

图 5-82　　　　　　　　　　　　　　　图 5-83

4）在项目浏览器的【族】|【幕墙嵌板】|【点爪式幕墙嵌板】节点下，单击鼠标右键选中"点爪式幕墙嵌板"族并选择右键菜单的【匹配】命令，然后选择幕墙系统中的一面嵌板进行匹配替换，如图 5-84 所示。

5）随后幕墙嵌板被替换成项目浏览器中的点爪式幕墙嵌板，依次选择其余嵌板进行匹配，最终匹配结果如图 5-85 所示。

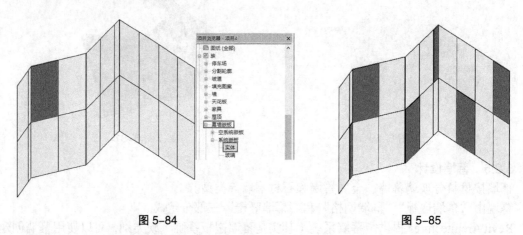

图 5-84　　　　　　　　　　　　　　　图 5-85

实例演示——使用幕墙系统

通过选择图元面，可以创建幕墙系统。幕墙系统是基于体量面生成的。

1）Revit 2018 中国样板的建筑项目文件。

2）切换视图为三维视图。利用【体量和场地】选项卡的【内建体量】工具日，进入体量设计模式，如图 5-86 所示。

3）在"标高 1"的放置平面上绘制如图 5-87 所示的轮廓线。

4）单击【创建形状】按键，创建体量模型，如图5-88 所示。

5）完成体量设计后退出体量设计模式。在【建

图 5-86

筑】选项卡【构建】面板中单击【幕墙系统】按键，再单击【选择多个】按键，选择 2 个侧面作为添加幕墙的面。

6）单击【修改 | 放置面幕墙系统】选项卡的【创建系统】按键，自动创建幕墙系统，如图 5-89 所示。

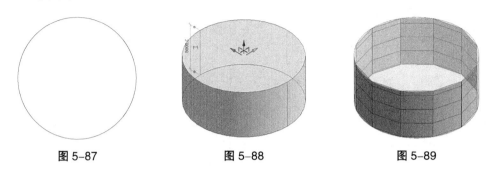

图 5-87   图 5-88   图 5-89

7）创建的幕墙系统是默认的"幕墙系统 1500 × 3000"，可以从项目浏览器选择幕墙嵌板族来匹配幕墙系统中的嵌板。

（2）幕墙网格。幕墙网格是重新对幕墙或幕墙系统进行网格划分（实际上是划分嵌板），得到新的幕墙网格布局，有时也用作在幕墙中开窗、开门。在 Revit Architecture 中，也可以手动或通过参数指定幕墙网格的划分方式和数量。

实例演示——添加幕墙网

1）新建建筑项目文件。

2）在"标高 1"楼层平面上绘制墙体，切换视图为三维视图，如图 5-90 所示。

3）将墙体的墙类型重新选择为"幕墙"，如图 5-91 所示。

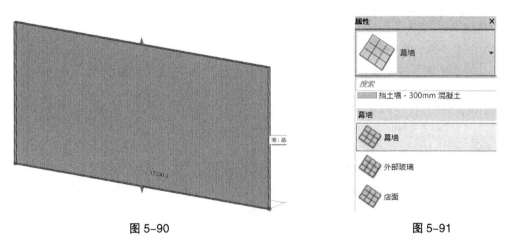

图 5-90   图 5-91

4）单击【幕墙网格】按键，激活【修改放置墙网格】选项卡。首先利用【放置】面板中的【全部分段】工具，将光标靠近竖直幕墙边，然后在幕墙上建立水平分段线，如图 5-92 所示。

5）将光标靠近幕墙上边或下边，建立一条竖直分段线，如图 5-93 所示。

6）同理，完成其余的竖直分段线，每段间距值相同，如图 5-94 所示。

提示：每建立一条分段线，就修改临时尺寸。不要等分割完成后再去修改尺寸，因为每个分段线的临时尺寸皆为相邻分段线的，一条分段线由两个临时尺寸控制。

7）单击【修改放置幕墙网格】选项卡【设置】面板中的【一段】按键，在其中一个幕墙网格中放置水平分段线，如图 5-95 所示。

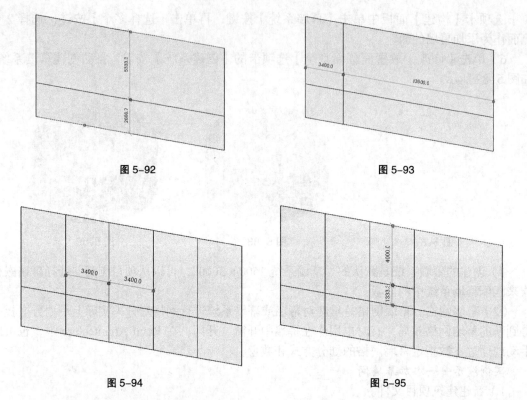

图 5-92　　　　　　　　　　　　　　图 5-93

图 5-94　　　　　　　　　　　　　　图 5-95

8）最后竖直分段三次，如图 5-96 所示。

（3）幕墙竖梃。幕墙竖梃即幕墙龙骨，是沿幕墙网格生成的线性构件。当删除幕墙网格时，依赖于该网格的竖梃也将同时删除。

实例演示——添加幕墙竖梃

1）以上个案例的结果作为本例的源文件。

2）在【建筑】选项卡【构建】面板中单击【竖梃】按键，激活【修改 | 放置竖梃】选项卡。

3）选项卡中有三种放置方法：网格线、单段网格线和全部网格线。利用【全部网格线】工具，一次性创建所有幕墙边和分段线的竖梃，如图 5-97 所示。

【网格线】选择长分段来创建竖梃。

【单段网格线】选择单个网格内的分段线来创建竖梃。

【全部网格线】选择整个幕墙，幕墙中的分段线被一次性选中，进而快速创建竖梃。

4）放大幕墙门位置，删除部分竖梃，如图 5-98 所示。

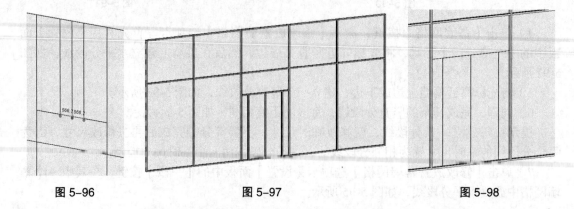

图 5-96　　　　　　　　　图 5-97　　　　　　　　　图 5-98

5.3 Revit 门、窗与建筑柱设计

在 Revit Architecture 中，门、窗、柱、梁及室内摆设等均为建筑构件，可以在 Revit 中创建体量族，也可以加载已经建立的构件族。

5.3.1 门设计

门、窗是建筑设计中最常用的构件。 Revit Architecture 提供了门、窗工具，用于在项目中添加门窗图元。门、窗必须放置于墙、屋顶等主体图元上，这种依赖于主体图元而存在的构件称为基于主体的构件。删除墙体，门、窗也随之被删除。

Revit Architecture 中自带的门族类型较少。可以使用【载入族】工具将用户制作的门族载入到当前的 Revit Architecture 环境中，如图 5-99 所示。

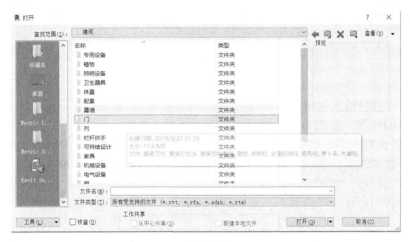

图 5-99

实例演示——添加与修改门

1）打开本例源文件"别墅 -1.rvt"，如图 5-100 所示。

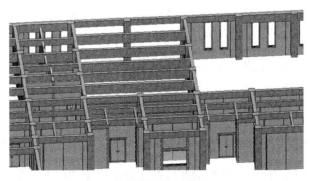

图 5-100

2）项目模型是别墅建筑的第一层砖墙，需要插入大门和室内房间的门。在项目浏览器中切换视图为"一层平面"。

3）由于 Revit Architecture 中门类型仅有一个，不适合做大门用。所以在放置门时须载入门族。单击【建筑】选项卡【构建】面板中的【门】按键，切换到【修改 | 放置门】选项卡。

4）单击选项卡【模式】面板中的【载入族】按键，从本例源文件夹中载入"双扇玻璃木格子门 .rfa"族，如图 5-101 所示。

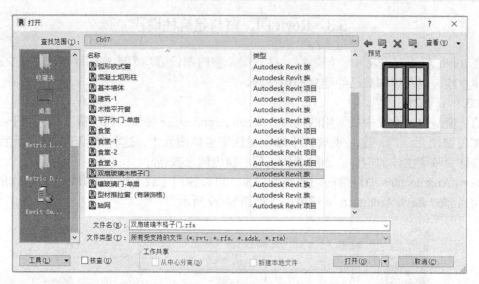

图 5-101

5）Revit 自动将载入的门族作为当前要插入的族类型，此时可将门图元插入到建筑模型中有石梯踏步的位置，如图 5-102 所示。

6）在建筑内部有隔断墙，也有插入门，门的类型主要有两种：一种是卫生间门，另一种是卧室门。继续载入门族"平开木门 – 单扇 .rfa"和"镶玻璃门 – 单扇 .rfa"，并分别插入到建筑一层平面图中，如图 5-103 所示。

提示：放置门时注意开门方向，步骤是先放置门，然后指定开门方向。

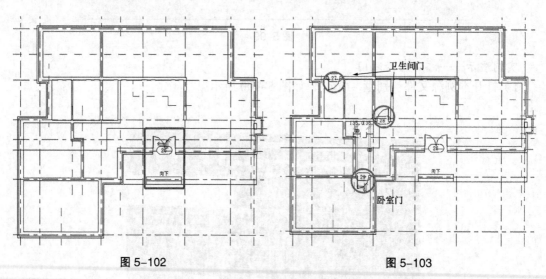

图 5-102   图 5-103

7）选中一个门图元，门图元被激活并打开【修改门】选项卡，如图 5-104 所示。

8）单击【翻转实例面】符号，可以翻转门（改变门的朝向）。

9）单击【翻转实例开门方向】符号，可以改变开门方向。

10）改变门的位置，一般情况下门到墙边的距离是块砖的间距，也就是 120mm，更改临时尺寸即可改变门靠墙的位置。

11）同理，完成其余门图元的修改。

12）插入门后通过项目浏览器将【注释符号】族项目下的"M—门标记"添加到平面图中门图元上，如图 5-105 所示。

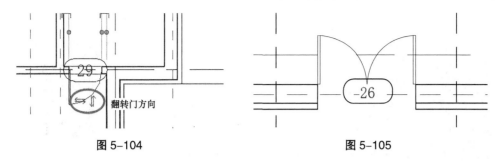

图 5-104　　　　　　　　　　　　　　　　图 5-105

13）如果没有显示门标记，可通过【视图】选项卡【图形】面板中的【可见性 | 图形】工具，设置门标记的显示，如图 5-106 所示。

图 5-106

14）当然，还可以利用【修改门】选项卡【修改】面板中的修改变换工具，对门图元进行对齐、复制、移动、阵列、镜像等操作。

15）保存项目文件。

5.3.2　窗设计

建筑中窗是不可缺少的，带来空气流通的同时，阳光也能充分照射到房间中，所以窗的放置也很重要。

窗的插入和门相同，也需要事先加载与建筑匹配的窗族。

实例演示——添加与修改窗

1）打开本例源文件"别墅 -2.rvt"。

2）在【建筑】选项卡【构建】面板中单击【窗】按键，激活【修改 | 放置窗】选项卡。单击【载入族】按键即可，从本例源文件夹中载入"型材推拉窗（有装饰格）.rfa"窗族，如图 5-107 所示。

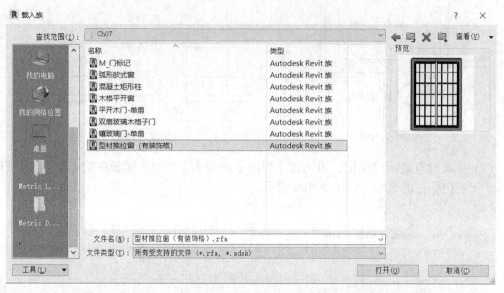

图 5-107

3）将载入的"型材推拉窗（有装饰格）"窗族放置于大门右侧，并列放置 3 个此类窗族（放置时点击【在放置时进行标记】），同时添加 3 个"M—窗标记"注释符号族（窗标记为 28），如图 5-108 所示。

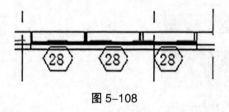

图 5-108

4）接着载入"弧形欧式窗 .rfa"窗族（窗标记为 29）并添加到一层平面图中，如图 5-109 所示。

5）接下来再添加第三种窗族"木格平开窗"（窗标记为 30）到一层平面图中。

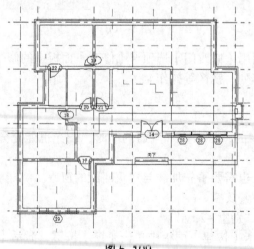

图 5-109

6）最后添加 Revit 自带的密类型固定：1000×1200（窗标记为 21）。

7）首先将大门一侧的 3 个窗户位置重新设置，尽量放置在大门和右侧墙体之间，如图 5-110 所示。

8）其余窗户按照在所属墙体中间放置的原则，修改窗的位置。

9）要确保所有窗的朝向（窗扇位置靠外墙）。将视图切换至三维视图，查看窗户的位置、朝向是否有误。

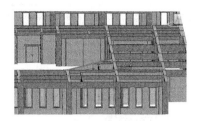

图 5-110

10）观察三维视图，发现窗底边高度比窗台压顶底层高度要低，不太合理，或者对齐，或者高出一层砖的厚度。按 Ctrl 键选中所有"木格平开窗"和"固定：1000×1200mm"窗类型，然后在属性选项板【限制条件】选项下修改"底高度"的值为"900"，如图 5-111 所示。

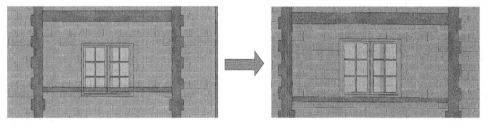

图 5-111

11）选中"弧形欧式窗"，修改其底高度的值为"750"，调整结果如图 5-112 所示。

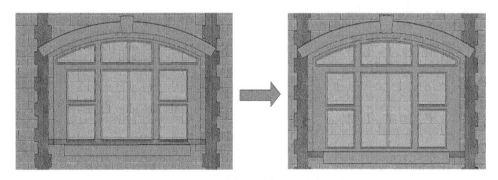

图 5-112

12）保存项目文件。

5.3.3 建筑柱设计

建筑柱有时作为墙垛子，可以加固外墙的结构强度，也可以起到外墙装饰的作用。有时用作大门外的装饰柱还能承载雨篷。下面通过两个案例详解 Revit 系统族库建筑柱族添加的过程。

实例演示——添加用作墙垛子的建筑柱

1）打开本例源文件"食堂 .rvt"。

2）切换视图为 F1，在【建筑】选项卡【结构】面板单击【建筑柱】按键，激活【修改 | 放置柱】选项卡。

3）单击【载入族】工具按键，从源文件 Ch05 中载入"建筑 | 柱"文件夹中的"矩形柱 .rfa"族文件，如图 5-113 所示。

4）在属性选项板的选择浏览器中选择"500mm×500mm"规格的建筑柱，并取消【随轴网移动】复选框和【房间边界】复选框的勾选，如图 5-114 所示。

5）在 F1 楼层平面视图中（编号 2 的轴线与编号 C 的轴线）轴线交点位置上放置建筑柱，如图 5-115 所示。

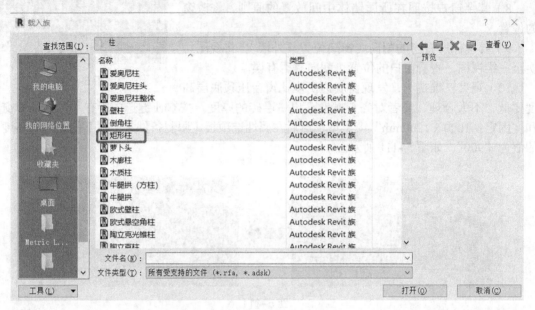

图 5-113

图 5-114　　　　　　　　　　　　　　　　　　图 5-115

6）单击放置建筑柱后，建筑柱与复合墙墙体自动融合成一体，如图 5-116 所示。

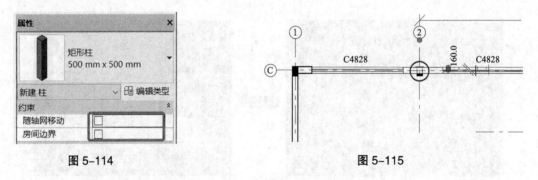

C4828

图 5-116

7）同理，分别在编号 3、编号 4、编号 B 的轴线上添加其余建筑柱，如图 5-117 所示。

8）切换视图为三维视图，选中一根建筑柱，执行右键菜单上的【选择全部实例】【在整个项目中】命令（或者直接输入 SA），然后在属性选项板设置底部标高为"室外地坪"，顶部偏移为"2100"，单击【应用】按键"应用"属性设置，如图 5-118 所示。

9）编辑属性前后的建筑柱对比，如图 5-119 所示。

10）保存项目文件。

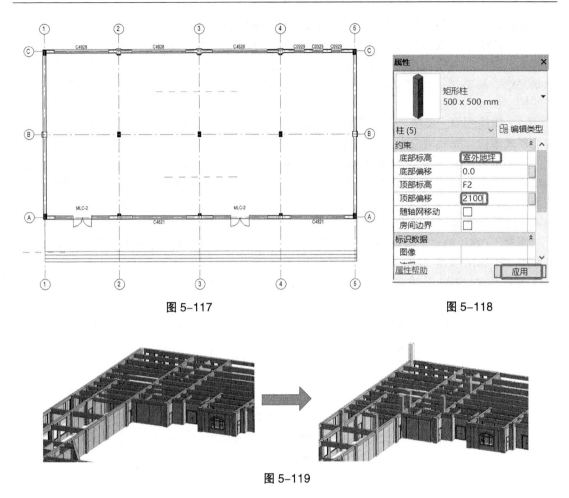

图 5-117　　　　　　　　　　　　　　　　　图 5-118

5.3.4　楼板层设计

楼板层建立在二层及二层以上的楼层平面中。为了满足使用要求，楼板层通常由面层（建筑楼板）、楼板（结构楼板）、顶棚（屋顶装修层）三部分组成。多层建筑中楼板层往往还需设置管道敷设、防水隔声、保温等各种附加层。图 5-120 为楼板层的组成示意图。

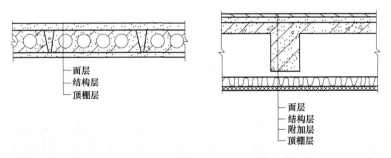

图 5-120

面层（Revit 中称"建筑楼板"）：又称楼面或地面，起保护楼板、承受并传递荷载的作用，同时对室内有很重要的装饰作用。

楼板（Revit 中称"结构楼板"）：是楼盖层的结构层，一般包括梁和板，主要功能在于承受楼盖层上的全部静、活荷载，并将这些荷载传给墙或柱，同时还对墙身起水平支撑的作用，增强房屋刚度和整体性。

根据使用的材料不同，楼板分为木楼板、钢筋混凝土楼板、压型钢板组合楼板等。

（1）**木楼板**：在由墙或梁支承的木搁栅上铺钉木板，木搁栅间是由设置增强稳定性的剪刀撑构成的。木楼板具有自重轻、保温性能好、舒适、有弹性、节约钢材和水泥等优点。但是易燃、易腐蚀、易被虫蛀、耐久性差，需耗用大量木材。所以，此种楼板仅在木材产区使用。

（2）**钢筋混凝土楼板**：具有强度高、防火性能好、耐久、便于工业化生产等优点。该种楼板形式多样，是我国应用最广泛的一种楼板。

压型钢板组合楼板：该楼板的做法是用截面为凹凸形压型钢板与现浇混凝土面层组合形成整体性很强的一种楼板结构。压型钢板的作用既为面层混凝土的模板，又起结构作用，从而增加楼板的侧向和竖向刚度，使结构的跨度加大，梁的数量减少，楼板自重减轻，加快施工进度，在高层建筑中得到广泛应用。

顶棚（Revit 中称"天花板"）：是楼盖层的下面部分。根据其构造不同分为抹灰顶棚、粘贴类顶棚和吊顶棚三种。

在建筑物中除了楼板层还有地坪层，楼板层和地坪层统称为楼地层。在 Revit Architectures 中都可以使用建筑楼板或结构楼板工具进行创建。

地坪层主要由面层、垫层和基层组成（有些还有附加层），如图 5-121 所示。

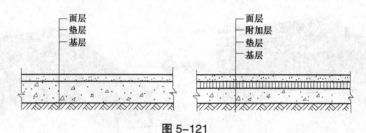

图 5-121

5.4 Revit 建筑楼板设计

在 Revit 中，建筑楼板的设计与结构楼板设计过程是完全一致的，不同的是楼层的材料性质与结构不同。常见的结构楼板主要材料是钢筋混凝土结构形式，常见的建筑楼板主要是砂浆及地砖，或者龙骨与木地板结构形式。

下面，我们将介绍如何利用 Revit 的楼板工具手动创建建筑楼板。

实例演示——别墅建筑楼板设计

1）打开本例练习源文件"别墅 .rvt"，如图 5-122 所示。

图 5 122

2）本例仅在主卧和卧室卫生间来构建建筑楼板。切换视图为"二层平面"平面视图。

通过【视图】选项卡【图形】面板中的【可见性|图形】工具，打开【可见性|图形替换】对话框。在【注释类别】选项卡中取消选择【在此视图中显示注释类型】，隐藏所有的注释标记，如图 5-123 所示。

3）在【建筑】选项卡【构建】面板单击【楼板：建筑】按键，在属性选项板的选择浏览器中选择【楼板：常规 -150mm】楼板类型，设置【标高】为 "F2"、【自标高的高度偏移】为 "120"，选择【房间边界】选项，如图 5-124 所示。

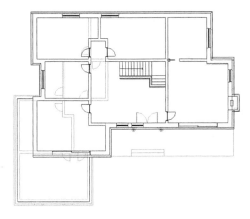

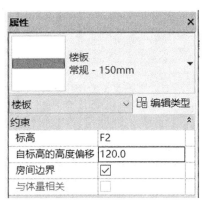

图 5-123　　　　　　　　　　　　　　图 5-124

4）单击属性选项板中的【编辑类型】按键，打开【类型属性】对话框。复制现有类型并重命名为 "卧室木地板 -100mm"，如图 5-125 所示。

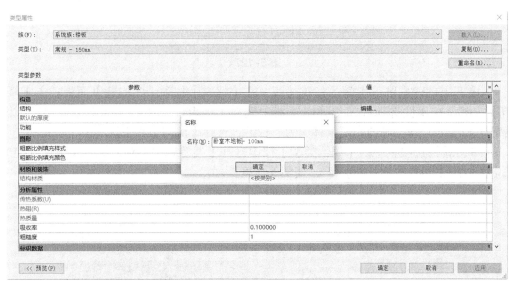

图 5-125

5）单击【类型属性】对话框的【类型参数】列表中【结】一栏的【编辑】按键，打开【编辑部件】对话框。在此对话框中设置地坪层的相关层，并设置各层的材质和厚度，如图 5-126 所示。

提示：室内木地板结构主要是木板和骨架，骨架分木质架和合金骨架。

6）单击【确定】按键关闭对话框。在视图中利用【直线】工具沿墙体内侧创建建筑楼板的边界线，如图 5-127 所示。

7）单击【修改|创建楼层边界】选项卡【模式】面板中的【完成编辑模式】按键，完

成卧室建筑楼板的构建。

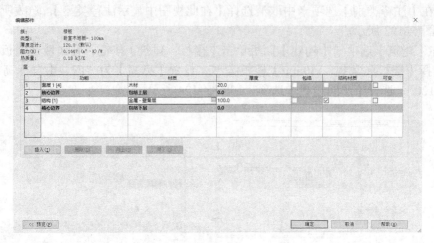

图 5-126

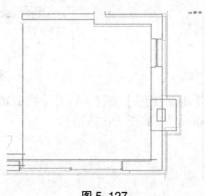

图 5-127

8）接下来创建主卧卫生间的建筑楼板。在【建筑】选项卡【构建】面板单击【楼板：建筑】按键，在属性选项板的选择浏览器中选择【楼板：常规 -15mm】楼板类型，设置"标高"为"F2""自标高的高度偏移"为"120"，选择【房间边界】选项。

9）单击属性选项板中的【编辑类型】按键打开【类型属性】对话框。复制现有类型并重命名为"卫生间木地板 -100mm"，如图 5-128 所示。

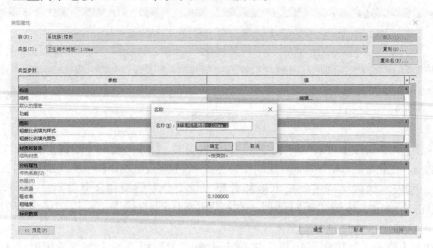

图 5-128

10）单击【类型属性】对话框的【类型参数】列表中【结构】一栏的【编辑】按键，打开【编辑部件】对话框。在此对话框中设置地坪层的相关层，并设置各层的材质和厚度，如图 5-129 所示。

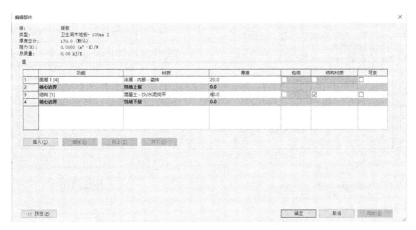

图 5-129

提示：原则上卫生间的地板要比卧室地板低 50~100mm，防止卫生间的水流进卧室。由于卫生间的结构楼板没有下沉 50mm，所以只能通过调整建筑楼板的整体厚度以形成落差。卫生间地板结构为"混凝土—沙/水泥找平"和"涂层—内部—瓷砖"层。

11）单击【确定】按键关闭对话框。在视图中利用【直线】工具沿墙体内侧创建建筑楼板的边界线，如图 5-130 所示。

12）单击【修改 | 创建楼层边界】选项卡【模式】面板中的【完成编辑模式】按键，完成卫生间建筑楼板构建。

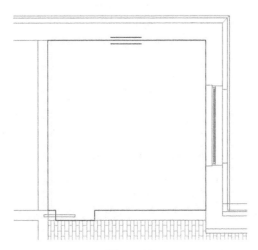

图 5-130

13）卫生间地板中间部分要比周围低，利于排水，因此需要编辑卫生间地板。选中卫生间建筑地板，激活【修改 | 楼板】选项卡。

14）单击【添加点】按键，在卫生间中间添加点，如图 5-131 所示。

15）按 Esc 键结束添加点，随后单击该点修改该点的高程值为 5，如图 5-132 所示。

16）修改卫生间建筑楼板的效果，如图 5-133 所示。

17）保存项目文件。

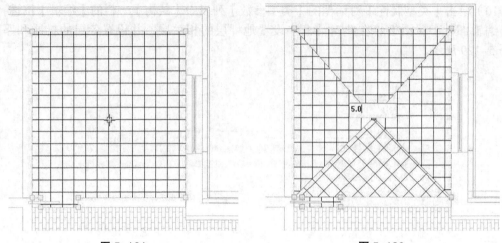

图 5-131　　　　　　　　　　　　　　　　图 5-132

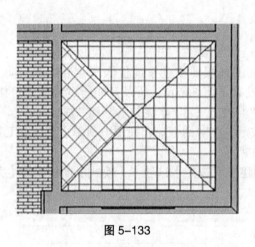

图 5-133

5.5　Revit 屋顶设计

不同的建筑结构和建筑样式，会有不同的屋顶结构，如别墅屋顶、农家小院屋顶、办公楼屋顶、迪士尼乐园建筑屋顶等。针对不同的屋顶结构，Revit 提供了不同的屋顶设计工具，包括迹线屋顶、拉伸屋顶、面屋顶、房檐等工具。

5.5.1　迹线屋顶

迹线屋顶分平屋顶和坡屋顶。平屋顶也称平房屋顶，为了便于排水整个屋面的坡度应小于 10%。坡屋顶也是常见的一种屋顶结构，如别墅屋顶、人字形屋顶、六角亭屋顶等。

实例演示——创建别墅迹线屋顶

1）打开本例源文件"别墅 -1.rvt"文件。如图 5-134 所示，为别墅第四层（屋顶平面）创建迹线屋顶。

2）切换视图为"屋顶平面"，在【建筑】选项卡【构建】面板单击【迹线屋顶】命令，激活【修改 | 创建屋页迹线】选项卡。

3）在属性选项板选择【基本屋顶：白色屋顶】类型，设置【底部标高】为"屋顶平面"，取消选择【房间边界】，如图 5-135 所示。

4）在选项栏选择【定义坡度】选项，并输入【悬挑】值"600"，如图 5-136 所示。

图 5-134

图 5-135

图 5-136

5）单击【绘制】面板中的【拾取墙】按键，然后拾取楼层平面视图中第三层的墙体，以创建屋顶迹线，如图 5-137 所示。

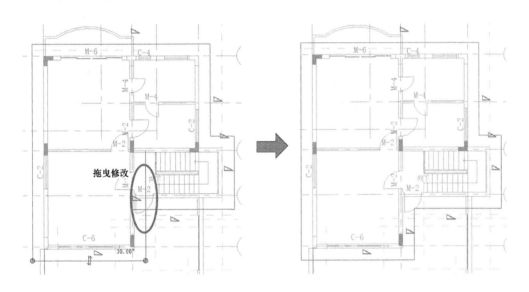

图 5-137

6）设置属性选项板中【尺寸标注】下的【坡度】值为"30°"。单击【完成编辑模式】按键，完成坡度屋顶的创建，如图 5-138 所示。

实例演示——创建坡度屋顶

1）接下来创建坡度屋顶。打开本例源文件"别墅 -2.rvt"文件，如图 5-139 所示。

2）单击【迹线屋顶】命令，设置选项栏和属性选项板后，利用【拾取线】拾取 F3 屋顶的边线，偏移量为 0，如图 5-140 所示。

3）接着在选项栏设置偏移量为 -1200，选取相同的屋顶边，绘制出内部的边线，如图 5-141 所示。绘制线后按 Esc 键结束。

4）拖曳线端点编辑内偏移的边界线，如图 5-142 所示。

5）利用【直线】工具封闭外边界线和内边界线，得到完整的屋顶边界线，如图 5-143 所示。

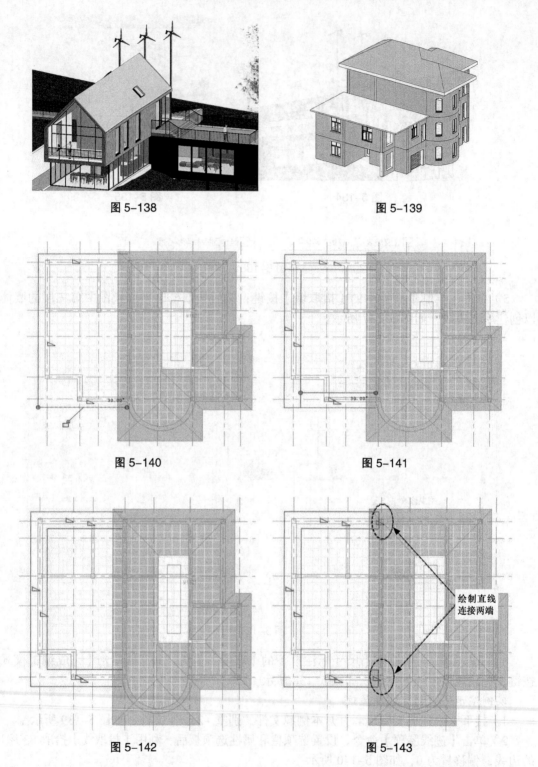

图 5-138   图 5-139

图 5-140   图 5-141

绘制直线
连接两端

图 5-142   图 5-143

6）选中内侧所有的边界线，然后在属性选项板中取消选择【定义屋顶坡度】，如图 5-144 所示。

7）单击【完成编辑模式】按键，完成第一层坡度屋顶的创建，如图 5-145 所示。

8）保存项目文件。

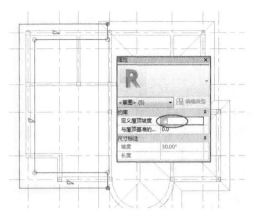

图 5-144

本例依旧利用【迹线屋顶】工具来创建比较平直的屋顶。

1）打开本例源文件"学校"，如图 5-146 所示。

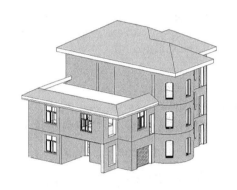

图 5-145

图 5-146

2）切换视图为"Level 5"楼层平面视图。单击【迹线屋顶】命令，激活【修改 | 创建屋顶迹线】选项卡。利用【拾取墙体】工具绘制出如图 5-147 所示的屋顶边界线，并设置属性选项板的限制条件。

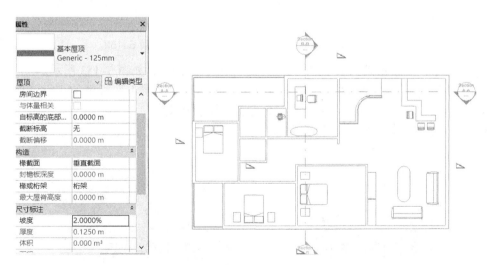

图 5-147

3）单击【完成编辑模式】按键，完成平屋顶的创建，如图 5-148 所示。

实例演示——创建人字形迹线屋顶

1）打开本例源文件"小房子 .rvt"，如图 5-149 所示。

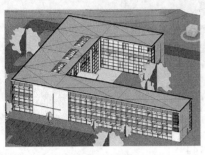
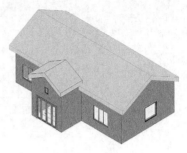

图 5-148　　　　　　　　　　　　图 5-149

2）切换视图为"标高 2"楼层平面视图。单击【迹线屋顶】命令，激活【修改 | 创建屋顶迹线】选项卡。

3）设置选项栏的【悬挑】为"600"，如图 5-150 所示。

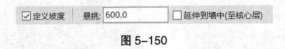

图 5-150

4）利用【矩形】命令，绘制如图 5-151 所示的屋顶边界。

5）按 Esc 键结束绘制。选中两条短边边界线，然后在属性选项板中取消选择【定义屋顶坡度】，如图 5-152 所示。

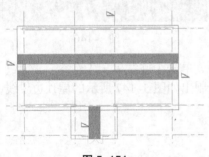

图 5-151　　　　　　　　　　　　图 5-152

6）单击【完成编辑模式】按键，完成人字形屋顶的创建，如图 5-153 所示。

7）选中四面墙。激活【修改 | 墙】选项卡。单击【修改墙】面板中的【附着顶部 / 底部】按键，再选择屋顶，随后两面墙自动延伸至与屋顶相交。

8）最终完成的效果图，如图 5-154 所示。

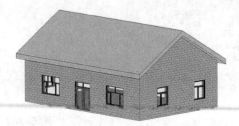

图 5-153　　　　　　　　　　　　图 5-154

9）保存建筑项目文件。

5.5.2 拉伸屋顶

拉伸屋顶是通过拉伸截面轮廓来创建简单屋顶，如人字屋顶、斜面屋顶、曲面屋顶等。

实例演示——创建拉伸屋顶

1）打开本例源文件"迪斯尼小卖部 .rvt"，如图 5-155 所示。

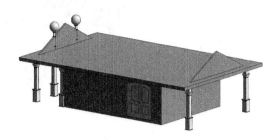

图 5-155

2）在【建筑】选项卡【构建】面板单击【拉伸屋顶】命令，弹出【工作平面】对话框，选择【拾取一个平面】按键，单击【确定】按键，工作平面如图 5-156 所示。

3）随后设置标高和偏移值，如图 5-157 所示。

4）切换到西立面图。激活【修改|创建拉伸屋顶轮廓】选项卡。在属性选项板选择【基本屋顶：保温屋顶 - 木材】类型，并设置限制条件，如图 5-158 所示。

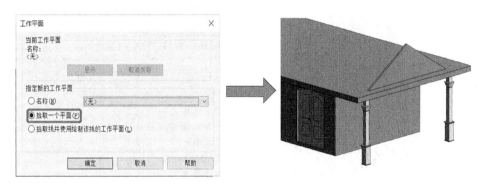

图 5-156

图 5-157

图 5-158

提示： 关于选项栏的偏移值，可以通过单击【编辑类型】按键，查看保温屋顶的厚度。

5）利用【直线】工具绘制两条轮廓线（沿着三角形墙面的斜边），如图 5-159 所示。

6）将两端的线延伸至与水平面相交。

7）单击【完成编辑模式】按键，Revit 自动创建拉伸屋顶，如图 5-160 所示。

8）保存建筑项目文件。

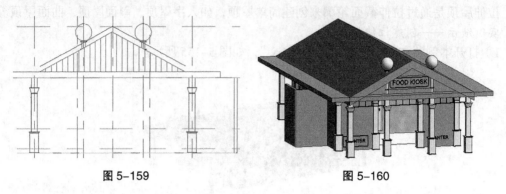

图 5-159   图 5-160

5.5.3 面屋顶

利用【面屋顶】工具可以将体量建筑中楼顶平面或曲面转换成屋顶图元，其制作方法与面楼板的创建方法是完全相同的。

实例演示——创建面屋顶

1）打开本例源文件"商业中心体量模型 .rvt"，如图 5-161 所示。

2）单击【面屋顶】按键，在属性面板选择屋顶族类型，并设置基本参数，如图 5-162 所示。

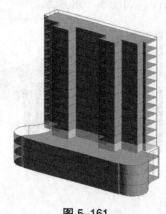

图 5-161

图 5-162

3）选取商业中心的屋面平面，单击【修改 | 放置面屋顶】选项卡中的【创建屋顶】按键，自动创建屋顶，结果如图 5-163 所示。

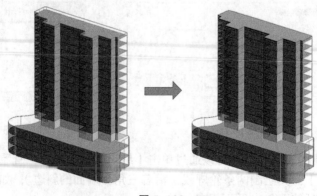

图 5-163

5.5.4　房檐工具

有些民用建筑，创建了屋顶后，还要创建房檐。Revit Architecture 提供了三种房檐工具：房檐底板、屋顶封檐板和屋顶檐槽。

（1）【屋檐：底板】。用来创建坡度屋顶底边的底板，底板是水平的，没有斜度。

实例演示——创建屋檐底板

1）打开本例练习源文件"别墅 –3.rvt"。此别墅大门上方需要修建遮雨的坡度屋顶和屋檐底板。图 5–164 为别墅建筑创建屋檐的前后对比效果。

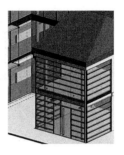

图 5–164

2）切换视图为"二层平面"。单击【屋檐：底板】命令，利用【矩形】命令绘制底板边界线，如图 5–165 所示。

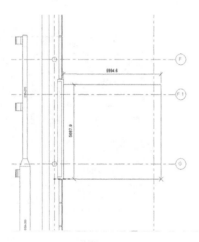

图 5–165

3）设置属性选项板，如图 5–166 所示。单击【完成编辑模式】按键，完成屋底板的创建，如图 5–167 所示。

图 5–166

图 5–167

4）接下来使用【迹线屋顶】工具来创建斜度房檐。切换视图为"二层平面"平面视图。单击【迹线屋顶】工具，利用【矩形】命令绘制屋顶边界线，如图 5-168 所示。

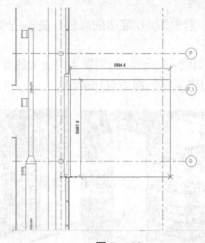

图 5-168

5）设置属性选项板和屋顶坡度为 20°（4 条边界线，仅设置外侧的这一条直线具有坡度，其余 3 条应取消坡度），如图 5-169 所示。

6）单击【完成编辑模式】按键，完成坡度房的创建，如图 5-170 所示。

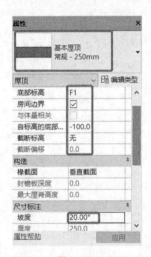

图 5-169

图 5-170

7）保存建筑项目文件。

（2）【屋顶：封檐板】工具。对于屋顶材质为瓦的屋顶，需要做封板，其作用为支撑瓦和美观。

实例演示——添加封檐板

1）打开本例源文件"别墅 -4.rvt"，如图 5-171 所示。

2）切换视图为 F2 楼层平面。单击【屋檐：底板】命令，拾取线，如图 5-172 所示。

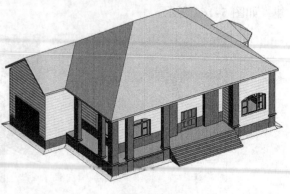

图 5-171

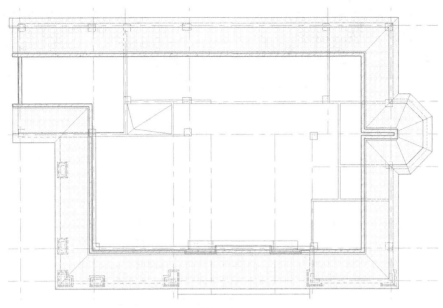

图 5-172

3）选择【屋檐底板：常规 -100mm】模型，单击【完成编辑模式】按键，自动创建屋檐底板，如图 5-173 所示。

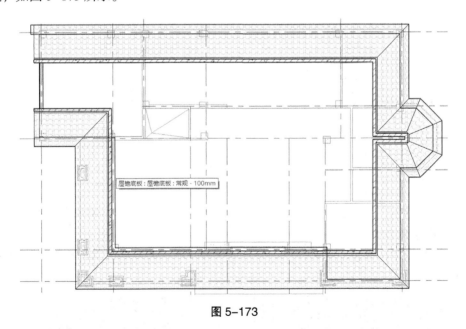

图 5-173

4）切换视图为三维视图。在【建筑】选项卡【构建】面板单击【屋顶：封檐板】命令，激活【修改 | 放置封檐板】选项卡。

5）保留属性选项板中的默认设置，然后选择人字形屋顶的侧面底边线，随后自动创建封檐板，如图 5-174 所示。

6）单击【编辑类型】按键，在【类型属性】对话框的【类型参数】列表中选择【轮廓】的值为【封檐平板：19mm×89mm】，如图 5-175 所示。

（3）【屋顶：檐槽】工具。"檐槽"是用来排水的建筑构件，在农村的建房中应用较广。下面以案例的方式来说明添加檐槽的操作步骤。

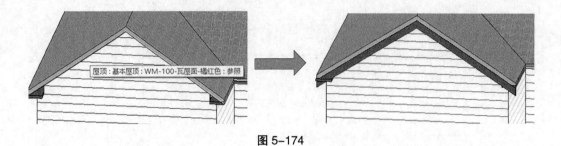

图 5-174

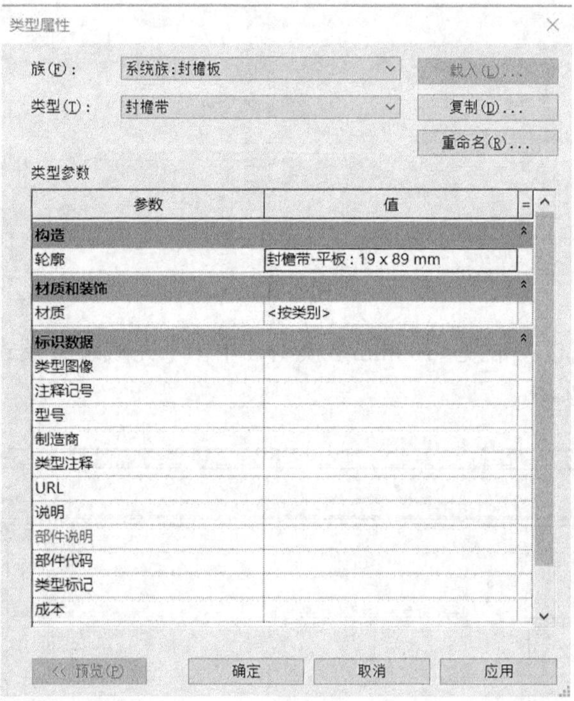

图 5-175

实例演示——添加檐槽

1）接上个案例，在【建筑】选项卡【构建】面板单击【屋顶：檐槽】命令，激活【修改 | 放置檐沟】选项卡。

2）保留属性选项板中的默认设置，然后选择迹线屋顶的底部边线，随后自动创建檐槽，如图 5-176 所示。

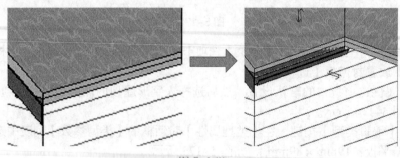

图 5-176

3）依次选择迹线屋顶的底部边线，自动创建檐槽，完成结果如图 5-177 所示。

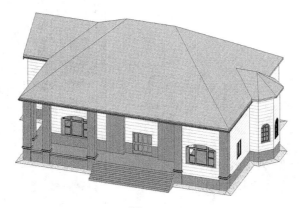

图 5-177

5.6　Revit 洞口设计

在 Revit 软件里，不仅可以通过编辑楼板、屋顶、墙体的轮廓来实现开洞口，而且软件还提供了专门的"洞口"命令来创建面洞口、垂直洞口、竖井洞口、老虎窗洞口等，如图 5-178 所示。

此外对于异形洞口造型，还可以通过创建内建族的空心形式，应用剪切几何形体命令来实现。

图 5-178

5.6.1　创建楼梯竖井

建筑物中有各种各样常见的"井"，例如天井、电梯井、楼梯井、通风井、管道井等。这类结构的井，在 Revit 计中通过【竖井】洞口工具来创建。

下面以某乡村简约别墅的楼梯井创建为例，详解【竖井】洞口工具的应用。别墅模型中已经创建了楼梯模型，按建筑施工流程来说，每层应该是先有洞口后有楼梯，如果是框架结构，楼梯和楼板则一起设计与施工。在本例中先创建楼梯是为了便于看清洞口所在的位置，起参照作用。

实例演示——创建楼梯井

1）打开本例源文件"简约别墅.rvt"项目文件，如图 5-179 所示。

提示： 楼梯间的洞口大小由楼梯上、下梯步的宽度和长度决定，当然也包括楼梯平台和中间的间隔。多数情况下，实际工程中楼梯洞口周边要么是墙体，要么是结构梁。

2）楼层总共是两层，也就是在第一层楼板和第二层楼板上创建楼梯间洞口，如图 5-180 所示。

3）切换视图为"标高 1"楼层平面视图，在【建筑】选项卡【洞口】面板中单击【竖井】按键，激活【修改 | 创建竖井洞口草图】选项卡。

4）在属性选项板设置如图 5-181 所示的选项和参数。

5）利用【矩形】命令绘制洞口边界（轮廓草图），如图 5-182 所示。

6）单击【完成编辑模式】按键，完成楼梯间竖井洞口的创建，如图 5-183 所示。

7）保存项目文件。

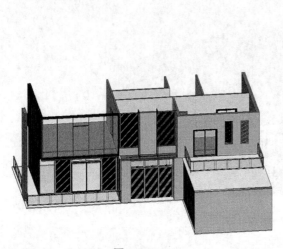

图 5-179

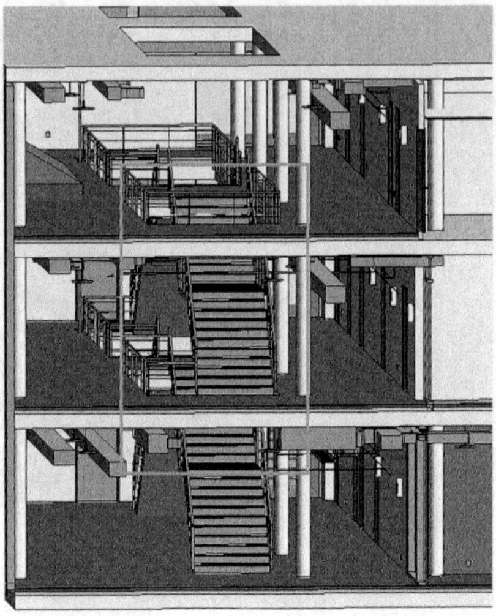

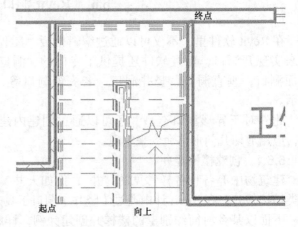

图 5-180

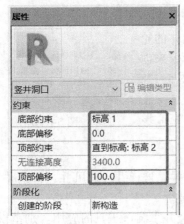

图 5-181

图 5-182

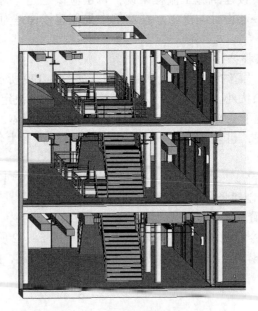

图 5-183

5.6.2 创建老虎窗

老虎窗也叫屋顶窗，最早在我国出现，其作用是透光和加速空气流通。后来在上海的洋人带来了西式建筑风格，其顶楼也开设了屋顶窗，英文的屋顶窗叫作"Roof"译音跟"老虎"近似，所以有了"老虎窗"一说。中式的老虎窗，主要在中国农村地区的建筑中存在。西式的老虎窗像别墅之类的建筑都有开设。

实例演示——创建老虎窗

1）打开本例源文件"小房子.rvt"，切换视图到 F2 楼层平面视图。

2）在【建筑】选项卡【构建】面板中单击【墙】按键，打开【修改|放置墙】选项卡。在【属性】选项面板的类型选择器中选择"混凝土 125mm"墙体类型，并设置约束参数，如图 5-184 所示。

3）在【修改|放置墙】选项卡【绘制】面板中单击【直线】按键，绘制出如图 5-185 所示的墙体。绘制墙体后连续按两次 Esc 键结束绘制。

图 5-184

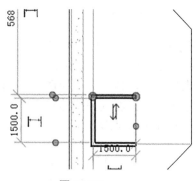

图 5-185

4）选中创建的墙体，在【修改|墙】面板中单击【附着顶部/底部】按键，在选项栏中选择【底部】单选按键，接着选择坡度迹线屋顶作为附着对象，完成修剪操作。

5）在【建筑】选项卡【构建】面板中单击【屋顶】下拉菜单中的【拉伸屋顶】命令，弹出【工作平面】对话框，选择【拾取一个平面】单选按键，单击【确定】按键，拾取工作平面，如图 5-186 所示。

6）随后弹出【屋顶参照标高和偏移】对话框。保留默认选项，单击【确定】按键，关闭此对话框。然后绘制如图 5-187 所示的人字形曲线。

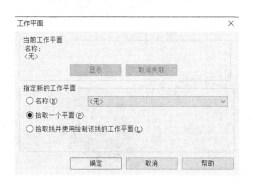

图 5-186

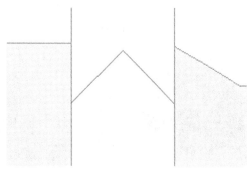

图 5-187

7）在【属性】选项面板选择基本屋顶类型为"架空隔热保温屋 – 混凝土"，设置【拉伸终点】为 –2000，如图 5–188 所示。

8）单击【编辑类型】按键，打开【类型属性】对话框，再单击结构栏的【编辑】按键，打开【编辑部件】对话框，在该对话框中设置屋顶结构参数（多余的层删除），如图 5–189 所示。

图 5–188 　　　　　　　　　　　　　　图 5–189

9）在【修改创建拉伸屋顶轮廓】选项卡的【模式】面板中单击【完成编辑模式】按键，完成人字形屋顶的创建，结果如图 5–190 所示。

10）选中 3 段墙体，在【修改|墙】面板中单击【附着顶部 / 底部】按键，在选项栏选择【顶部】选项，接着选择拉伸屋顶作为附着对象，完成修剪操作，如图 5–191 所示。

11）接着编辑人字形屋顶。选中人字形屋顶使其变成可编辑状态，同时打开【修改|屋顶】选项卡。

12）在【几何图形】面板中单击【连接 / 取消连接屋顶】选项，按信息提示先选取人字形屋顶的边以及大屋顶斜面作为连接参照，随后自动完成连接，结果如图 5–192 所示。

13）接下来创建老虎窗洞口。在【建筑】选项卡的【洞口】面板中单击【老虎窗】按键，选择迹线大屋顶作为要创建洞口的参照。

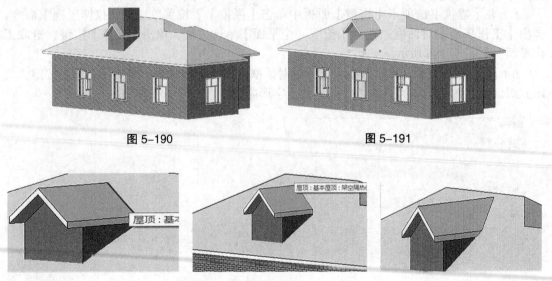

图 5–190 　　　　　　　　　　　　　　图 5–191

图 5–192

14）将视觉样式设为"线框"，然后选取老虎窗墙体内侧的边缘。通过拖拽线端点来修剪和延伸边缘，结果如图 5-193 所示。

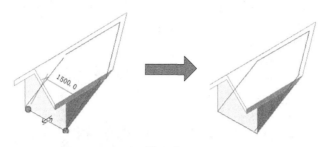

图 5-193

15）单击【完成编辑模式】按键，完成老虎窗洞口的创建。隐藏老虎窗的墙体和人字形屋顶图元，查看老虎窗洞口，如图 5-194 所示。

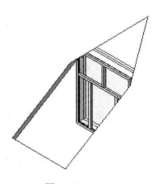

图 5-194

16）最后添加窗模型，在【插入】选项卡单击【载入族】选项，从 Revit 系统中载入【建筑】|【窗】|【装饰窗】【西式】|【弧顶窗 1】窗族。

17）切换视图为左视图。在【建筑】选项卡单击【窗】选项，然后在【属性】选项面板选择"弧顶窗 1"窗族，单击【编辑类型】按键，编辑此窗族的尺寸，如图 5-195 所示。

18）将其添加到老虎窗墙体中间，如图 5-196 所示。

图 5-195

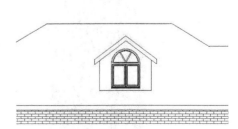

图 5-196

19）添加窗模型后，按 Esc 键结束操作。至此完成了添加老虎窗。

5.6.3 其他洞口工具

（1）【按面】洞口工具。利用【按面】洞口工具可以创建与所选面法向垂直的洞口，如图 5–197 所示。创建过程与【竖井】洞口工具相同。

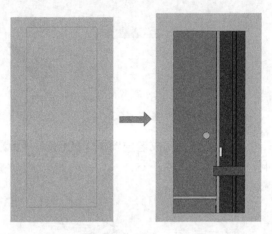

图 5–197

（2）【墙】洞口工具。利用【墙】洞口工具可以在墙体上开出洞口，如图 5–198 所示，且墙体不管是常规墙（直线墙）还是曲面墙，其创建过程都相同。

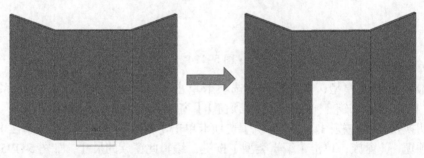

图 5–198

（3）【垂直】洞口工具。【垂直】洞口工具是用来创建屋顶天窗的工具。垂直洞口和面洞口所不同的是洞口的切口方向。垂直洞口的切口方向为面的法向，按面洞口的切口方向为楼层竖直方向。如图 5–199 所示为【垂直】洞口工具在屋顶上开洞的应用。

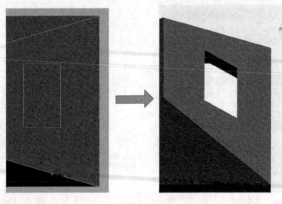

图 5–199

5.7   楼梯设计基础

在建筑物中，为解决垂直交通和高差，常采用坡道、台阶、楼梯、电梯、自动扶梯和爬梯措施。

5.7.1   楼梯的组成

楼梯一般由楼梯段、平台和栏杆扶手三部分组成。

楼梯段：设有踏步和梯段板（或斜梁）供层间上下行走的通道构件称为楼梯段。踏步又由踏面和踢面组成，梯段板的坡度由踏步的高宽比确定。

平台：平台是供人们上下楼梯时调节疲劳和转换方向的水平面，也称缓台或休息平台。平台有楼层平台和中间平台之分，与楼层标高一致的平台称为楼层平台，介于上下两楼层之间的平台称为中间平台。

栏杆（或栏板）扶手：栏杆扶手是设在楼梯段及平台临空边缘的安全保护构件，以保证人们在楼梯处通行的安全。栏杆扶手必须坚固可靠，并保证有足够的安全高度。扶手是设在栏杆（或栏板）顶部供人们上下楼梯倚扶用的连续配件。

5.7.2   楼梯尺寸及计算

（1）楼梯坡度。楼梯坡度一般为 20°～45°，其中以 30° 左右较为常用。楼梯坡度的大小由踏步的高宽比确定。

（2）踏步尺寸。通常踏步尺寸按 $2h+b=600～620mm$ 的经验公式确定。

楼梯间各尺寸计算参考示意图，如图 5-200 所示，其中：A 为楼梯间开间宽度；B 为梯段宽度；C 为梯井宽度；D 为楼梯平台宽度；H 为层高；L 为楼梯段水平投影长度；N 为踏步级数；h 为踏步高；b 为踏步宽。

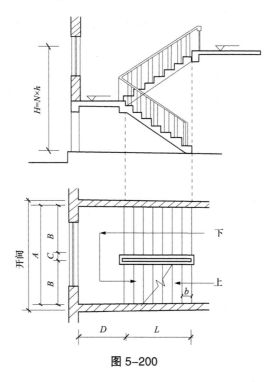

图 5-200

在设计踏步尺寸时，由于楼梯间进深所限，当踏步宽度较小时，可以用踏面挑出或踢面倾斜（角度一般为 1°～3°）的办法，以增加踏步宽度。表 5-2 为各种类型的建筑常用的适宜踏步尺寸。

表 5-2

建筑类型 跳步 尺寸	住宅	学校办公楼	影剧院会堂	医院	幼儿园
踏步高（mm）	155~175	140~160	120~150	150	120~150
踢面深（mm）	300~260	340~280	350~300	300	280~260

（3）楼梯井。两个梯段之间的空隙叫楼梯井。公共建筑的梯井宽度应不小于 150mm。

（4）梯段尺寸。梯段宽度是指梯段外边缘到墙边的距离，它取决于同时通过的人流股数和消防要求。表 5-3 为楼梯梯段宽度设计依据。

每股人流量宽度为 550mm+（0~150mm）。

表 5-3

类别	梯段宽	备注
单人通过	≥900	满足单人携带物品通过
双人通过	1100~1400	
多人通过	1650~2100	

（5）平台宽度。楼梯平台有中间平台和楼层平台之分。为保证正常情况下人流通行和非正常情况下安全疏散，以及搬运家具设备的方便，中间平台和楼层平台的宽度均应等于或大于楼梯段的宽度。

在开敞式楼梯中，楼层平台宽度可利用走廊或过厅的宽度，但为防止走廊上的人流与从楼梯上下的人流发生拥挤或者干扰，楼层平台应有一个缓冲空间，其宽度不得小于500mm，如图 5-201 所示。

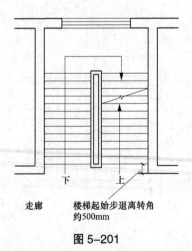

走廊　　　楼梯起始步退离转角
　　　　　约500mm

图 5-201

（6）栏杆扶手高度。扶手高度是指踏步前缘线至扶手顶面之间的垂直距离。扶手高度应与人体重心高度协调，避免人们倚靠栏杆扶手时因重心外移发生意外，一般为 900mm。供儿童使用的楼梯扶手高度多取 500~600mm，如图 5-202 所示。

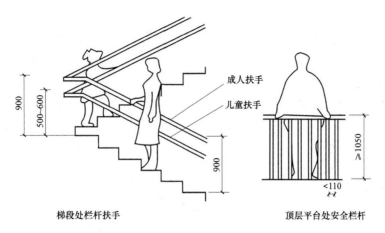

梯段处栏杆扶手　　　　　　　　顶层平台处安全栏杆

图 5-202

（7）楼梯的净空高度。楼梯的净空高度是指平台下或梯段下通行人时的竖向净高。平台下净高是指平台或地面到顶棚下表面最低点的垂直距离；梯段下净高是指踏步前缘线至梯段下表面的铅垂距离。平台下净高应与房间最小净高一致，即平台下净高不应小于 2000mm；梯段下净高由于楼梯坡度不同而有所不同，其净高不应小于 2200mm，如图 5-203 所示。

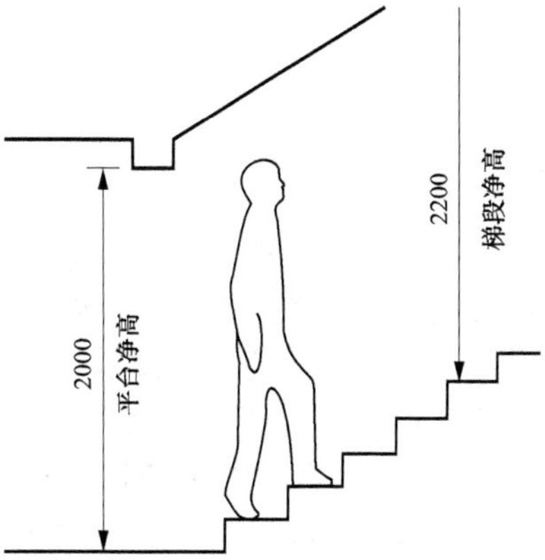

当在底层平台下做通道或设出入口，楼梯平台下净空高度不能满足 2000mm 的要求时，可采用以下办法解决：

- 将底层第一跑梯段加长，底层形成踏步级数不等的长短跑梯段，如图 5-204（a）所示。
- 各梯段长度不变，将室外台阶内移，降低楼梯间入口处的地面标高，如图 5-204（b）所示。
- 将上述两种方法结合起来，如图 5-204（c）所示。
- 底层采用直跑梯段，直达二楼，如图 5-204（d）所示。

图 5-203

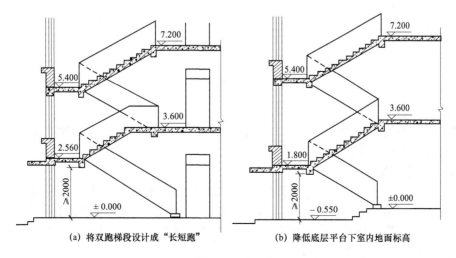

（a）将双跑梯段设计成"长短跑"　　　（b）降低底层平台下室内地面标高

图 5-204（一）

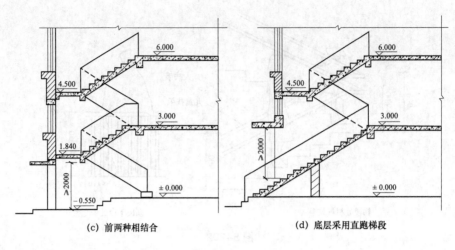

(c) 前两种相结合   (d) 底层采用直跑梯段

图 5-204（二）

5.8 坡道设计基础

坡道以连续的平面来实现高差过渡，人行其上与地面行走具有相似性。较小坡度的坡道行走省力，坡度大时则不如台阶或楼梯舒服。按理论划分，坡度为 10° 以下的坡道，工程设计上另有具体的规范要求。如：室外坡道坡度不宜大于 1∶10，对应角度仅 5.7°。而室内坡道，坡车型通道形式坡度不宜大于 1∶8，对应角度为 7.1°，人行走有显著的爬坡或下冲感觉，非常不适。作为对比，踏高 120mm、踏宽 400mm 的台阶，对应角度为 16.7°，行走却有轻缓之感，因此，不能机械套用规范。

坡道和楼梯都是建筑中常用的垂直交通设施。坡道可和台阶结合应用，如正面做台阶，两侧做坡道，如图 5-205 所示。

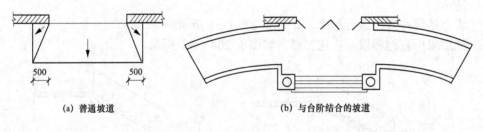

(a) 普通坡道   (b) 与台阶结合的坡道

图 5-205

5.8.1 坡道尺度

坡道的坡段宽度每边应大于门洞口宽度至少 500mm，坡段的出墙长度取决于室内外地面高差和坡道的坡度大小。

5.8.2 坡道构造

坡道与台阶一样，也应采用坚实耐磨和抗冻性能好的材料，一般常用混凝土坡道，也可采用天然石材坡道，如图 5-206（a）、图 5-206（b）所示。当坡度大于 1/8 时，坡道表面应做防滑处理，一般将坡道表面做成锯齿形或设防滑条防滑，如图 5-206（c）、图 5-206（d）所示，亦可在坡道的面层上做划格处理。

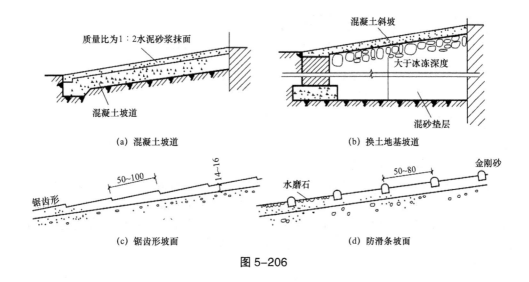

（a）混凝土坡道　　　　　　　　　　　（b）换土地基坡道

（c）锯齿形坡面　　　　　　　　　　　（d）防滑条坡面

图 5-206

5.9　雨篷设计基础

雨篷是建筑物入口处位于外门上部用于遮挡雨水，保护外门免受雨水侵害的水平构件。雨篷的结构形式可以分为两大类：一类是悬挑的，另一类是悬挂的。

雨篷做悬挑处理时，如图 5-207 左图所示，与其建筑物主体相连的部分必须为刚性连接。对于钢筋混凝土的构件而言，如果出挑长度不大，在 1.2m 以下时，可以考虑做挑板处理，而当挑出长度较大时，一般则需要悬臂梁，再由其板支撑。

悬挂式雨篷多采用装配构件，尤其采用钢构件。因为钢受拉的性能好，构件造型多样，而且可以通过钢厂加工做成轻型构件，有利于减少出挑构件的自重，同其他不同材料制作的构件组合，达到美观的效果，近年来应用有所增加。悬挂式雨篷同主体结构连接的节点往往为铰接，尤其是吊杆的两端。因为纤细的吊杆一般只设计为承受拉应力，如果节点为刚性连接，在有负压时可能变成压杆，那样就需要较大的杆件截面，否则将会失稳。如图 5-207 右图所示，为悬挂式雨篷。

图 5-207

5.10　楼梯创建

Revit 提供了标准楼梯和异形楼梯的创建工具。在【建筑】选项卡【楼梯坡道】面板单击【楼梯】按键，进入【修改｜创建楼梯】上下文选项卡。楼梯设计工具，如图 5-208 所示。

图 5-208

Revit 中规定的楼梯的构成为平台、栏杆扶手、梯段、支座（梯边梁）。默认情况下，栏杆扶手随着楼梯自动载入并创建。

从形状上讲，Revit Architecture 楼梯包括标准楼梯和异形楼梯。标准楼梯设计是通过装配楼梯构件的方式进行的，而异形楼梯是通过草图形式绘制截面形状来设计的。

梯段有五种形式和一种草图形式（异形梯段）。平台的创建有拾取梯段创建平台形式和草图形式（异形平台）。支座的创建是通过拾取梯段及平台的边完成的。

实例演示

室外楼梯的设计一般不受空间大小的限制，仅受楼层标高限制。所以设计起来相对室内楼梯要容易许多。本例将设计一部从一层到四层的直线楼梯，以及一部从四层到五层的直线楼梯。将采用构件形式来完成。如图 5-209 所示，为某酒店创建完成的室外楼梯。

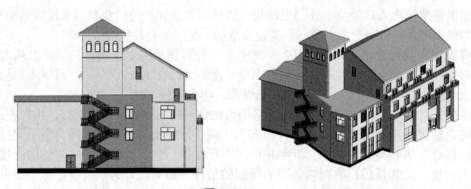

图 5-209

1）打开本例练习模型"酒店— 1.rvt"，如图 5-210 所示。

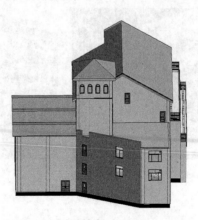

图 5-210

2）切换视图到四立面视图。从视图中可以看出将从 L1 标高开始到 L4 设计第一部楼梯，再从 L4 到 L5 设计第二部楼梯。每层楼层标高都是相等的，为 3.6m，如图 5-211 所示。

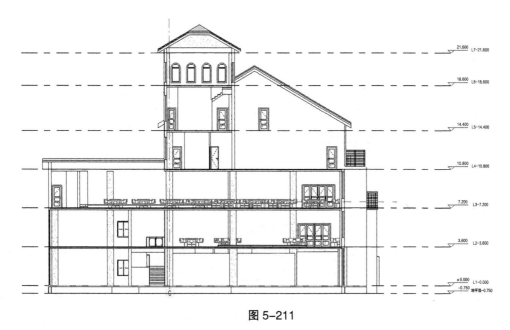

图 5-211

3）由于室外并没有受到空间限制，因此仅根据楼层标高和前面表 5-1 提供的踏步参数（140~160mm）进行参考，可以将踏步的高度设计为 150mm，踢面深度为 300mm，平台深度为 1200mm，AT 型双跑结构形式。AT 型梯板全由踏步段构成，如图 5-212 所示。

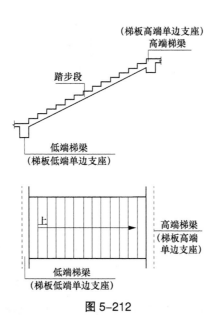

图 5-212

4）切换视图到 L1 平面视图。室外楼梯创建时需要有起点和终点参考，这里创建与墙垂直的参照平面。单击【建筑】选项卡【工作平面】面板中的【参照平面】按键，绘制两个参考平面，如图 5-213 所示。

5）单击【楼梯】按键，在【属性】面板中选择【组合楼梯：酒店外部楼梯 150×300】族类型，在【尺寸标注】选项组下设置【所需踢面数】为"24"、【实际踏板深】为"300"，如图 5-214 所示。

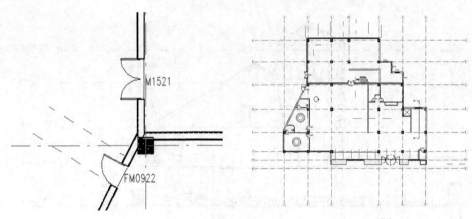

图 5-213

提示：踢面数包括了中间平台面和顶端平台面。所以在楼层平面视图中绘制梯段时，上跑梯段的踢面数确定为 11 个即可，下跑楼梯也是 11 个踢面。

6）单击【编辑类型】按键，在弹出的【类型属性】对话框查看【最小梯段宽度】是否是"1200"，如果不是，设置为"1200"，完成后单击【应用】按键，如图 5-215 所示。

图 5-214

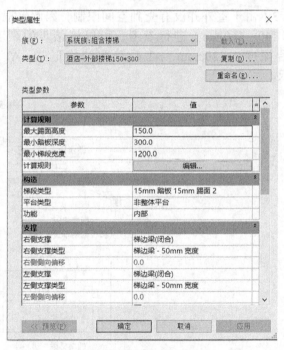

图 5-215

7）将参考平面作为楼梯起点，拖出 11 个踢面创建上半跑梯段，如图 5-216 所示。单击结束上半跑梯段的创建。

8）利用光标捕捉到第 11 个踢面边线的延伸线，以此作为下半圈的起点，如图 5-217 所示。

9）拖拽光标拖出 11 个踢面，单击结束下半跑梯段的创建，如图 5-218 所示。

10）选中梯段，通过属性面板发现梯段的实际宽度变成了 1500，需要手动设置为 1200，如图 5-219 所示。

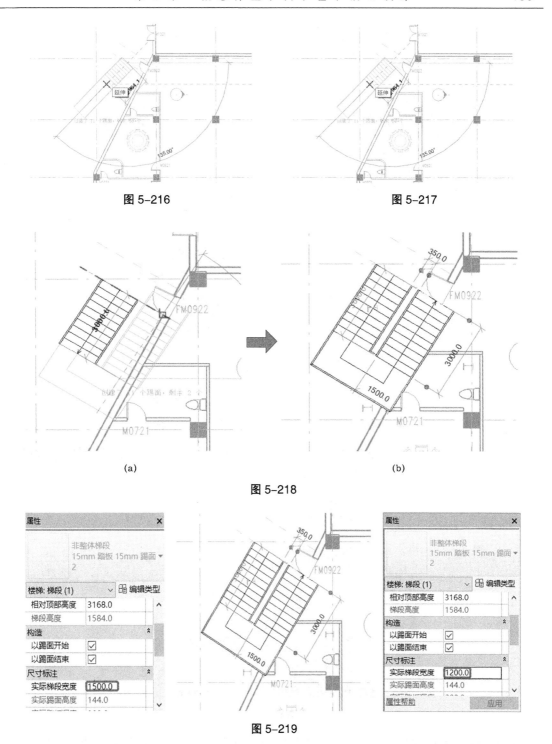

图 5-216　　　　　　　　　　　图 5-217

(a)　　　　　　　　　　　(b)

图 5-218

图 5-219

11）同样将另外的半跑梯段宽度也进行修改。选中平台，将平台深度也修改为 1200，如图 5-220 所示。

12）单击【对齐】按键，将下半跑梯段边与外墙边对齐，如图 5-221 所示。

13）使用【测量】面板的【对齐尺寸标注】工具标注上半跑与下半跑梯段之间的间隙距离，如图 5-222 所示。按 Esc 键结束标注。

14）选中上半跑梯段，修改刚才标注的间隙尺寸为 200，如图 5-223 所示。

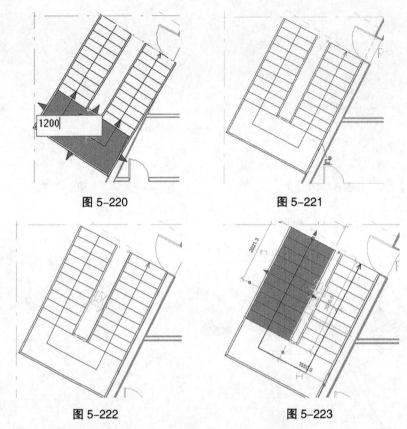

图 5-220　　　　　　　　　　　　图 5-221

图 5-222　　　　　　　　　　　　图 5-223

15）单击【修改创建楼梯】上下文选项卡的【完成编辑模式】按键，完成楼梯的创建，如图 5-224 所示（一层楼梯未完，稍后进行修改）。

图 5-224

16）由于一层楼梯与二层、三层楼梯是完全相等的，所以只需要进行复制粘贴即可。在三维视图中，单击视图导航器的【左】，切换到左视图。

17）选中整个楼梯及栏杆扶手，按 Ctrl+C 键复制，再按 Ctrl + V 键粘贴，同时在信息栏选择标高为 L2—3.600，复制的楼梯自动粘贴到 L2 标高楼层上，如图 5-225 所示。

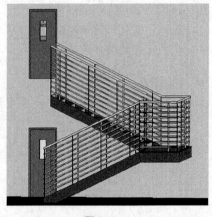

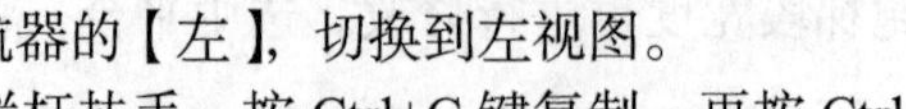

图 5-225

提示：设置楼层标高后，还要确定放置的左右位置，输入左右移动的尺寸为 0 即可保持与一层楼梯是竖直对齐的。

18）同理，继续粘贴即可复制出第三层的楼梯（粘贴板中有复制的图元），如图 5-226 所示。

19）单击【楼梯】按键，在【修改创建楼梯】上下文选项卡单击【平台】按键，接着单击【创建草图】按键，利用【直线】工具绘制如图 5-227 所示的平台草图。

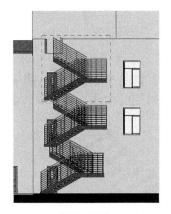

图 5-226

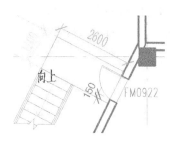

图 5-227

20）在属性面板中设置底部偏移为 "-1950"，单击【完成编辑模式】按键，完成平台的创建，如图 5-228 所示。

21）选中所有栏杆扶手，在属性面板中重新选择扶手类型为【栏杆扶手：900mm 圆管】，结果如图 5-229 所示。

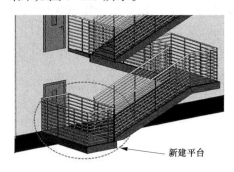

图 5-228

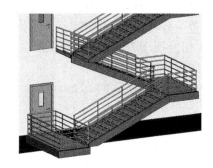

图 5-229

22）有些楼梯及平台上的栏杆扶手明显是不需要的，删除方法为双击栏杆扶手族图元，将不要的栏杆扶手的路径曲线删除。图 5-230 为平台删除部分栏杆扶手的操作示意图。

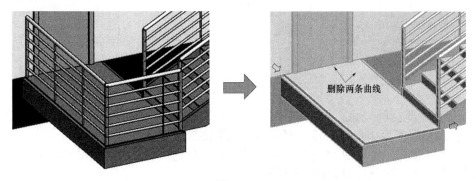

图 5-230

23）最后，将第一层平台复制粘贴到第二层、第三层及第四层，最终完成外部直线楼梯的设计，如图 5-231 所示。

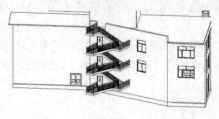

图 5-231

异形楼梯指的是楼梯梯段、平台的形状非直线，如图 5-232 所示。当采用草图绘制形式绘制自定义的梯段与平台时，构件之间不会像使用常用的构件工具那样自动彼此相关。

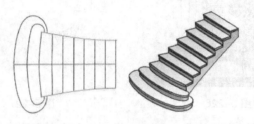

图 5-232

上机操作——创建草图绘制的楼梯

1）打开本例源文件"海景别墅.rvt"。

2）创建本例楼梯，由于在室外创建，空间是足够的，所以尽量采用 Revit 自动计算规则，设置一些楼梯尺寸即可。

3）切换视图为 North 立面视图，如图 5-233 所示。将在 TOF 标高至 Top of Foundation 标高之间设计楼梯。

4）切换视图为 Top of Foundation 平面视，上层平台尺寸如图 5-234 所示。

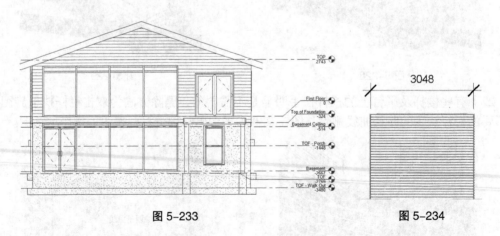

图 5-233　　　　　　　　　　　　　　　图 5-234

5）由于外部空间较大，不用在中间平台上创建踏步，所以单跑踏步的宽度设计为 1200mm，踏步深度为 280mm，踏步高度由输入踢面数决定。

6）单击【楼梯（按草图）】命令，激活【修改｜创建楼梯草图】选项卡。在属性选项板中设置如图 5-235 所示的类型及限制条件。

7）绘制梯段草图，如图 5-236 所示。

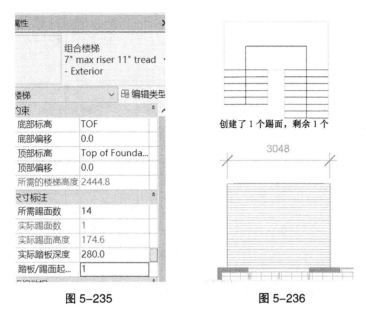

图 5-235　　　　　　　　　　图 5-236

8）利用移动、对齐等工具修改草图，如图 5-237 所示。切换视图为 TOF 平面视图，如图 5-238 所示。

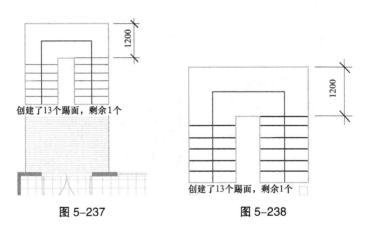

图 5-237　　　　　　　　　　图 5-238

9）利用【移动】工具选中右侧梯段草图与柱子边对齐，如图 5-239 所示。

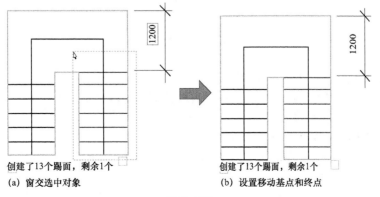

(a) 窗交选中对象　　　　　　(b) 设置移动基点和终点

图 5-239

10）切换视图为 Top of Foundation 平面视图。单击【边界】按键，修改边界为圆弧，如图 5-240 所示。

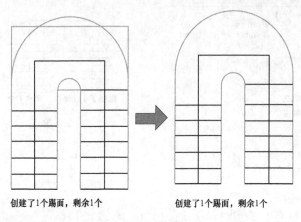

创建了1个踢面，剩余1个　　　　　　　　创建了1个踢面，剩余1个

图 5-240

11）最后单击【完成编辑模式】按键，完成楼梯的创建，如图 5-241 所示。

图 5-241

5.11　坡道创建

Revit【坡道】工具为建筑添加坡道，坡道的创建方法与楼梯相似。可以定义直梯段、L形梯段、U 形坡道和螺旋坡道，还可以通过修改草图来更改坡道的外边界。

上机操作——Revit 坡道设计

异形坡道需要设计者手动绘制坡道形状。

1）打开本例源文件"阳光酒店— 1.rvt"需要在大门创建用于顾客停车的通行道，如图 5-242 所示。

图 5-242

2）切换至"室外标高"平面视图。单击【建筑】选项卡【楼梯坡道】面板中的【坡道】按键，激活【修改 | 创建坡道草图】上下文选项卡。

3）单击【属性】面板中的【编辑类型】按键，打开坡道的【类型属性】对话框。单击【复制】按键，复制类型为"酒店：行车坡道"，设置列表中的参数，如图 5-243 所示。

图 5-243

4）在属性面板中，设置限制条件【宽度】为"4000"，单击【应用】按键，如图 5-244 所示。

5）单击【工具】面板中的【栏杆扶手】按键，在【栏杆扶手】对话框中的下拉列表中选择类型为"无"，如图 5-245 所示。

图 5-244

图 5-245

6）利用【绘制】面板中的【边界】工具或【踢面】工具中的【直线命令】绘制竖直直线作为参考，如图 5-246 所示。

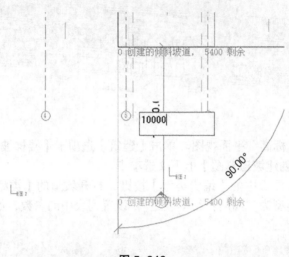

图 5-246

7）利用【梯段】的【圆心、端点弧】，以参考线末端点作为圆心，半径为 13000（直接输入此值），绘制一段圆弧，如图 5-247 所示。

8）选中坡道中心的梯段模型线，拖拽端点改变坡道弧长，如图 5-248。

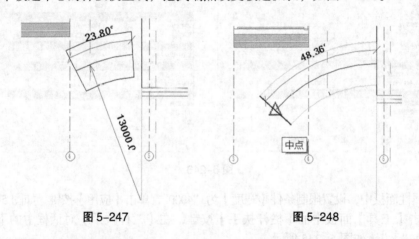

图 5-247　　　　　　　　　　　　图 5-248

9）删除作为参考的竖直踢面线（必须删除）。放大视图后发现，坡道下坡的方向不符，需要改变。单击方向箭头改变坡道下坡方向，如图 5-249 所示。

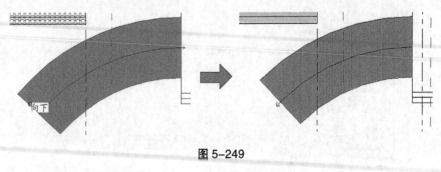

图 5-249

10）单击【完成编辑模式】按键，完成坡道的创建，如图 5-250 所示。

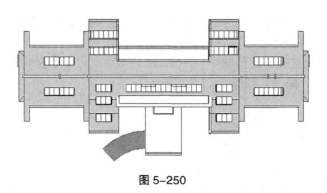

图 5-250

11）平台对称的另一侧坡道无须重建，镜像即可。利用【镜像 - 拾取轴】工具，将左边的坡道镜像到右侧，如图 5-251 所示。

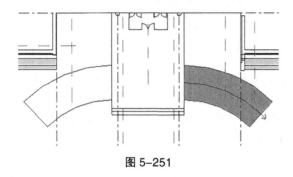

图 5-251

12）最终完成的坡道效果图，如图 5-252 所示。

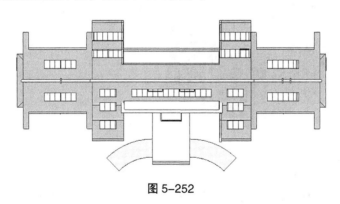

图 5-252

5.12　栏杆扶手创建

栏杆和扶手都是起安全围护作用的设施，栏杆是指在阳台、过道、桥廊等制作与安装的设施，扶手是在楼梯、坡道上制作与安装的设施。

Revit Architecture 中提供了栏杆工具（绘制路径）和扶手工具（放置在主体上）。

一般情况下，楼梯与坡道的栏杆扶手会跟随楼梯、坡道模型的创建而自动载入，只需改变栏杆扶手的族类型和参数即可。

阳台栏杆则需要绘制路径进行放置。下面举例说明阳台栏杆的创建。

上机操作——创建阳台栏杆

1）打开本例练习模型"别墅 -1.rvt"，如图 5-253 所示。

2）切换视图为 1F。在【建筑】选项卡【楼梯坡道】面板选择【绘制路径】命令，激活【修改 | 创建栏杆扶手路径】上下文选项卡。

3）在属性选项板选择【栏杆扶手 –1100mm】类型，利用【直线】命令在 1F 阳台上以轴线为参考，绘制栏杆路径，如图 5-254 所示。

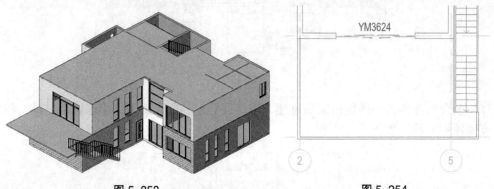

图 5-253   图 5-254

4）单击【完成编辑模式】按键，完成阳台栏杆的创建，如图 5-255 所示。

5）靠墙的楼梯扶手可以删除。双击靠墙一侧的扶手，切换到【修改 | 绘制路径】上下文选项卡。然后删除上楼第一跑梯段和平台上的扶手路径曲线，并缩短第二跑梯段上的扶手路径曲线（缩短 3 条踢面线距离），如图 5-256 所示。

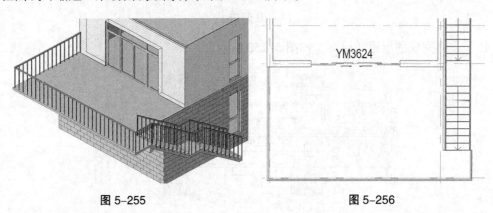

图 5-255   图 5-256

6）退出编辑模式完成扶手修改。

7）放大视图后发现，楼梯扶手和阳台栏杆的连接处出现了问题，有两个立柱在同一位置上，这是不合理的，如图 5-257 所示。

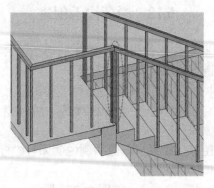

图 5-257

8）其解决方法为，删除栏杆路径曲线，将楼梯扶手曲线延伸，并作为阳台栏杆曲线，即可避免类似情况发生，如图 5-258 所示。

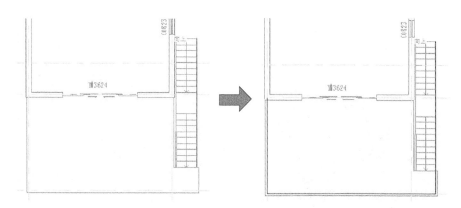

图 5-258

9）修改扶手路径曲线后，退出路径模式。重新选择栏杆类型为"栏杆 – 金属立杆"，最终修改后的阳合栏杆和楼梯扶手如图 5-259 所示。

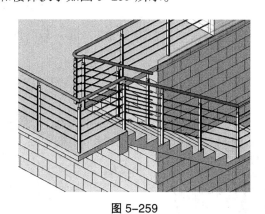

图 5-259

10）同理，修改另一侧的楼梯扶手路径，如图 5-260 所示。

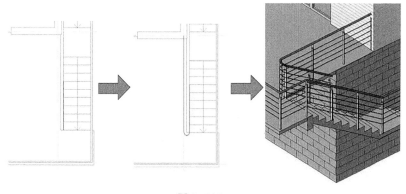

图 5-260

11）修改另一侧的楼梯扶手后，发现如图 5-261 所示的连接处的扶手柄是扭曲的。因为扶手族的连接方式需要重新设置。选中扶手，然后在属性选项板单击【编辑类型】按键打开【类型属性】对话框。

12）将【使用平台高度调整】的选项设置为"否"即可，如图 5-262 所示。

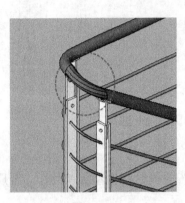

图 5-261   图 5-262

13）修改后连接处的问题就解决了，如图 5-263 所示。最终创建完成的阳台栏杆，如图 5-264 所示。

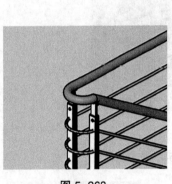 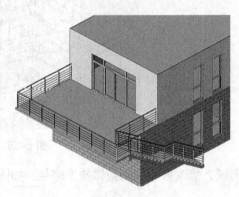

图 5-263   图 5-264

第 6 章　位置、地形的选定

Revit 提供了可定义项目地理位置、项目坐标和项目位置的工具。

【地点】工具用来指定建筑项目的地理位置信息，包括位置、天气情况和场地。此功能对于后期渲染时进行日光研究和漫游很有用。

上机操作——设置项目地点

1）单击功能区【管理】选项卡【项目位置】面板中的【地点】按键，弹出【位置、气候和场地】对话框，如图 6-1 所示。

2）设置【位置】选项卡。【位置】选项卡下的选项可设置本项目在地球上的精确地理位置。定义位置的依据包括"默认城市列表"和"Internet 映射服务"。

3）图 6-1 中显示的是"Internet 映射服务"位置依据。可以手工输入地址位置，如输入"重庆"，即可利用内置的 Google 地图进行搜索，得到新的地理位置，如图 6-2 所示。搜索到项目地址后，会显示图标，光标靠近该图标将显示经纬度和项目地址信息提示。

图 6-1 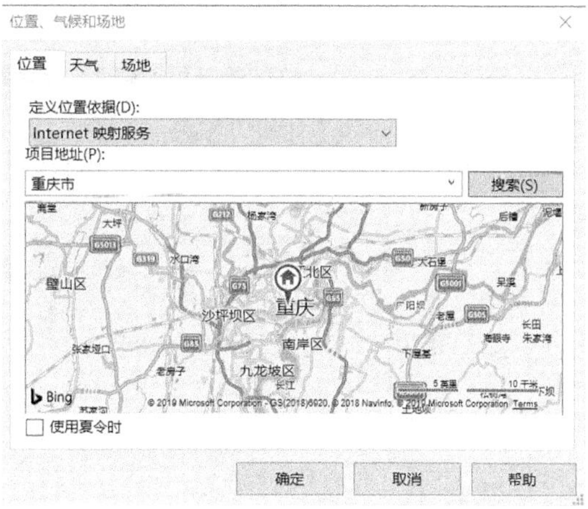　　　　　　　　　　　　　　　图 6-2

4）若选择【默认城市列表】选项，用户可以从城市列表中选择一个城市作为当前项目的地理位置，如图 6-3 所示。

5）设置【天气】选项卡。【天气】选项卡中的天气情况是 MEP 系统设计工程师最重要的气候参考条件。默认显示的气候条件是参考了当地的气象站的统计数据，如图 6-4 所示。

6）如果需要更精准的气候数据，通过在本地亲测获取真实天气情况后，可以取消【使用最近的气象站】复选框，手工修改这些天气数据，如图 6-5 所示。

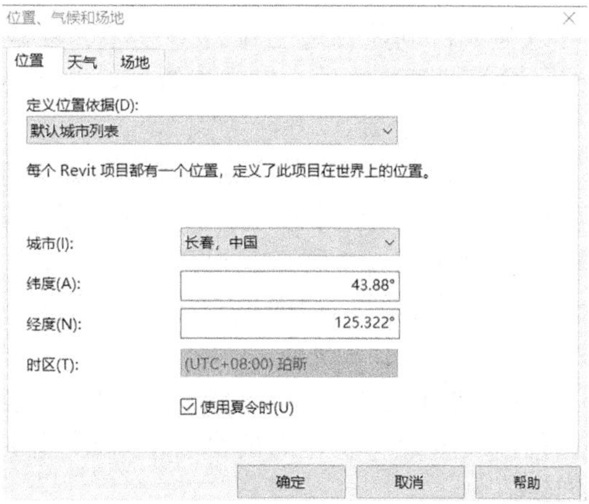

图 6-3

图 6-4　　　　　　　　　　　　　　　　　图 6-5

7）设置【场地】选项卡。【场地】选项卡用于确定项目在场地中的方向和位置，以及相对于其他建筑的方向和位置，在一个项目中可能定义了许多共享场地。如图 6-6 所示，单击【复制】按键可以新建场地，新建场地后再为其指定方位。

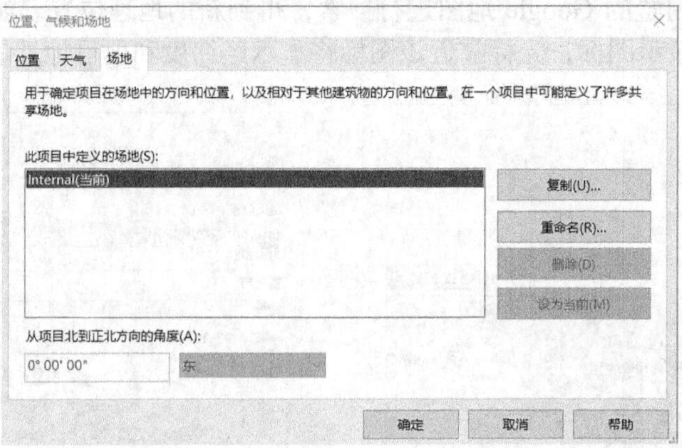

图 6-6

景观地形设计。

使用 Revit Architecture 提供的场地工具，可以为项目创建场地三维地形模型、场地红线、建筑地坪等构件，完成建筑场地设计。

1）场地设置。

单击【体量与场地】选项卡【场地建模】面板下【场地设置】按键，弹出【场地设置】对话框，如图 6-7 所示。设置间隔、经过高程、附加等高线、剖面填充样式、基础土层高程、角度显示等项目。

2）构建地形表面。地形表面的创建方式包括放置点（设置点的高程）和通过导入创建。

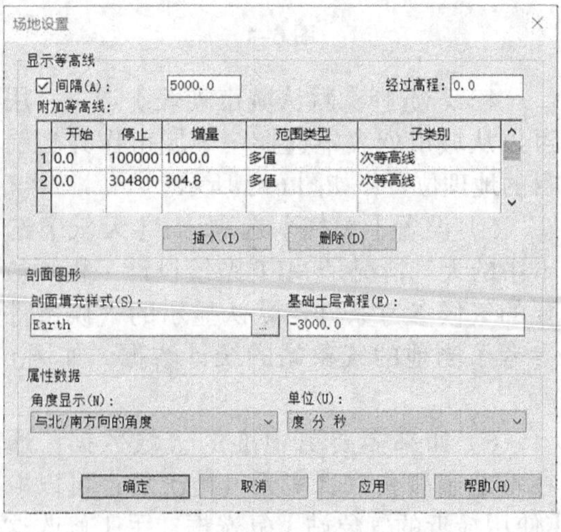

图 6-7

6.1　放置高程点构建地形表面

放置点的方式允许手动放置地形轮廓点并指定放置轮廓点的高程。Revit Architecture 将根据指定的地形轮廓点，生成三维地形表面。这种方式由于必须手动绘制地形中每个轮廓点并设置每个点的高程，适合用于创建简单的地形地貌。

图 6-8

上机操作——利用【放置点】工具绘制地形表面

1）新建一个基于中国建筑项目样板文件的建筑项目，如图 6-8 所示。

2）在项目浏览器中【视图】|【楼层平面】节点下双击【场地】子项目，切换至场地视图，如图 6-9 所示。

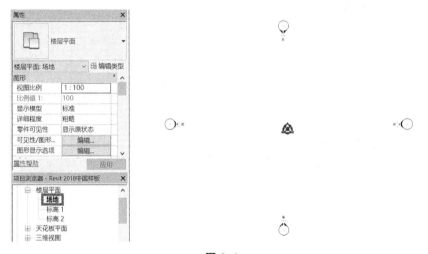

图 6-9

3）在【体量和场地】选项卡【场地建模】面板中单击【地形表面】按键，然后在场地平面视图中放置几个点，作为整个地形的轮廓，几个轮廓点的高程均为"0"，如图 6-10 所示。

4）继续在 5 个轮廓点围成的区域内放置 1 个或多个点，这些点是地形区域内的高程点，如图 6-11 所示。

5）在项目浏览器中切换到三维视图，可以看见创建的地形表面，如图 6-12 所示。

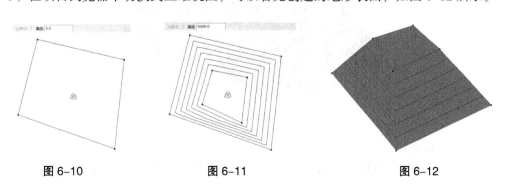

图 6-10　　　　　　　　　　图 6-11　　　　　　　　　　图 6-12

6.2　通过导入测量点文件建立地形表面

还可以通过导入测量点文件的方式，根据测量点文件中记录的测量点 *XY* 的坐标值创建地形表面模型。通过下面的练习来学习使用测量点文件创建地形表面的方法。

上机操作——导入测量点文件建立地形表面。

1）新建"中国样板 2018"的建筑项目文件。

2）切换至三维视图。单击【地形表面】按键切换至【修改编辑表面】上下文选项卡。

3）在【工具】面板【通过导入创建】下拉工具列表中选择【指定点文件】命令，弹出【选择文件】对话框。设置文件类型为"逗号分隔文本"，然后浏览至本例源文件夹中的"指定点文件 .txt"文件，如图 6-13 所示。

图 6-13

4）单击【打开】按键导入该文件，弹出【格式】对话框。如图 6-14 所示，设置文件中的单位为【米】，单击【确定】按键继续导入测量点文件。

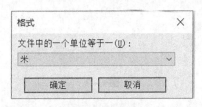

图 6-14

5）随后 Revit 自动生成地形表面高程点及高程线，如图 6-15 所示。

图 6-15

6）保存项目文件。

提示：导入的点文件必须使用逗号分隔的文件格式（可以是 CSV 或 TXT 文件），必须

以测量点的 X、Y、Z 坐标值作为每一行的第一组数值，点的任何其他数值信息必须显示在 X、Y、Z 坐标值之后。Revit Architecture 忽略该点文件中的其他信息（如点名称、编号等）。如果该文件中存在 X 和 Y 坐标值相等的点，Revit Architecture 会使用 Z 坐标值最大的点。

6.3　修改场地

当地形表面设计后，有时还要依据建筑周边的场地用途，对地形表面进行修改。例如园区道路的创建（拆分表面）、创建建筑红线、土地平整等。

下面以修改园区路及健身场地区域为例，讲解如何修改场地。

上机操作——创建园路和健身场地。

1）打开本例练习模型"别墅 .rvt"，如图 6-16 所示。

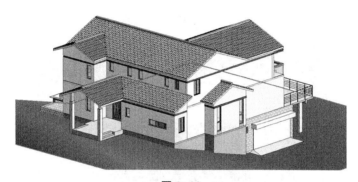

图 6-16

2）进入三维视图，再切换到上视图，如图 6-17 所示。

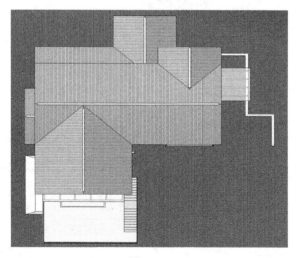

图 6-17

3）单击【修改场地】面板中的【拆分表面】按键选择已有的地形表面作为拆分对象。利用【修改 | 拆分表面】上下文选项卡的曲线绘制命令，绘制如图 6-18 所示的封闭轮廓。

4）单击【完成编辑模式】按键，完成地形表面的分割，如图 6-19 所示。如果发现拆分的地形不符合要求，可以直接删除拆分的部分的地形表面，或者单击【合并表面】按键合并拆分的两部分地形表面，再重新拆分即可。

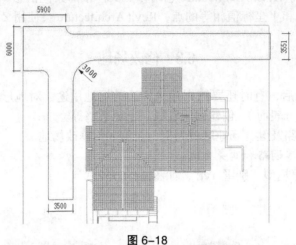

图 6-18

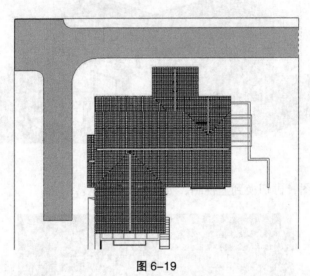

图 6-19

5）选中拆分出来的部分地形表面，在属性面板中设置材质为"场地柏油路"，如图 6-20 所示。

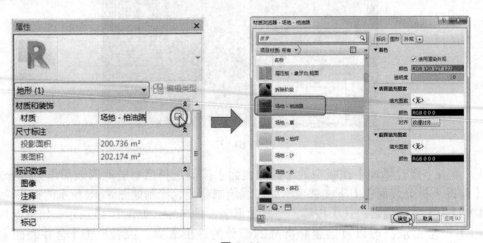

图 6-20

6）接下来要在院内一角拆分一块面积出来，作为健身场地。单击【子面域】按键，然后绘制一个矩形，单击【完成编辑模式】按键，完成子面域的创建，如图 6-21 所示。

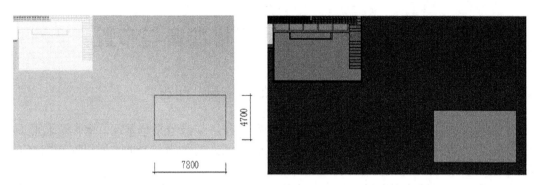

图 6-21

7）选中子面域，在属性面板中重新选择材质【场地—沙】，如图 6-22 所示。

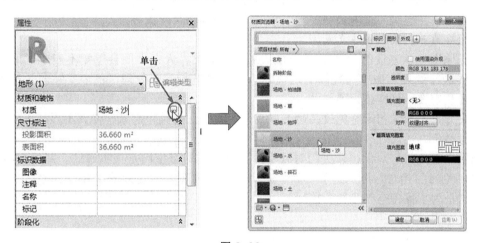

图 6-22

第 7 章 结构设计细化准备与布置

7.1 室内装饰中的"格局"问题

随着社会的发展、人们生活品质的提高，对于家居装修越来越重视。室内方位格局与家居装修设计有着不可分割的关系，它也关系着全家人的健康与舒适，所以家居装修必须要先了解一些室内方位格局的相关知识。

如今室内装修设计师也投入到方位格局的设计研究中，期盼能帮助业主解决空间上的问题，但有些空间的条件并不能全部套用，还需考虑实际空间格局是否合适。例如"穿堂而过"，如果硬要设计玄关或者屏风，餐厅及过道将变得更狭小。

下面介绍在建筑与室内装修过程中常见的格局问题与解决方法。

问题格局一：梁压住沙发或床

问题原因：从专业的角度来说，如果家中有横梁，人在下面会感觉不安全。最好在装修的时候进行处理。房主在装修的过程中，将横梁进行装饰处理，例如安装假天花板，使得外观上基本看不到横梁压顶。

解决方式：沙发和床避免放在梁下方或以装潢手法把梁包起来，使其不显露于外即可。

问题格局二：门对门

问题原因：大门对大门、大门对卧室门、卧室门对卧室门是很不好的。好的户型内部，要尽量避免门门相对，特别是卫生间、厨房，都不要和其他功能的房间门、大门在一条直线上。这是为了保持空气流通和清新。

解决方式：
- 在空间许可的情况下，变更其中一个门的位置。
- 或者将其中一个门设计为暗门。
- 若无法更改，可在门上挂上门帘。

问题格局三：床头靠近楼梯间

问题原因：卧室是人睡觉的地方，床的摆放也是有讲究的，若床头靠近楼梯间，会影响睡眠。

解决方式：
- 若空间无法变更，可在床头墙面加隔音墙。
- 床头避开楼梯间位置。

问题格局四：化妆镜、试衣镜照床头

问题原因：镜子在卧室的位置很重要，摆放错误能带来烦恼，镜子会反光，直接影响人的睡眠。

解决方式：移动镜子位置或睡觉前找块布将镜子遮上，如果摆放正确能给人带来欢乐和健康。

问题格局五：卧室卫生间的门正对床

问题原因：卧室卫生间的门正对床会影响家人的健康，空气质量不佳，沐浴后产生较多湿气。若洗手间的门正对床，不仅容易使床潮湿，还容易影响卧室的空气质量，时间长了会导致腰疼，更会增加肾脏的排毒负担，所以很多户主要求进行改造。

解决方式：

- 在卫生间放上几盆泥栽观叶植物。
- 在床和卫生门之间加屏风作为遮挡。
- 改变卫生间门的朝向、床的朝向。

问题格局六：卧室多窗户及床头靠窗

问题原因：在现代的房子构造中，不难发现很多户型的床头都是靠近窗户摆放，或者直接摆放在窗户之下。画在床上的人因看不见头前的窗口，容易缺乏安全感，造成精神紧张，影响健康。

解决方式：

- 封闭多余窗户，卧室仅保留一扇窗户即可。
- 改变床的方位。

问题格局七：床对到墙角，开门范围及房门对着卫生间门

问题原因：床对到墙角，开门范围及房门对着卫生间门，对居住者的健康影响非常大，湿气会比较重，常年会得关节炎，而且空气得不到流通，影响卧室及其他房间的空气质量。

解决方式：

- 若无法更改卫生间门，可在卫生间的门上挂上门帘。
- 在空间可变更的情况下更改卫生间的门、床的位置。

问题格局八：书桌背对窗户

问题原因：书桌不能背对窗户，但不宜正对窗户，就环境而言，书桌正对窗户，人便容易被窗外的景物引，难以专心工作。这对尚未定性的青少年来说，影响特别严重。

解决方式：座位背后要靠墙，没有了环境噪声，也不会影响工作或学习。

问题格局九：炉台正前方开窗

问题原因：炉台正前方是窗户，有风的时候会影响炉火的正常燃烧，会产生油烟往屋内跑的现象，必须纠正。

解决方式：

- 把炉台正前方的窗户封闭起来。
- 也可以用不锈钢板封闭，还能增加炉台清理的便利性。

问题格局十：洗衣机不可放在厨房

问题原因：不要在厨房内洗涤衣服，洗衣机也不可放在厨房。厨房是做饭的地方，水汽很重，洗衣机必须放置在干燥的地方。

解决方式：将洗衣机放置在易于排水、易于晾晒、通风而不暴晒的场所，如洗衣房、洗手间、走廊等。

7.2　Revit 室内物件布置方法

Revit 的装饰设计内容一般分为材质设置和室内装饰物件族的插入。比如，墙面、地板的贴面设计就是通过改变墙体图元或者地板图元的结构组成类型。室内软装设计是通过载入 Revit 系统族来完成的。

Revit 室外硬装设计。

Revit 的硬装设计就是改变墙体与地板的结构类型，结构类型一般包括主体结构层和上下面层。以混凝土地板的结构来说，下面层为砂浆垫层、主体结构层为砂石混凝土、上面层为地砖铺设层。要进行的硬装设计实质就是改变上面层的材质。

7.2.1　材质库

用户可以创建自己的材质，也可以使用 Revit Architecture 材质库中的材质。

上机操作——添加并编辑材质

1）在【管理】选项卡【设置】面板单击【材质】按键，弹出【材质浏览器—木质—桦木】对话框，如图 7-1 所示。

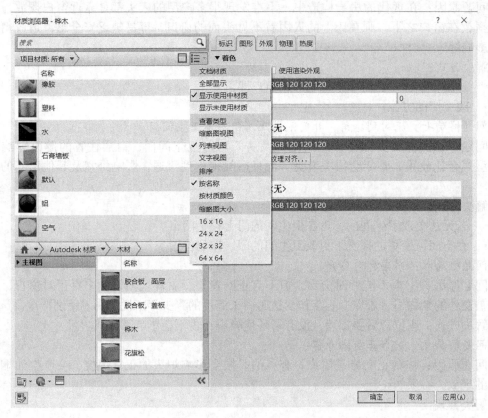

图 7-1

2）该对话框的【项目材质】列表下列出当前可用的材质。本例的建筑项目中的材质均来自于此列表下。

3）当项目材质中没有合适的材质时，可以在下方的材质库中调取材质。Revit Architecture 的材质库中有两种材质：Autodesk 材质和 AEC 材质，如图 7-2 所示。

图 7-2

提示：Autodesk 材质是欧特克公司所有相关软件产品通用的材质，比如 3dsmax 的材质与 Revit 的材质是通用的。AEC 材质是建筑工程与施工（AEC）行业里通用的材质。

4）如果需要材质库中的材质，选择一种材质后，单击【将材质添加到文档中】按键即可，如图 7-3 所示。

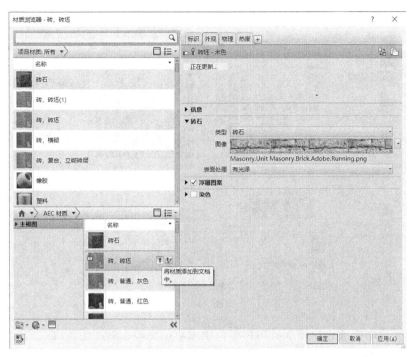

图 7-3

5）在【项目材质】列表下选中一种材质，浏览器右边区域显示该材质所有的属性信息，包括标识图形外观、物理和热度等。如图 7-4 所示，可以在属性区域中设置材质各项属性。

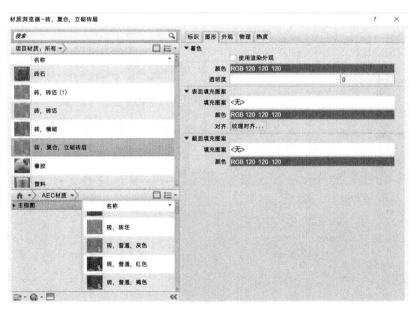

图 7-4

6）在属性设置区中可以编辑颜色、填充图案、外观等属性。例如编辑颜色，单击颜色的色块，即可打开【颜色】对话框，重新选择颜色，如图 7-5 所示。

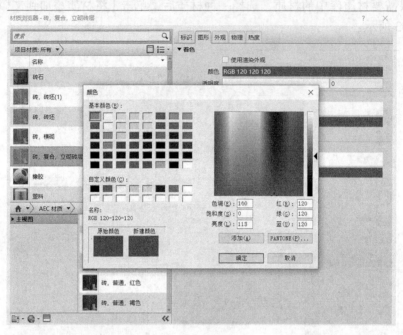

图 7-5

7）完成材质的添加、新建或者编辑后，单击对话框的【确定】按键。

上机操作——新建材质

1）如果材质库中没有设计者所需的材质，可以单击【材质浏览器—默认为新材质】对话框底部的【创建并复制】按键，在弹出的菜单中选择【新建材质】命令或者【复制选定的材质】命令，建立自己的材质，如图 7-6 所示。

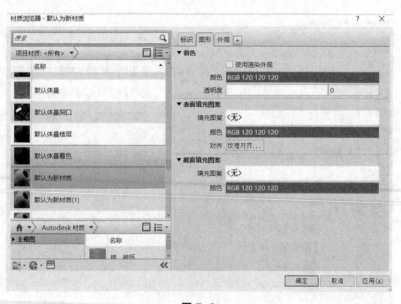

图 7 6

提示：鉴于项目材质列表中的材质较多，如果新建的材质不容易找到，可以先设置项目材质的显示状态为【显示未使用材质】，很容易就找到自己创建的材质了，通常命名为"默认为新材质"，如果继续建立新材质，会以默认为新材质（1、5、6）的序号进行命名，如图7-7所示。

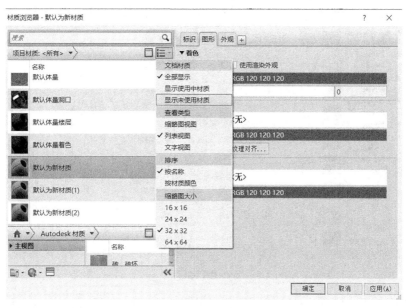

图 7-7

2）新建材质后，要为新材质设置属性。新材质是没有外观和图形等属性的，如图7-8所示。

图 7-8

3）在该对话框底部单击【打开或关闭资源浏览器】按键，然后在弹出的【资源浏览器】对话框的外观库中选择一种外观（此外观库中包含各种 AEC 行业和 Autodesk 通用的物理资源），如图7-9所示。

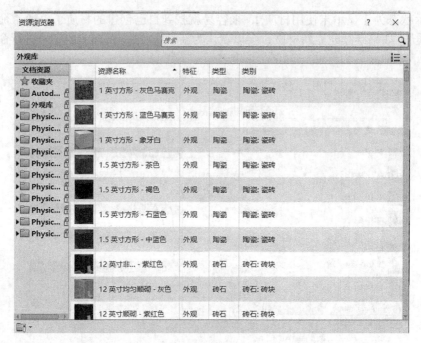

图 7-9

4）外观库中没有物理特性性质，只有外观纹理，例如选择外观库中的木材地板，资源
列表下列出了所有的木材资源，在列表下光标移动到某种木材外观时，右侧会显示【替换】
按键，单击此按键，即可替换默认外观为所选的木材外观，如图 7-10 所示。

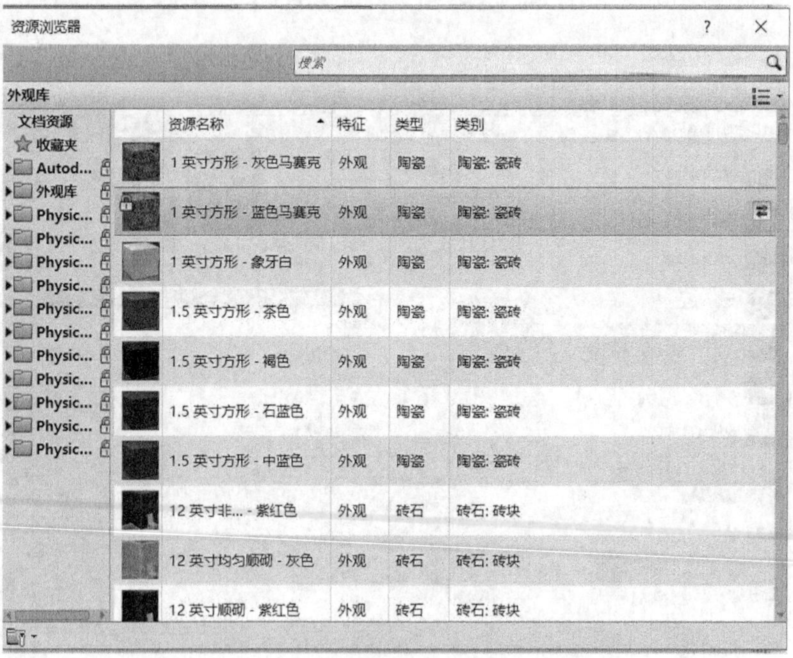

图 7-10

提示： 只有"Autodesk 物理资源"库和其他国家采用的资源库中才具有物理性质，但
是没有外观纹理，所以我们在选用外观时要侧重选择。外观纹理就像是贴图一样，只有外
表一层，物理性质表示整个图元的内在和外在都具有此材质属性。

5）关闭【资源浏览器】对话框。新建材质的外观已经替换为上步骤所选的外观了，如图 7-11 所示。

图 7-11

6）在属性区域的【图形】选项卡下，只需要勾选【着色】选项组下的【使用渲染外观】复选框就可以了，如图 7-12 所示。

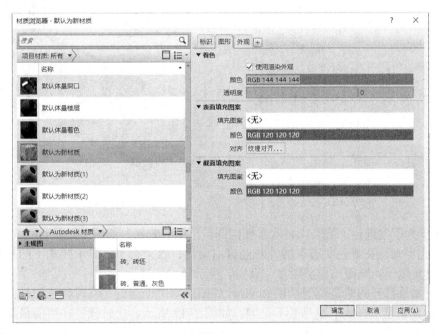

图 7-12

7）当需要设置表面填充图案及截面填充图案时，可以在【图形】选项卡下单击【填充图案】一栏的【无】图块，弹出【填充样式】对话框进行图案设置，如图 7-13 所示。

8）最后单击【材质浏览器—默认为新材质】对话框中的【确定】按键，完成材质的创建。

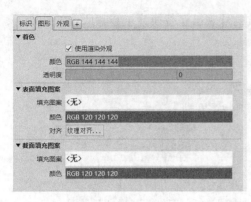
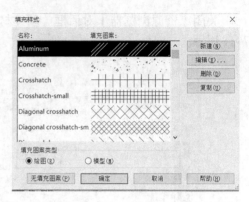

图 7-13

7.2.2　编辑图元结构类型

下面以建筑别墅的地板为例，介绍地板图元的结构类型属性的编辑方法。准备好所有材质，接下来就可以为图元赋予材质了。

上机操作——编辑图元结构类型。

1）打开本例源文件"别墅 .rvt"。

2）赋予材质前先看下模型的显示样式，本例的别墅模型在三维视图的"3D"视图状态下，所显示的"着色"外观，如图 7-14 所示，能看清墙体、屋顶的外观材质。

3）但当视图显示样式调整为"真实"（渲染环境下真实外观表现）时，墙体却没有了外观，仅屋顶有外观，如图 7-15 所示。

提示： 渲染的目的就是外观渲染，物体本身的物理性质是无法渲染的。

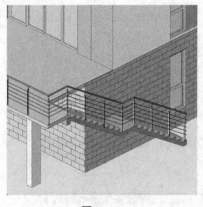
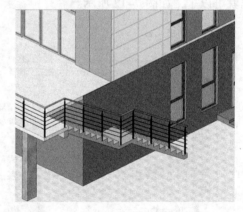

图 7-14　　　　　　　　　　　　　　　图 7-15

4）初步为模型进行了渲染，再看看相同部位渲染的效果，如图 7-16 所示。

5）由此得知，在着色状态下的外观经过渲染后，跟"真实"显示样式下的外观是一致的，因此材质赋予和贴图操作必须在"真实"显示样式下进行。

提示： 如果打开的建筑模型是在 Revit 软件旧版本中创建的，有时在三维视图中部分外观即使是在真实显示样式下也是看不见的，如图 7-17 所示。此时就要在当前最新软件版本中，在【视图】选项卡【创建】面板中单击【三维视图】按键，重新创建新版本软件中的三维视图，这样就可以看见所有具备物理性质和外观属性的材质了，如图 7-18 所示。

6）按照上述的操作，新建三维视图并显示"真实"视觉样式。建筑项目中具有相同材质的图元是比较多的，只需要设置某个图元的材质属性，其他具有相同材质属性的图元随之更新。先选中—1 的一段墙体图元，然后单击属性选项板上的【编辑类型】按键，打开

【类型属性】对话框，如图 7-19 所示。

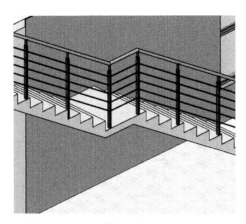

图 7-16

图 7-17

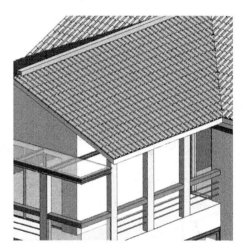

图 7-18

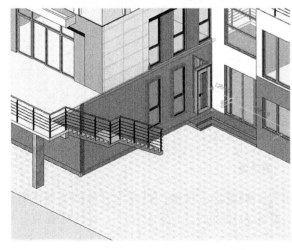

图 7-19

　　7）单击【类型属性】对话框中的【编辑】按键打开【编辑部件】对话框。然后在【层】
选项组下【外部边】表中，单击【面层 1】行中的材质栏，会显示按键。单击此按键打开对应的【材质浏览器—外墙饰面砖】对话框，如图 7-20 所示。

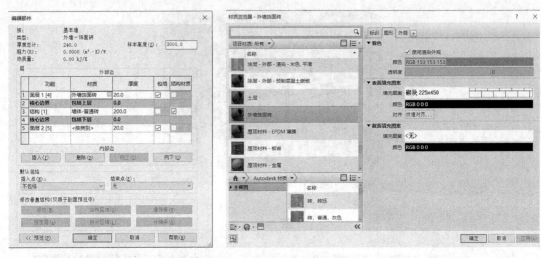

图 7-20

8）在该对话框的【外观】选项卡下，可以看到是没有任何外观纹理的，这也是为什么在"真实"显示样式下没有外观的原因，如图 7-21 所示。

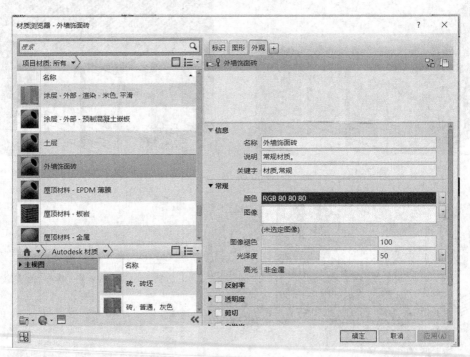

图 7-21

9）在该对话框下方单击【打开关闭资源浏览器】按键，打开【资源浏览器】对话框。从中选择【外观库】|【陶瓷】|【瓷砖】资源路径下的"1 英寸方形 – 蓝色马赛克"外观，并替换当前的材质外观，如图 7-22 所示。

10）关闭【资源浏览器】对话框，可以看到"外墙饰面砖"的外观已经被替换成马赛克了，如图 7-23 所示。

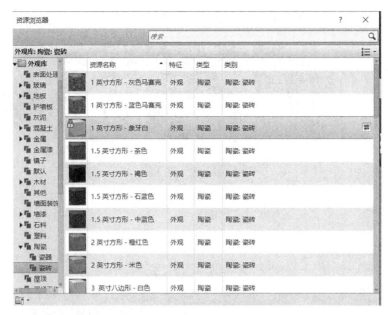

图 7-22

图 7-23

11）单击【确定】按键，关闭【材质浏览器—外墙饰面砖】对话框。单击【编辑部件】对话框中的【确定】按键，关闭对话框，完成材质属性的设置。重新设置外观后的—1 层外墙的饰面砖外观，如图 7-24 所示。

12）同理，将建筑中不明显的其他材质也一一替换外观，或者干脆选择新材质来替代当前材质，例如草坪的材质。选中草坪后，在属性选项板的【材质】选项下单击按键，如图 7-25 所示。

13）在打开的【材质浏览器—场地—草】对话框中的【搜索】文本框里输入"草"，然后在下方的材质库中将搜

图 7-24

索出来的新材质添加到上方的项目材质列表中，如图 7-26 所示。

图 7-25

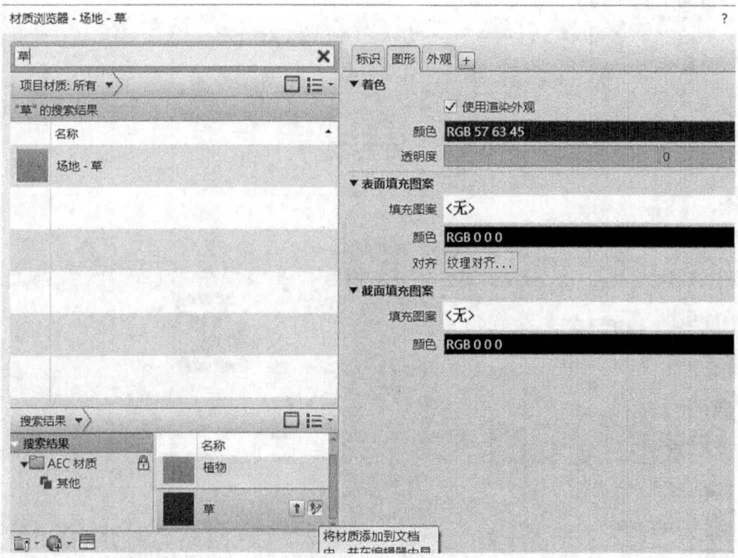

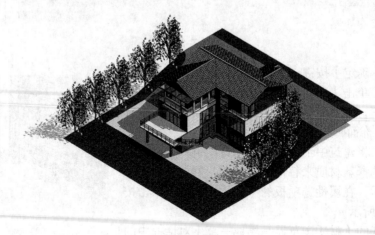

图 7-26

14）在【项目材质】列表中选中新材质"草"，单击【确定】按键，完成材质的替换，新材质效果，如图 7-27 所示。

图 7-27

提示： 剪力墙墙体外观直接用墙漆涂料材质即可，但是要新增一个面层并设置厚度。

7.2.3　创建贴花图案

使用【贴花】工具可以在模型表面或者局部放置图像并在渲染的时候显示出来。例如，可以将贴花用于标志、绘画和广告牌。贴花可以放置到水平表面和圆柱形表面上，对于每个贴花对象，也可以像材质那样指定反射率、亮度和纹理（凹凸贴图）。

上机操作——创建贴花

1）继续上一案例。切换视图为三维视图。

2）在【插入】选项卡【链接】面板中单击【贴花】按键，弹出【贴花类型】对话框。在对话框底部单击【新建贴花】按键，新建贴花类型并命名，如图 7-28 所示。

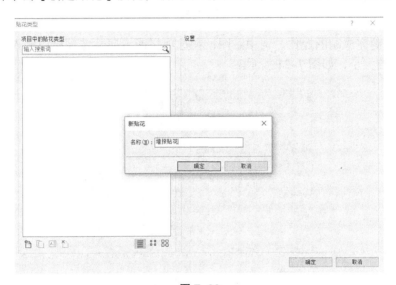

图 7-28

3）在【源】选项栏单击按键，从本例源文件夹中选择 Revit 贴图 "jpg" 贴图文件，单击【贴花类型】对话框中的【确定】按键，完成贴花类型的创建，如图 7-29 所示。

图 7-29

4）关闭对话框后，在三维视图中的外墙面上放置贴花图案，如图 7-30 所示。

图 7-30

5）按 Esc 键完成贴图操作。选中贴图，在选项栏或者属性选项板中输入图片宽度和高度来改变贴花的大小，如图 7-31 所示。

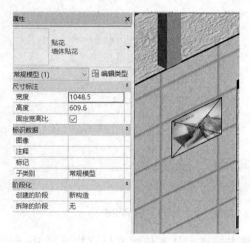

图 7-31

6）最后保存项目文件。

第8章 出图

8.1 建筑制图基础

按照国家统一的建筑制图规范将设计思想和技术特征清晰、准确地表现出来。建筑工程施工图通常由建筑施工图、结构施工图、设备施工图组成。本章将重点介绍建筑施工图和结构施工图的设计。

8.1.1 建筑制图的方式

建筑制图有手工制图和计算机制图两种方式。手工制图又分为徒手绘制和工具绘制两种。手工制图是建筑师必须掌握的技能，也是学习各种绘图软件的基础。计算机制图是指操作计算机绘图软件画出所需图形，并形成相应的图形电子文件，可以进一步通过绘图仪或打印机将图形文件输出，形成具体的图纸过程。它快速、便捷，便于文档存储，便于图纸的重复利用，可以提高设计效率。目前手绘主要用在方案设计的前期，而后期成品方案图以及初设图、施工图都采用计算机绘制完成。

8.1.2 建筑制图程序

建筑制图程序是跟建筑设计的程序相对应的。从整个设计过程来看，遵循方案图、初设图、施工图的顺序来进行。后面阶段的图纸在前一阶段的基础上深化修改和完善。

建筑图纸编排顺序一般应为图纸目录、总图、建筑图、结构图、给水排水图、暖通空调图、电气图等。对于建筑专业，一般顺序为目录、施工图设计说明、附表（装修做法表、门窗表等）、平面图、立面图、剖面图、详图等。

建筑施工图纸。一套工业与民用建筑的建筑施工图，通常包括的图纸有总平面图、平面图、立面图、剖面图、详图与效果图等。

①建筑总平面图。建筑总平面图反映了建筑物的平面形状、位置以及周围的环境，是施工定位的重要依据。总平面图的特点如下：

第一、由于总平面图包括的范围大，因此绘制时用较小的比例，一般为1∶2000、1∶1000、1∶500 等。

第二、总平面图上的尺寸标注一律以米（m）为单位。

第三、标高标注以米（m）为单位，一般标注至小数点后两位，采用绝对标高（注意室内外标高符号的区别）。

总平面图的内容包括新建筑物的名称、层数、标高、定位坐标或尺寸、相邻有关的建筑物（已建、拟建、拆除）、附近的地形地貌、道路、绿化、管线、指北针或风玫瑰图、补充图例等。

②建筑平面图。建筑平面图是按一定比例绘制的建筑的水平剖切图。

可以这样理解，建筑平面图就是将建筑房屋窗台以上部分进行剖切，将剖切面以下的部分投影到一个平面上，然后用直线和各种图例、符号等直观地表示建筑在设计和使用上的基本要求和特点。

建筑平面图一般比较详细，通常采用较大的比例如1∶200、1∶100 和1∶50，并标出实际的详细尺寸。

③建筑立面图。建筑立面图主要用来表达建筑物各个立面的形状、尺寸及装饰等。它

表示的是建筑物的外部形式，说明建筑物长、宽、高尺寸，表现楼地面标高、屋顶的形式、阳台位置和形式、门窗洞口的位置和形式、外墙装饰的设计形式、材料及施工方法等。

④建筑剖面图。建筑剖面图是将某个建筑立面进行剖切而得到的一个视图。建筑剖面图表达了建筑内部的空间高度、室内立面布置、结构和构造等情况。在绘制剖面图时，剖切位置应选择在能反映建筑全貌、构造特征，以及有代表性的位置，如楼梯间、门窗洞口及构造较复杂的部位。建筑剖面图可以绘制一个或多个，这要根据建筑房屋的复杂程度。

⑤建筑详图。由于总平面图、平面图及剖面图等所反映的建筑范围大，难以表达建筑细部构造，因此需要绘制建筑详图。

建筑详图主要用以表达建筑物的细部构造、节点连接形式以及构件、配件的形状大小、材料与做法，如楼梯详图、墙身详图、构件详图、门窗详图等。

详图要用较大的比例绘制（如1∶20、1∶5等），尺寸标注要准确齐全，文字说明要详细。

⑥建筑透视图。除上述图纸外，在实际建筑工程中还经常要绘制建筑透视图。由于建筑透视图表示建筑物内部空间或外部形体与实际所能看到的建筑本身相类似的主体图像，具有强烈的三维空间透视感，非常直观地表现了建筑的造型、空间布置、色彩和外部环境等多方面内容。因此，常在建筑设计和销售时作为辅助使用。

建筑透视图一般要严格地按比例绘制，并进行绘制上的艺术加工，这种图通常被称为建筑表现图或建筑效果图。一幅绘制精美的建筑表现图就是一件艺术作品，具有很强的艺术感染力，图 8-1 为某楼盘的建筑透视图。

图 8-1

8.1.3　结构施工图纸

结构施工图是关于承重构件的布置、使用的材料、形状、大小及内部构造的工程图样，是承重构件及其他受力构件施工的依据。结构施工图包含结构总说明、基础布置图、承台配筋图、地梁布置图、各层柱布置图、各层柱布筋图、各层梁布筋图、屋面梁配筋图、楼梯屋面梁配筋图、各层板配筋图、屋面板配筋图、楼梯大样及节点大样等内容。在建筑设计过程中，为满足房屋建筑安全和经济施工要求，对房屋的承重构件（基础、梁、柱、板等）依据力学原理和有关设计规范进行计算，从而确定它们的形状、尺寸以及内部构造等。将确定的形状、尺寸及内部构造等内容绘制成图样，就形成了建筑施工所需的结构施工图。

1.结构施工图的内容

结构施工图的内容包括结构设计与施工总说明、结构平面布置图、构件详图等。

（1）结构设计与施工总说明包括的内容有抗震设计、场地土质、基础与地基的连接、承重构件的选择、施工注意事项。

（2）结构平面布置图是表示房屋中各承重构件总体平面布置的图样。它包括基础平面布置图及基础详图、楼层结构布置平面图及节点详图、屋顶结构平面图和结构构件详图。

（3）构件详图包括梁、柱、板等结构详图，楼梯结构详图，屋架结构详图，其他详图。

2.结构施工图中的有关规定

房屋建筑是由多种材料组成的结合体，目前国内建筑房屋的结构采用较为普遍的砖混结构和钢筋混凝土结构两种。

GB/T 50105—2018《建筑结构制图标准》对结构施工图的绘制有明确的规定，现将有关规定介绍如下：

（1）常用构件代号。常用构件代号一般是用各构件名称的汉语拼音的第一个字母表示，见表8-1。

表 8-1

序号	名称	代号	序号	名称	代号	序号	名称	代号
1	板	B	19	圈梁	QL	37	承台	CT
2	屋面板	WB	20	过梁	GL	38	设备基础	SJ
3	空心板	KB	21	联系梁	LL	39	桩	ZH
4	槽行板	CB	22	基础梁	JL	40	挡土墙	DQ
5	折板	ZB	23	楼梯梁	TL	41	地沟	DG
6	密肋板	MB	24	框架梁	KL	42	柱间支撑	DC
7	楼梯板	TB	25	框支梁	KZL	43	垂直支撑	ZC
8	盖板或沟盖板	GB	26	屋面框架梁	WKL	44	水平支撑	SC
9	挡雨板、檐口板	YB	27	檩条	LT	45	梯	T
10	吊车安全走道板	DB	28	屋架	WJ	46	雨篷	YP
11	墙板	QB	29	托架	TJ	47	阳台	YT
12	天沟板	TGB	30	天窗架	CJ	48	梁垫	LD
13	梁	L	31	框架	KJ	49	预埋件	M
14	屋面梁	WL	32	刚架	GJ	50	天窗端壁	TD
15	吊车梁	DL	33	支架	ZJ	51	钢筋网	W
16	单轨吊	DDL	34	柱	Z	52	钢筋骨架	G
17	轨道连接	DGL	35	框架柱	KZ	53	基础	J
18	车挡	CD	36	构造柱	GZ	54	暗柱	AZ

（2）常用钢筋符号。钢筋按其强度和品种分成不同的等级，并用不同的符号表示。常用钢筋图例见表 8-2。

表 8-2

序号	名称	图例	说明
1	钢筋横断面	●	
2	无弯钩的钢筋端部		下图表示长、短钢筋投影重叠时，短钢筋的端部用 45° 斜画线表示
3	带半圆形弯钩的钢筋端部		
4	带直钩的钢筋端部		
5	带丝扣的钢筋端部		
6	无弯钩的钢筋搭接		
7	带半圆弯钩的钢筋搭接		
8	带直钩的钢筋搭接		
9	花篮螺丝钢筋接头		
10	机械连接的钢筋接头		用文字说明机械连接的方式

（3）钢筋分类。配置在混凝土中的钢筋，按其作用和位置可分为受力筋、箍筋、架立筋、分布筋、构造筋等，如图 8-2（a）、图 8-2（b）所示。

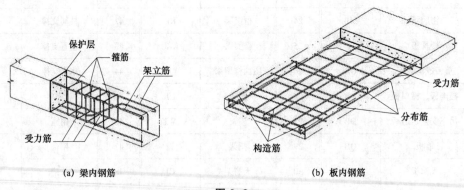

(a) 梁内钢筋　　　　　(b) 板内钢筋

图 8-2

受力筋：承受拉、压应力的钢筋。

箍筋（钢箍）：承受一部分斜拉应力，并固定受力筋的位置，多用于梁和柱内。

架立筋：用以固定梁内钢箍的位置，构成梁内的钢筋骨架。

分布筋：用于屋面板、楼板内，与板的受力筋垂直布置，将承受的重量均匀地传给受力筋，并固定受力筋的位置，以及抵抗热胀冷缩所引起的温度变形。

其他：因构件构造要求或施工安装需要而配置的构造筋。如腰筋、预埋锚固筋、环等。

（4）保护层。钢筋外缘到构件表面的距离称为钢筋的保护层。其作用是保护钢筋免受锈蚀，提高钢筋与混凝土的黏结力。

（5）钢筋的标注。钢筋的直径、根数及相邻钢筋中心距在图样上一般采用引出线方式标注，其标注形式有下面两种：①标注钢筋的根数和直径。②标注钢筋的直径和相邻钢筋中心距。

（6）钢筋混凝土构件图示方法。为了清楚地表明构件内部的钢筋，可假设混凝土为透明体，这样构件中的钢筋在施工图中便可以看见。钢筋在结构图中其长度方向用单根粗实线表示，断面钢筋用圆黑点表示，构件的外形轮廓线用中实线绘制。

8.1.4　REVIT 建筑施工图设计

本节将详细描述建筑总平面图、建筑平面图、建筑立面图、建筑剖面图、建筑详图的设计全过程。图纸设计过程中，鉴于时间和篇幅限制，不能完整地呈现图纸中要表达的所有信息，将以图纸设计过程为优先。

1）建筑平面图设计。建筑平面图是整个建筑平面的真实写照，用于表现建筑物的平面形状、布局、墙体、柱子、楼梯以及门窗的位置等。

在进行施工图阶段的图纸绘制时，建议在含有三维模型的平面视图中进行复制，将二维图元（房间标注、尺寸标注、文字标注、注释等信息）绘制在新的"施工图标注"平面视图中，便于进行统一性的管理。

2）建筑立面图设计。建筑立面图是指用正投影法对建筑各个外墙面进行投影所得到的正投影图。与平面图一样，建筑的立面图也是表达建筑物的基本图样之一，它主要反映建筑物的立面形式和外观情况。与平面图一样，立面图也是 Revit 自动创建的，在此基础上进行尺寸标注、文字注释、编辑外立面轮廓等图元后并创建图纸，即可完成立面出图。

3）建筑剖面图设计。建筑剖面图是指用一个假想的剖切面将房屋垂直剖开所得到的投影图。建筑剖面图是与平面图和立面图相互配合表达建筑物的重要图样，它主要反映建筑物的结构形式、垂直空间利用、各层构造做法和门窗洞口高度等情况。

Revit 设计中的剖面视图不需要一一绘制，只需要绘制剖面线就可以自动生成，并可以根据需要任意剖切。

4）建筑详图设计。建筑详图作为建筑施工图纸中不可或缺的一部分，属于建筑构造的设计范畴。其不仅为建筑设计师表达设计内容、体现设计深度，还将在建筑平、立、剖面图中因图幅关系未能完全表达出来的建筑局部构造、建筑细部的处理手法进行补充和说明。

Revit 中有两种建筑详图设计工具：详图索引和绘图视图。详图索引：通过截取平面、立面或剖面视图中的部分区域，进行更精细的绘制，提供更多的细节。单击【视图】选项卡【创建】面板的【详图索引】下拉菜单中选择【矩形】或者【草图】命令，如图 8-3 所示。选取大样图的截取区域，从而创建新的大样图视图，进行进一步的细化。

图 8-3

详图：与已经绘制的模型无关，在空白的详图视图中运用详图绘制工具进行工作。

单击【视图】选项卡【创建】面板中的【绘图视图】按键，可以创建节点详图。

8.2　Revit 结构施工图设计

结构施工图的创建过程与建筑施工图是完全相同的，本例阳光海岸别墅的结构施工图包括基础平面布置图、一层结构平面图和二层及屋面结构平面图。

鉴于篇幅限制，读者可自行完成，本章源文件夹中拥有阳光海岸别墅的所有建施图和结施图，可以参考这些图纸辅助读者完成图纸设计。

8.3　出图与打印

图纸布置完成后，可以通过打印机将已布置完成的图纸视图打印为图档或指定的视图或图纸视图导出为 CAD 文件，以便交换设计成果。

8.3.1　导出文件

在 Revit 中完成所有图纸的布置之后，可以将生成的文件导成 DWG 格式的 CAD 文件，供其他用户的使用。要导出 DWG 格式的文件，首先要对 Revit 以及 DWG 之间的映射格式进行设置。

8.3.2　图纸打印

当图纸布置完成后，除了能够将其导出为 DWG 格式的文件外，还能够将其打印成图纸，或者通过打印工具将图纸打印成 PDF 格式的文件，以供用户查看。

实例演练

1）在【详图/标注】选项卡单击【批量打印】按键，打开【批量打印 PDF / PLT】对话框。

2）选择【名称】下拉列表中的 Adobe PDF 选项，设置打印机为 PDF 虚拟打印机，选择【将多个所选视图/图纸合并到一个文件】单选按键；选择【所选视图图纸】单选按键。

3）单击【打印范围】选项组中的【选择图纸集】按键。打开【图纸集】对话框，单击【新建】按键，新建图纸集。

4）然后将【图纸】列表中要打印的图纸添加到右侧的【图纸集】列表中，完成后单击【确定】按键。

5）单击【设置】选项组中的【设置】按键，打开【打印设置】对话框。在纸张选项组【尺寸】下拉列表中选择"Oversize A0"，其余选项保存默认设置，单击【确定】按键，返回【打印】对话框。

6）单击【批量打印 PDF / PLT】对话框中的【确定】按键。在打开的【另存 PDF 文件为】对话框中设置【文件名】选项后，单击【保存】按键，创建 Adobe PDF 文件。

7）完成 PDF 文件的创建后，在保存的文件夹中打开 PDF 文件，即可查看施工图在 PDF 中的效果。

提示：使用 Revit 的【打印】命令生成 PDF 文件的过程与使用打印机打印的过程与以上操作步骤是一致的，这里不再赘述。

第二篇
Navisworks

第 9 章　Navisworks 定义与其相关软件的联系

9.1　Navisworks 定义

　　Navisworks 软件是一款用于分析、虚拟漫游及仿真和数据整合的全面校审和三维数据协同 BIM 解决方案的软件。它具有强大的模型整合能力，可以快速地将多种 BIM 软件产生的二维、三维模型整合成一个完整的模型，以进行后续的虚拟漫游、碰撞检测、冲突检测、4D/5D 施工模拟、渲染、动画制作和数据发布等。

9.2　Navisworks 与建筑 BIM 的联系

　　Navisworks 是一款 3D/4D 协助设计检视软件，针对建筑、工厂和航运业中的项目生命周期，能提高质量，提高生产力 Navisworks 可以进行可视化和仿真，分析多种格式的三维设计模型。AutodeskNavisworks 解决方案支持所有项目相关方可靠地整合、分享和审阅详细的三维设计模型，在建筑信息模型工作流中处于核心地位。而 BIM 的意义就是在设计与建造阶段及之后，创建并使用与建筑项目有关的、相互一致且可计算的信息。

9.3　Navisworks 与 Revit 的联系

　　Navisworks 可以对 Revit 模型进行浏览和查看，用 Navisworks 打开 Revit 文件进行查看可以有三种方式：

9.3.1　将 Revit 中的项目文件或族文件导出成 NWC 文件

　　通过单击附加模块下的外部工具，可以选择将 Revit 文件导出成 NWC 文件。如图 9-1所示。

图 9-1

　　在进入导出的界面中，先不要单击"保存"，首先要将导出的 NWC 文件进行 Navisworks 设置，单击如图 9-2 所示黑框区域。

　　以此进入 Navisworks 导出设置的界面中，此后，需对相关选项进行设置，如图 9-3 所示，首先了解各个选项的作用。

　　（1）尝试查找丢失的材质：如果选中此复选框，则文件导出器会从导出丢失的材质查找匹配项。

　　注意：如果结果将不适当的材质应用到模型几何图形，请清除此复选框以修复该问题。

图 9-2　　　　　　　　　　　　　　　　　　图 9-3

（2）导出：指定导出几何图形的方式。从以下选项中选择。

整个项目：导出项目中所有的几何图形。

当前视图：导出当前可见的所有几何图形。

选择：仅导出当前选定的几何图形。

（3）导出房间几何图形：指示是否导出房间几何图形，选项仅在选择导出整个项目时生效。

（4）将文件分为多个级别：指示是否在"选择树"中将 Revit 文件结构拆分为多个级别。默认情况下，此复选框处于选中状态，并且 Revit 文件将按"文件""类别""族""类型"和"实例"进行组织。

（5）镶嵌面系数：输入所需的值可控制发生的镶嵌面的级别。镶嵌面系数必须大于或等于 0，值为 0 时，将导致禁用镶嵌面系数。默认值为 1。要获得两倍的镶嵌面数，请将此值加倍。要获得一半的镶嵌面数，请将此值减半。镶嵌面系数越大，模型的多边形数就越多，且 Navisworks 文件也越大。

（6）转换 CAD 链接文件：勾选此选项在 Navisworks 中打开或附加任何原生 CAD 文件或激光扫描文件时，在原始文件所在的目录中创建一个与原始文件同名但文件扩展名为 .NWC 的缓存文件。

（7）转换 UCL：指示是否转换 UCL 特性数据。默认情况下，此复选框处于选中状态，并且超链接在已转换的文件中受支持。

（8）转换房间属性：指示房间属性是否受支持。默认情况下，此复选框处于选中状态，并且每个房间的数据将转换为一个共享房间属性。

（9）转换光源：选中此复选框可转换光源。若清除此复选框，文件读取器则会忽略光源。

（10）转换结构件：当使用 Revit 建模和部件功能时，可以使用一个选项将原始对象或零件导出到 Navisworks 中。若要导出零件，请选中此复选框；若要导出原始对象，请清除此复选框。

（11）转换链接文件：Revit 项目可以将外部文件作为链接嵌入。若选中此复选框，链接的文件将包含在导出 NWC 文件中。默认情况下会清除此复选框。

注意：仅可以导出链接的 rvt 文件，链接的 DWG 和其他任何文件格式不受支持。

（12）转换元素 ID：选中此复选框可以导出每个 Revit 元素的 ID 数。若清除此复选框，则文件导出器会忽略 ID。

（13）转换元素参数：指定读取 Revit 参数的方式。从以下选项中选择：

无：文件导出器不转换参数。

元素：文件导出器转换所有找到的元素的参数。

全部：文件导出器转换所有找到的元素（包括参照元素）的参数。这样，会在 Navisworks 中提供额外的特性选项卡。

（14）转换元素特性：选中复选框可将 Revit 文件中的每个元素的特性转换为 Navisworks 特性。如果要保留原始 Revit 特性，请将此复选框留空。

（15）坐标：指定是使用共享坐标还是内部坐标进行文件聚合。默认情况下，将使用共享坐标。可以在 Revit 之外查看和修改共享坐标。

通常情况下，只勾选如图 9-3 框选的几个选项，第一个选项的目的是避免导出的时候缺失材质。第二个选项的目的是仅导出当前视图，使用该选项时，通常在三维视图进行操作，目的是使模型所见即所得。在此操作过程中可以设置图元的显示还是隐藏。达到所见的模型即导出的模型的方式。第三个选项是将文件分为多个级别，目的是能在 Navisworks 中方便后期制作集合和动画。第四个选项是转换元素 ID，选中此复选框，目的是导出的 NWC 文件中可导出每个 Revit 元素的 ID 号。如果使用导出的 NWC 文件做碰撞检测，那么可以通过碰撞检测结果中的元素 ID 参数再回到 Revit 文件中进行元素查找，对碰撞位置进行修改，如图 9-4 复选框所示和图 9-5 所示。

图 9-4

图 9-5

9.3.2　直接用 Navisworks 打开 Revit 文件

直接使用 Navisworks 打开 Revit 文件，在打开的过程中也会生成相应的 NWC 缓冲文件，该 NWC 文件会和打开的 Revit 文件同名称。与第一种方法相比在时间上相差不多，下次再打开的时候也可以直接打开这个 NWE 文件进行模型的查看浏览。

由于在 Revit 文件中进行导出可以"设置所见即所得"的效果，可以精确设置想要导出的模型图元，所以优先推荐第一种方法，但是也不排除第二种方法的使用，比如在使用 Navisworks 中的刷新命令时，就需要使用第二种方法进行模型的打开查看。

9.3.3　Navisworks 与 Revit 的区别

（1）在 BIM 的生命周期中，Revit 是一款初始三维建模软件，Navisworks 是 Revit 成长的下一阶段，两者完成了由设计到施工的转换，Revit 在设计中应用，但施工中，Revit 做出的图纸满足不了施工方的需求，需要由 Naviswork 转化一下。

（2）Navisworks 注重的是效果，Revit 注重的是制图，Revit 是在图纸上的二维的线条升华成三维的立体图形，让大家更形象地去设计，更直观地体现出设计作品。Navisworks 是在做好的 3D 图的基础上更好地显示其设计效果，出漫游，做碰撞实验，4D 模拟施工，使 Revit 的作品更完美，更具人性化，从而达到施工方的要求。

（3）Revit 是一个三维模型的平台，是将设计由传统的平面设计转化为立体设计。Navisworks 是将其立体设计的图纸做渲染，使其表达更加清晰。

第 10 章　软件入门与操作

10.1　Navisworks 用户界面布置

打开 Autodesk Navisworks Manage2018（以下简称 Navisworks）的软件操作界面。Navisworks 界面中包含许多传统的 Windows 元素，例如，应用程序菜单、快速访问工具栏、功能区、可固定的窗口、对话框和关联菜单，用户可在这些元素中完成任务。本节内容 Autodesk Navisworks 界面的组成部分本节简要介绍了标准 Autodesk Navisworks 界面的主要组件。Autodesk Navisworks 界面比较直观，易于学习和使用。接下来认识一下该软件的基础界面。

10.2　功能区基本命令

本书讲解该软件时选择的是 Navisworks Manage 2018，该套产品包含 Navisworks 的全部功能，用户可以通过双击桌面上的快捷图标或在桌面上的菜单栏搜索 Navisworks Manage 2018 来启动该软件。

注意：用户在选择软件时应选择的是 Navisworks Manage 而不是 Navisworks Manage（BIM360）。

10.2.1　应用程序菜单

启动 Navisworks 后，将进入一个默认的无标题空白场景，如图 10-1 所示。

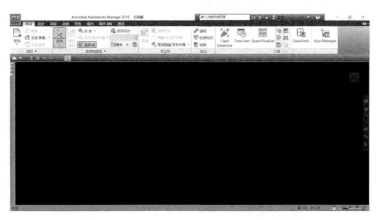

图 10-1

单击界面上的左上角的应用程序按钮，之后就可以进行一些操作以及对该软件的基础设置。

（1）新建：新建一个空白项目，之后可以通过后期的附加或者合并进行模型的添加打开。

（2）打开：单击打开后的小三角，会出现如图 10-2 所示。

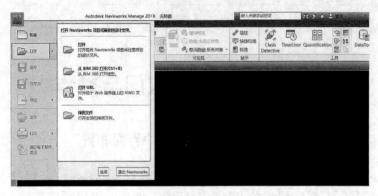

图 10-2

①打开：直接打开模型文件。

②打开 BIM 360：可以打开并附加 BIM 360 模型，或为本地模型附加 BIM 360 模型，然后在 Navisworks 中对齐或编辑模型。保存回 BIM 360，使项目团队能够访问最新的已协调模型。

③打开 URL：通过此选项可从互联网上或当前计算机上得到的文件的位置进行打开。

④样例文件：打开软件自带的样例文件，其包含了许多类型的文件，可以方便用户查看。

（3）保存：单击保存可以对当前模型进行保存操作，保存的时候可以选择保存的文件类型。Navisworks 软件保存文件时可以保存成低版本格式的文件，由于使用的是 Navisworks 2018 版本的，所以保存时可以选择保存为 2017 版本、2016 版本、2015 版本的，且需要选择为 Navisworks（*.nwd）还是 Navisworks 文件集（*.nwf）。

（4）另存为：另存和保存文件的设置都是一样的，区别在于另存可以进行文件保存位置的选择，而保存文件只能是在第一次保存文件的时候可以设置保存的路径，之后的保存就会一直存到这个位置上并覆盖之前保存的文件。

（5）导出：可以将 Navisworks 版本文件进行导出。导出成外部文件，如图 10-3 所示。

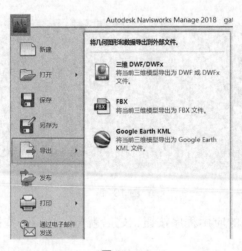

图 10-3

三维 DWF/DWFx 格式：在 DWF 中，不仅可以保存二维图档信息，还可以保存三维模型。由于 DWF 格式的定位为在 Web 中进行传递和浏览，所以在 Autodesk 360 的云服务中，可以使用 IE 等 Web 浏览器查看三维或二维 DWF 文档。

FBX 格式：FBX 格式是 Autodesk 开发的用于在 Maya、3D MAX 等动画软件间进行数据交换的数据格式。Autodesk 公司的产品 3D MAX、Revit 等均支持该数据格式的导出。在 FBX 文件中，除保存三维模型外，还将保存灯光、摄影机、材质设定等信息，以便于在 Maya 或 3D MAX 等软件中制作更加复杂的渲染和动画表现。

Google Earth KML：用于将模型发布至 Google Earth 中，在 Google Earth 中显示当前场景与周边已有建筑环境的关系，用于规划、展示等。

（6）发布：发布当前项目。在发布对话框中，如图 10-4 所示。可将即将发布的 nwd 数据添加标题、作者、发布者等项目注释信息。此外，还可以对发布的 nwd 数据设置密码，并且可以设置相应的过期日期，使得发布的 nwd 数据信息更加安全可靠。

图 10-4

1）过期日期：是指当 nwd 数据超过限定期限后，即使拥有该数据的密码，也无法打开该文件。

2）在发布的 NWD 数据时，可以将当前场景中已设置的材质纹理、链接的数据库进行整合，便于得到完整的数据库。而是用另存为的生成方式的 NWD 数据，也将无法使用发布场景时提供的安全设置、嵌入 Recap 和纹理等高级特性。

（7）打印：打印场景并设置与打印相关的设置。

（8）通过电子邮件发送：创建新的电子邮件，并以当前文件作为附件进行文件的发送。

10.2.2 快速访问工具栏

快速访问工具栏位于应用程序窗口的顶部，其中显示常用命令，如图 10-5 所示。可以向快速访问工具栏 添加数量不受限制的按钮，会将按钮添加到默认命令的右侧。可以在按钮之间添加分隔符。超出工具栏最大长度范围的命令会以弹出按钮显示。

图 10-5

注意：只有功能区命令可以添加到快速访问工具栏中。可以将快速访问工具栏移至功能区的上方或下方。

10.2.3 功能区

功能区是显示基于任务的工具和控件的选项板，如图 10-6 所示。

图 10-6

功能区被划分为多个选项卡，包括常用、视点、审阅、动画、查看、输出、渲染。每个选项卡支持一种特定活动。例如 Class Detective（碰撞检查）、TimeLiner（施工模拟模块）、渲染及动画脚本。在每个选项卡内，工具被组合到一起，成为一系列基于任务的面板。某些选项卡是与上下文有关的。当单击选择某个模型图元时，会弹出一个上下文选项卡：项目工具选项卡，该选项卡提供对当前的选择模型图元的一些操作，例如，添加一些颜色来区分模型的显示状态，设置图元的可见性等。

工具提示：将鼠标指针置于菜单选项或按钮上将显示工具提示，其中包含工具的名称、键盘快捷键（如果有）以及工具的简要说明。应用程序菜单、快速访问工具栏和功能区上的某些工具提示是顺序的。如果将光标在菜单选项上或按钮上多停留一会儿，则工具提示可能会展开以显示其他信息。工具提示可见时，可以按 F1 键获取上下文相关帮助，其中提供有关该工具的详细信息，如图 10-7 所示。

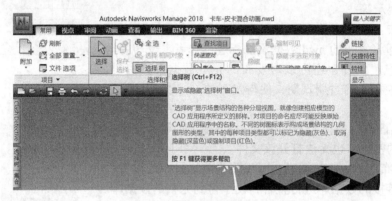

图 10-7

按键提示：Autodesk Navisworks 提供加速键或按键提示，这使您能够使用键盘（而不是鼠标）与应用程序窗口交互。按键提示是为应用程序菜单、快速访问工具栏和功能区提供的。您仍可以使用"旧样式"键盘快捷键，如使用 Ctrl+N 打开新文件，以及使用 Ctrl+P 打印当前文件。

10.2.4　场景视图

这是查看三维模型和与三维模型交互所在的区域。启动 Autodesk Navisworks 时，"场景视图"仅包含一个场景视图，但您可以根据需要添加更多场景视图。自定义场景视图被命名为"ViewX"，其中"X"表示下一个可用编号。无法移动默认场景视图。

10.2.5　导航工具

使用导航栏可以访问与在模型中进行交互式导航和定位相关的工具，如图 10-8 所示。

图 10-8

还可以根据您认为很重要且需要显示的内容来自定义导航栏。还可以在"场景视图"中更改导航栏的固定位置。

10.2.6　可固定窗口

从可固定窗口可以访问大多数 Autodesk Navisworks 功能。有几个可供选择的窗口，它们被分组到几个功能区域中：可以移动窗口、调整窗口的大小，以及使窗口浮动在"场景视图"中或将其固定"场景视图"中（固定或自动隐藏）。

提示：通过双击窗口的标题栏可以快速固定该窗口或使其浮动。固定的窗口与相邻窗口和工具栏共享一条或多条边。如果移动共享边，这些窗口将更改形状以进行补偿。如有必要，也可以在屏幕上的任意位置浮动窗口。

注意："倾斜"窗口仅可以垂直地固定在左侧或右侧，占据画布的完整高度，或者浮动在画布上。

默认情况下, 固定窗口是固定的, 这意味着该窗口会保持以其当前尺寸显示, 且可以进行移动。自动隐藏窗口并将鼠标指针从窗口移开时, 该窗口会缩小为一个显示窗口名称的标签。将鼠标指针移到标签上将在画布上临时显示完全的窗口。自动隐藏窗口可以显示画布的更多内容, 同时仍保持窗口可用。自动隐藏窗口还可以防止窗口成为浮动的, 防止窗口被分组或取消分组。浮动窗口是已与程序窗口中分离的一个窗口。可以根据需要围绕屏幕移动每个浮动窗口。尽管无法固定浮动窗口, 但可以调整其大小以及对其进行分组。窗口组让多个窗口在屏幕上占据相同的空间数量的一种方式。对窗口进行分组之后, 每个窗口都由组底部的一个标签来代表。在组中, 单击标签可显示窗口。可以根据需要对窗口进行分组或取消分组, 并保存自定义工作空间。在更改窗口位置之后, 可以将设置另存为某个自定义工作空间。

10.2.7 状态栏

状态栏显示在 Autodesk Navisworks 屏幕的底部。如图 10-9 所示。无法自定义或来回移动该窗口。状态栏右侧包含四个性能指示器（可为您提供关于 Autodesk Navisworks 在您计算机上的运行状况的持续反馈）、可显示 / 隐藏 "图纸浏览器" 窗口的按钮以及可在多页文件中的图纸 / 模型之间进行导航的控件。

图 10-9

10.3 Navisworks 工作空间的设置

10.3.1 工作空间

在进入软件学习之前, 需对当前的界面进行一些修改, 这些更改就是将一些经常需要用到的命令工具移动到方便选择的位置, 进行模型操作时就可以快速单击。当进行了这样的空间设置之后, 可以将当前的工作空间保存起来, 方便之后使用, 如图 10-10 所示。

图 10-10

单击保存工作空间, 将工作空间保存成外部文件, 下次使用时可以直接载入工作空间进行使用。单击载入工作空间, 选择更多工作空间进行之前的保存工作空间的选择。

除可以载入更多空间外, 还可以载入系统自带的几种工作空间模式, 其中有安全模式、Navisworks 最小、Navisworks 标准、Navisworks 扩展这四种模式。

10.3.2 窗口

当载入 Navisworks 扩展工作空间之后, 可以发现界面中会出现很多的窗口。其中包括自动隐藏的窗口, 即最左下方框里的都是自动隐藏的窗口, 也包括固定的窗口, 即右边框里的命令, 如图 10-11 所示。当然还有左边的一些窗口。

图 10-11

通过单击隐藏的窗口让它显示出来，若需要经常使用还可以将它锁定成固定窗口。单击锁定的图标即可将该隐藏的窗口锁定到界面中。当窗口固定之后可以对窗口进行移动，既可以让它在试图操作区域的上、下、左、右四个位置进行放置，可以看到五个位置进行窗口的吸附。

有时候不小心关掉窗口，可以通过查看选项卡下的工作空间面板中的窗口工具进行窗口的再次显示，在该窗口设置栏中不仅可以让窗口显示，还可以控制窗口的关闭或者遇到关掉窗口及移动窗口也可以关掉此软件，再次重新打开 Navisworks 扩展工作空间来恢复到之前的窗口设置。

10.4　选项编辑器

10.4.1　选项编辑器介绍

选项即选项编辑器，如图 10-12 所示。使用"选项编辑器"可以为 Navisworks 任务调整程序基础设置，掌握这些设置的位置及使用方法，能够方便后期的学习。在"选项编辑器"中更改的设置在所有 Autodesk Navisworks 任务中是永久性的、起全局作用的，当然还可以将修改的设置与团队中的其他成员共享。这些选项会显示在分层树结构中。单击⊞会展开这些节点，单击⊟会收拢这些节点。

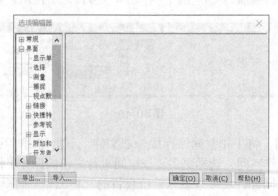

图 10-12

10.4.2　选项编辑器的设置

（1）导出：单击"导出"，会显示"选择要导出的选项"对话框，可以在其中选择要导出（或"序列化"）的全局选项。

（2）导入：单击"导入"，会显示"打开"对话框，可再次导入用户之前设置的选项编辑器设置文件。

10.4.3　常规

使用此节点的设置可以调整缓冲区大小、文件位置等。

（1）撤销：用户可以调整缓冲区的大小。缓冲区大小（KB）：指定 Navisworks 为保存撤销/恢复操作分配的空间大小。

（2）位置：如图 10-13 所示。用户可以与其他用户共享全局。

Navisworks 设置、工作空间、第三人、Clash Detective 规则、Presenter 归档文件、自定义 Clash Detective 测试、对象动画脚本等。根据所需的粒度级别可以跨整个项目站点或跨特定的项目组共享设置。首次运行 Navisworks 时将从安装目录拾取设置。随后 Navisworks 将检查本地计算机上的当前用户配置和所有用户配置然后检查"项目目录"和"站点目录"中的设置。"项目目录"中的文件优先。

1）项目目录：单击▣可打开"浏览文件夹"对话框，并查找包含特定于某个项目组的 Navisworks 设置的目录。

2）站点目录：单击▣可打开"浏览文件夹"对话框，并查找包含整个项目站点范围的 Navisworks，设置标准的目录。

（3）本地缓存：用户可以控制 Navisworks 中的缓存管理，如图 10-14 所示。

图 10-13

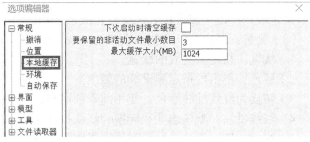

图 10-14

（4）环境：用户可以调整由 Navisworks 存储的最近使用的文件快捷方式的数量。

（5）自动保存：如图 10-15 所示。

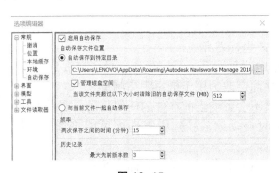

图 10-15

启动自动保存，指示 Navisworks 是否自动保存 Navisworks 文件。默认状态下，此复选框处于选中状态。若不希望自动保存文件，可清除此复选框。

10.4.4　界面

（1）显示单位。

1）长度单位：使用该下拉列表可选择需要的线性值。默认状态下使用"米"，还可以选择其他方式。

2）角度单位：使用该下拉列表可选择所需的角度值。默认状态下使用"度"，还可点选田以选择其他方式。

3）小数位数：指定单位所使用的小数位数。

4）小数显示精度：指定单位所使用的分数级别（仅对于分数单位有效）。

（2）选择：用户可以配置选择和高亮显示几何图形对象的方式。

1）拾取半径：指定以像素为单位的半径（选择此项目时该项目必须在该半径范围内、默认值为1，最大为9）。

2）方案：在"场景视图"中单击时，Navisworks 要求在"选择树"框中输入对象路径的起点，以识别选定的项目（例如文件、图层、最高层级的对象、最低层级的对象、最高层级的唯一对象、几何图形）。

3）紧凑树：指定"选择树"的"紧凑"选项上显示的细节级别（例如模型、图层、对象）。

4）高亮显示。

启用：指出 Navisworks 是否高亮显示"场景视图"中选定的项目。

方法：指定高亮显示对象的方式。

颜色：单击颜色后选择框可指定高亮显示颜色。

染色级别：使用该滑块可调整染色级别。

（3）测量：用户可以调整测量线的外观和样式。

1）线宽：指定测量线的线宽。

2）颜色：单击可指定测量线的颜色。

3）转换为红线批注颜色：使用此选项可将红线批注或测量颜色用作默认设置。

4）红线批注：默认选项。转换为红线批注时使用当前红线批注颜色。

5）测量：转换为红线批注时使用当前测量颜色。

6）三维：选中此复选框可在三维模式下绘制测量线，如果测量线被其他几何图形遮挡，清除此复选框，可以在几何图形的上面以二维模式绘制线。

7）在场景视图中显示测量值：如果要在"场景视图"中显示标注标签，选中此复选框。

8）在场景视图中显示 XYZ 差异：选中此选项可以显示两点测量（点到点或点到多点测量中活动的线）的 XYZ 坐标差异。

9）使用中心线：选中此复选框，最短距离测量会捕捉到参数化对象的中心线，清除此复选框，参数化对象的曲面会改为用于最短距离测量。

注意：更改这一选项不会影响当前在位的任何测量。要看到更改，需重新开始。

10）测量最短距离时自动缩放：选中复选框可以将场景视图缩放到测量区域（最短距离）。

（4）捕捉：使用此页面上的选项可调整光标捕捉。

1）捕捉到顶点：选中此复选框可将光标捕捉到最近顶点。

2）捕捉到边缘：选中此复选框可将光标捕捉到最近的三角形边。

3）捕捉到线顶点：选中此复选框可将光标捕捉到最近的线端点。

4）公差：定义捕捉公差。值越小，光标离模型中的特征越近，只有这样才能捕捉到它。

5）角度：指定捕捉度的倍数。

6）角度灵敏度：定义捕捉公差。该值为确定要使捕捉生效光标必须与捕捉角度接近的程度。

（5）视点默认值：该选项可定义创建属性时随视点一起保存的属性。

1）保存隐藏项目 / 强制项目属性：选中此复选框可在保存视点时包含模型对象的隐藏 / 强制标记信息。再次使用视点时，会重新应用保存视点时设置的隐藏 / 强制标记。

2）替代外观：选中此复选框可将视点与材质更改的外观或替代信息一起保存。可以通过更改视点中几何图形的颜色或透明度来替代外观。再次使用视点时，将保存外观替代。

3）替代线速度：默认情况下，导航线速度与模型的大小有直接关系。如果要手动设置某个特定导航速度，选中此复选框。此选项仅在三维工作空间中可用。

4）默认线速度：指定默认的线速度值。此选项仅在三维工作空间中可用。

5）默认角速度：指定相机旋转的默认速度。此选项仅在三维工作空间中可用。

注意：修改默认视点设置时，所做的更改将影响当前 Navisworks 文件或未来任务中保存的任何新视点。这些更改不会应用于以前创建和保存的视点。

6）碰撞设置：打开"默认碰撞"对话框，可以在其中调整碰撞、重力、蹲伏和第三人视图设置。使用此对话框在三维工作空间中指定和保存用户的首选碰撞设置。

默认情况下，会关闭"碰撞""重力""自动蹲伏"和"第三人"视图。修改默认碰撞设置时，所做的更改不会影响当前打开的 Navisworks 文件。只要打开新的 Navisworks 文件或者启动新的 Navisworks 任务，就会应用这些更改。

碰撞：选中此复选框可在"漫游"模式和"飞行"模式下将观察者定义为碰撞量。这样，观察者将获取某些体量，无法在"场景视图"中穿越其他对象、点或线。

注意：选中此复选框将更改渲染优先级，与正常情况下相比，将使用更高的细节显示观察者周围的对象。高细节区域的大小基于碰撞体积半径和移动速度。

重力：选中此复选框可在"漫游"模式下为观察者提供一些质量。此选项可与"碰撞"一起使用。

自动蹲伏：选中此复选框可使观察者能够蹲伏在很低的对象之下，而在"漫游"模式下，因为这些对象过低，所以无法通过。此选项可与"碰撞"一起使用。

半径：指定碰撞量的半径。

高度：指定碰撞量的高度。

视觉偏移：指定在碰撞体积顶部之下的距离，此时相机将关注是否选中"自动缩放"复选框。

第三人启用：选中此复选框可使用"第三人"视图。在此视图中显示一个体量来表示观察者。选中此复选框将更改渲染优先级，与正常情况下相比，将使用更高的细节显示体现周围的对象。高细节区域的大小基于碰撞体积半径、移动速度和相机在体量后面的距离。

自动缩放：选中此复选框可在视线被某个项目所遮挡时自动从"第三人"视图切换到第一人视图。

体现：指定在"第三人"视图中使用的体现。

角度：指定相机观察体量所处的角度。例如，0° 会将相机直接放置到体量的后面；15° 会使相机以 15° 的角度俯视体量。

距离：指定相机和体量之间的距离。

提示：如果要恢复默认值，请单击"默认值"按钮。

（6）链接：使用此选项可自定义在"场景视图"中显示链接的方式，如图 10-16 所示。

1）显示链接：显示 / 隐藏"场景视图"中的链接。

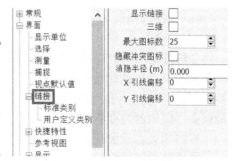

图 10-16

2）三维：指示是否在"场景视图"中以三维模式绘制链接图标。选中此复选框，链接则会浮动在三维空间中，且恰好位于其在几何图形上的连接点的前面。如果链接被其几何图形遮挡，请清除此复选框，以便在几何图形的上面以二维模式绘制链接图标。

3）最大图标数：指定要在"场景视图"中显示的最大图标数。

4）隐藏冲突图标：选中此复选框可隐藏在"场景视图"中显示为重叠的链接图标。

5）消隐半径：指定在"场景视图"中绘制相机链接前，它们必须接近的程度。远于该距离的任何链接都不会绘制。默认值 0 表示绘制所有链接。

6）X 引线偏移、Y 引线偏移：可以使用指向链接所附加到的几何图形上的连接点的引线（箭头）绘制链接。输入 X 和 Y 值以指定这些引线所使用的向右和向上的像素数。

7）标准类别：用户可根据链接的类别切换其显示。

8）图表类型：图标：由"场景视图"中的默认图标表示。

9）文字：由"场景视图"中包含链接说明的文本框表示。

10）可见：选中此复选框可在"场景视图"中显示此链接类别。

11）用户定义类别：用户可查看自定义链接类别。

注意：挂锁🔒图标指示无法直接从此处添加或删除类别。

12）网络视图：单击▦可使用表格格式显示自定义链接类别。

13）列表视图：单击☰可使用列表格式显示自定义链接类别（与显示标准类别的方式相同）。

14）记录试图：单击👁可将链接类别显示为记录。

15）上一个和下一个元素：使用◀和▶可在链接类别之间导航。如果单击了"记录视图"按钮，这将是在记录之间进行移动的唯一方式。

16）可见：选中此复选框可在"场景视图"中显示相应的链接类别。

17）图标类型，可选择下列选项之一。

18）图标：由"场景视图"中的默认图标显示。

19）文本：链接由"场景视图"中包含链接说明的文本框表示。

（7）快捷特性：用户可自定义在"场景视图"中显示快捷特性的方式。

1）显示快捷特性：显示 / 隐藏"场景视图"中的快捷特性。

2）隐藏类别：清除此复选框可在快捷特性工具提示中不包含类别名称（若选中此复选框，快捷特性工具提示中则会显示类别名称）。

3）定义：用户可以设置快捷特性类别。

4）添加元素：单击⊕可添加快捷特性定义。

5）删除元素：单击⊖可删除选定的快捷特性定义。

6）类别：指定要自定义的特性类别。

7）特性：指定在工具提示中显示选定类别的特性。

（8）显示页面：使用此页面上的选项可调整显示性能。

1）二维图形。

二维渲染：可以选择固定二维渲染和视图相关二维渲染，从以下选项中选择：

固定：图形就像按照固定纸张大小进行打印一样来生成。放大和缩小图形时，线型保持相同的相对大小和间距，就好像用户在放大和缩小渲染时的图像一样。此选项提供的性能最高，使用的内存最小。

视图相关：只要视图更改，就会重新生成图形。放大和缩小图形时，将重新计算线型，并可能调整虚线的相对大小和间距。此选项提供的性能最高，使用的内存最多。

细节层次：可以调整二维图形的细节层次，这意味着可以协调渲染性能和二维保真度；

从以下选项中选择：

低：为用户提供较低的二维保真度，但渲染性能较高；

中：为用户提供中等的二维保真度和中等的渲染性能，这是默认选项；

高：为用户提供较高的二维保真度，但渲染性能较低。

2）平视。

XYZ 轴：指示是否在"场景视图"中显示"XYZ 轴"显示器。

显示位置：指示是否在"场景视图"中显示"位置读数器"。

显示轴网位置：事实是否在"场景视图"中显示"轴网位置"指示器。

显示 RapidRT 状态：当"显示 RapidRT"选项处于选中状态时，渲染进度标签会在"场景视图"中显示实时渲染进度。

字体大小：指定"平视"文本的字体大小（以磅为单位）。

3）透明度。

交叉式透明度：选中此复选框可在交互式导航过程中以动态方式渲染透明项目。默认情况下，会清除此复选框，当交互停止时会绘制透明项目。

注意：如果用户的视频卡不支持硬件加速，则选中此复选框可能会影响显示性能。

4）图形系统。硬件加速：选中此复选框可利用视频卡上的任何可用的硬件加速。如果视频卡驱动程序不能与 Navisworks 很好地协作，请清除此复选框。

注意：如果用户的视频不支持硬件加速，则此复选框将不可用。

WPF 硬件加速：WPF 是用于加载用户界面框架的技术。选中此复选框可以利用视频卡上的任何可用的 WPF 硬件加速。

注意：如果用户的视频卡不支持 WFP 硬件加速，则此复选框将不可用。

基本：使用硬件或软件 OpenGL。

Autodesk：支持显示 Autodesk 材质，使用 Direct3D 或硬件 OpenGL。

注意：三维模型可以使用任意一种图形系统，默认系统下将使用 Autodesk 图形系统，但处理具有 Presenter 材质的三维模型时除外。二维图纸只能使用 Autodesk 图形，且需要支持硬件加速的图形卡。

"CPU 阻挡消隐"选项默认情况下处于启用状态，并且使用备用 CPU 核心执行遮挡消隐测试。它只能在具有 2 个或更多 CPU 核心的计算机使用。要求 CPU 具有 SSE4 以发挥最大性能。不会降低性能，即使模型的所有部分都可见（GPU 将花费所有时间渲染该模型）。

性能提升取决于窗口大小：窗口越小，性能提升越大。

GPU 阻挡消隐：选中此复选框以启用此特定类型的阻挡消隐。使用阻挡消隐意味着 Navisworks 将绘制可见对象并忽略位于其他对象后面的对象。这可在模型的许多部分不可见时提高显示性能。例如，沿着某个大楼的走廊散步的情况。阻挡消隐不用于 2D 工作空间。

默认情况下，此选项卡处于禁用状态。一旦选中，它将使用图形卡执行阻挡消隐测试。仅可在其图形卡满足 Navisworks 最低系统要求的计算机使用。

如果模型大部分可见，将降低性能（如果 GPU 必须执行阻挡消隐测试，它将具有较少的时间来渲染模型）。

注意：阻挡消隐仅可在其图形卡满足 Navisworks 最低系统要求的计算机上使用。此外，阻挡消隐不用于二维工作空间。此外，阻挡消隐不用于二维工作空间。

5）图元。

点尺寸：输入一个介于 1~9 之间的数字，可设置在"场景视图"中绘制的点尺寸（以像素为单位）。

线尺寸：输入一个介于 1~9 之间的数字，可设置在"场景视图"中绘制的线宽度（以像素为单位）。

捕捉尺寸：输入一个介于 1~9 之间的数字，可设置在"场景视图"中绘制的捕捉点尺寸（以像素为单位）。

启用参数化图元：指示 Navisworks 是否在交互式导航过程中以动态方式渲染参数化图元。选中此复选框意味着在导航过程中细节级别会随着与相机的距离变化。清除此复选框将使用图元的默认表示，在导航过程中细节级别保持不变。

6）详图。

保持帧频：指示 Navisworks 引擎是否保持在"文件选项"对话框的"速度"选项卡上指定的帧频。默认情况下，会选中此复选框，且在移动时保持目标速率。当移动停止时，会渲染完整的模型。若清除此复选框，在导航过程中会始终渲染完整的模型，不管会花费多长时间。

填充到详情：指示导航停止后 Navisworks 是否填充任何放弃的细节。

（9）Autodesk 页面：使用此页面上的选项可调整在 Autodesk 图形模式下使用的效果和材质。

1）Autodesk 材质。

使用替代材质：通过此选项，用户可以强制使用基本材质，而不是 Autodesk 一致材质。如果图形卡不能与 Autodesk 一致材质很好地配合，则将自动使用此选项。

使用 LOD 纹理：若要使用 LOD 纹理，则选中此复选框。

反射以启用：选中此复选框为 Autodesk 一致材质启用反射颜色。

高亮显示已启用：选中此复选框为 Autodesk 一致材质启用高光颜色。

凹凸贴图以启用：若要使用凹凸贴图，则选中此选项，这样可以使渲染对象看起来具有凹凸不平或不规则的表面。例如，使用凹凸贴图材质渲染对象时，贴图的较浅（较白）区域看起来提升了些，而较深（较黑）区域看起来降低了一些。如果图像是彩色图像，将使用每种颜色的灰度值。凹凸贴图会显著增加渲染时间，但会增加真实感。

图像库：选择基于纹理分辨率的 Autodesk 一致材质库。从以下选项选择：

基本分辨率：基本材质库，分辨率大约为 256×256 像素。默认情况下已安装此库，并且 Navisworks 需要该库来支持完整的视觉样式和颜色样式功能。

低分辨率：大约为 512×512 像素。

中分辨率：大约为 1024×1024 像素。

高分辨率：此选项当前不受支持。

最大纹理尺寸：此选项影响应用到几何图形的纹理的可视细节。请输入所需的像素值。例如，值"128"表示最大纹理尺寸为 128×128 像素。值越大，图形卡的负荷就越高，这是因为需要更多的内存渲染纹理。

程序纹理尺寸：此选项提供了从程序贴图生成的纹理的尺寸。例如，值"256"表示从程序贴图生成的纹理的尺寸为 256×256 像素。值越大，图形卡的负荷就越高，这是因为需要更多的内存渲染纹理。

2）Autodesk 效果。

屏幕空间环境光阻挡：当 Autodesk 图形系统处于活动状态，以呈现渲染的真实世界环境照明效果时，请选中此复选框。例如，使用此选项可在难以进入的模型部分创建较暗的照明，如房间的拐角。

使用无限制光源：默认情况下，Autodesk 渲染器最多支持同时使用八个光源。若模型包含的光源数超过八个，并且用户希望能够使用所有这些光源，请选中此复选框。

着色器样式：定义面上的 Autodesk 着色样式，如图 10-17 所示。从下面选项中选择：

基本：面的真实显示效果，接近于在现实世界中所显示的样子。

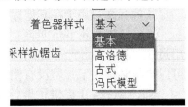

高洛德：为由多变形网格表示的曲面提供连续着色。

古式：使用冷色和暖色而不是暗色和亮色来增强可能以附加的阴影并且很难在真实现实中看到的面的显示效果。

冯氏模式：提供被照曲面更平滑的真实渲染。

图 10-17

3）多重采样抗锯式。

MASS 级别：定义要在 Autodesk 图形模式下渲染的抗锯齿值。抗锯齿用于使几何图形就越平滑，但渲染时间也就越长。"2×"是默认选项。

注意：如果用户的视频卡不支持较高的 MASS，可以自动支持较低 MSAA。

（10）驱动程序。

使用此页面的选项可启用 / 禁用可用的显示驱动程序。可动的驱动程序，Navisworks 可以支持的所有驱动程序的列表。默认情况下，将选中所有驱动程序。

1）Autodesk（DirectX 11）。此驱动程序支持 Autodesk 图形系统，可处理二维和三维几何图形。

2）Autodesk（DirectX 9）。此驱动程序支持 Autodesk 图形系统，可处理二维和三维几何图形。

3）Autodesk（OPENGL）。此驱动程序支持 Autodesk 图形系统，可处理二维和三维图形。

4）Autodesk（DirectX 11）。此驱动程序支持 Autodesk 图形系统，可处理二维和三维几何图形。

5）Presenter（OpenGL）。此驱动程序支持 Presenter 图形系统，仅可处理三维几何图形。

（11）附加或合并：处理多图纸文件时，可以使用此页面上的选项选择附加或合并行为。

1）将文件的其余图纸 / 模型添加到当前项目前询问：若选择该选项，则在附加或合并操作完成后会显示一个交互式对话框。可以决定将其与图纸 / 模型添加到文件中。

2）从不将文件的其余图纸 / 模型添加到当前项目：选择此选项意味着，仅将选定文件中的默认图纸 / 模型合并或附加到当前场景。可以在以后使用"项目浏览器"将其余图纸 / 模型添加到文件中。

3）始终将文件的其余图纸 / 模型添加到当前项目：选择此选项意味着，只要完成附加或合并操作，Navisworks 就会在文件中自动添加其余图纸 / 模型。可以在"项目浏览器"中检验添加的图纸 / 模型。

（12）开发者：使用此页面上的选项可调整对象特性的显示。

（13）用户界面：使用此下拉列表应用其中一个预设界面主题，系统自带的有暗和光源两个主题，通过选择可以看到选项卡上的条形颜色的变化。

（14）轴网：使用此页面上的选项可自定义绘制网线的方式，如图 10-18 所示。

1）X 射线模式：指示当轴网线被模型对象遮挡时是否绘制为透明。如果不需要透明轴网线，请清除该复选框。

2）标签字体大小：指定轴网线标中的文本使用的字体大小（以磅为单位）。

图 10-18

3）颜色：选择用于绘制轴网线的颜色。可以选择下列选项之一：

上一标高：用于在相机位置正上方标高处绘制轴网线的颜色。

下一标高：用于在相机位置正下方标高处绘制轴网线的颜色。

其他标高：用于在其他标高处绘制轴网线的颜色。

（15）3Dconnexion 页面：使用此页面上的选项可自定义 3Dconnexion 设备的行为。据使用过 3Dconnexion 产品的用户表示，运用它至少可以提高 30% 以上的设计效率。建议用户可以自行尝试一下，若没有使用 3Dconnexion 的需要，可跳过该段位置向下阅读。

Navisworks 还提供了调整工功能，可以使用在安装过程中由设备制造商提供的设备的"控制面板"进行调整，如图 10-19 所示。

图 10-19

1）速度：使用滑块调整控制器的灵敏度。

2）对象模式。

保持场景正立：选中此复选框可禁用滚动轴。选中后，将不能向侧面滚动模型。选择时使轴心居中：选中此复选框可将轴心点移动到所选任意对象的中心。

3）运动过滤器。

平移 / 缩放：选中此复选框可启用 3Dconnexion 设备的平移和缩放功能。

倾斜 / 旋转 / 滚动：选择此复选框可启用 3Dconnexion 设备的倾斜、旋转和滚动功能。

注意：默认情况下所有的选项均选中。若进行了任何更改，可以单机"默认"按钮重置为原始设置。

（16）导航栏：使用此页面上的选项可自定义导航栏上的工具的行为。

1）动态观察工具。

使用经典动态观察：若需要从标准动态观察工具切换到经典动态观察模式，请选中此复选框。

使用经典自由动态观察（检查）：若需要从标准自由动态观察工具切换到导航栏上的旧"检查"模式，请选中此复选框。

使用经典受约束动态观察（转盘）：若需要从标准受约束的动态观察工具切换到导航栏上的旧"转盘"模式，请选中此复选框。

2）漫游工具。

使用经典漫游：若需要从标准漫游模式切换到经典漫游模式，请选中此复选框。

约束漫游角度：选中此复选框时，漫游工具将在导航时保持相机正立。若清除此复选框，则该工具可使相机在导航时滚动（产生几乎像飞行工具一样的行为）。

使用视点线速度：若选中此复选框，漫游工具将遵循视点线速度设置。这种情况下，漫游速度滑块的作用将像一个倍增器。若清除此复选框，则漫游工具将使用滑块所设定的固定值独立于视点线速度设置而工作。

漫游速度：在 0.1（非常慢）与 10（非常快）之间设置漫游工具的速度。

（17）Viewcube：使用此页面上的选项可自定义 Viewcube 行为，如图 10-24 所示。

1）显示 Viewcube：指示是否在"场景视图"中显示 Viewcube。

尺寸：指定 Viewcube 的大小。可以从以下选项中选择：自动、微型、小、中等、大。

注意：在自动模式下，Viewcube 的大小与"场景视图"的大小有关，并介于中等和微型之间。

2）不活动时的不透明度：当 Viewcube 处于不活动状态时，即光标距离 Viewcube 很远，则它看起来是透明的。要控制不透明度级别，请从以下选项中选择：0%、25%、50%、75%、100%。

3）保持场景正立：指示使用 Viewcube 时是否允许场景的正立方向。若选中此复选框，拖动 Viewcube 会产生旋转效果。

4）捕捉到最近的视图：指示当 Viewcube 从角度方向上接近其中一个固定视图时是否会捕捉到它。

5）视图更改时布满视图：若选中此复选框，单击 Viewcube 会围绕场景的中心旋转并缩小将场景布满到场景视图。拖动 Viewcube 时，在拖动之前视图将变为观察场景中心（但不缩放），并在拖动时继续将该中心作为轴心点。若清除此复选框，则单击或拖动 Viewcube 将围绕当前轴心点旋转，但不会放大和缩小。

6）切换视图时使用动画转场：若选中此复选框，则当用户在 Viewcube 的某一区域上单击时将显示动画转场，这有助于直观显示当前视点和选定视点之间的空间关系。

注意：导航包含大量几何图形的三维场景时，应用程序帧频会降低，使系统难以流畅地显示视点动画转场。

7）在 Viewcube 下显示指南针：指示是否在 Viewcube 工具下方显示指南针。

（18）SteeringWheels：使用此页面上的选项可自定义 SteeringWheels 菜单，如图 10-20 所示。

1）大小制盘。

大小：指定大控制盘的大小。可从以下选项中选择：小（64×64）、中（128×128）、大（256×256）。

不透明度：控制大控制盘的不透明度级别。默认值为 50%。可从以下选项中选择：25%（几乎透明）、50%、75%、90%（几乎不透明）。

2）小控制盘。

大小：指定小控制盘的大小。可从以下选项中选择：小（16×16）、中（32×32）、大（64×64）、极大（256×256）。

不透明度：控制小控制盘的不透明度级别。默认值为 50%。可从以下选项中选择：25%（几乎透明）、50%、75%、90%（几乎不透明）。

3）屏幕上的消息。

显示工具消息：显示/隐藏导航工具的工具提示。如果选中此复选框，则在使用这些工具时会在光标下面显示工具提示。

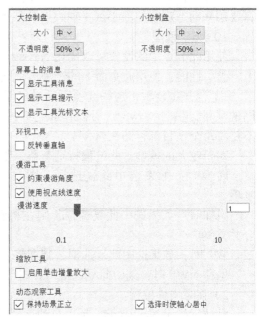

图 10-20

注意：对于查看对象控制盘和巡视建筑控制盘，始终启用此设置，无法将其禁用。

显示工具提示：显示/隐藏控制盘工具提示。如果选中此复选框，将光标悬停在控制盘上的按钮上时会显示工具提示。

注意：对于查看对象控制盘和巡视建筑控制盘，始终启用此设置，无法将其禁用。

显示工具光标文字：显示 / 隐藏光标下的工具标签。

注意：对于查看对象控制盘和巡视建筑控制盘，始终启用此设置，无法将其禁用。

4）环视工具。

反转垂直轴：选中此复选框会交换"环视"工具的上下轴：向前推动鼠标会向下环视，而向后拉动鼠标会向上环视。

5）漫游工具。

约束漫游角度：选中此复选框会使漫游工具遵守世界矢量（在"文件选项">"方向"中设置）。因此，使用漫游工具会使相机捕捉到当前向上矢量。若清除此复选框，漫游工具会忽略世界矢量，且漫游时相机当前向上方向不受影响。

使用视点线速度：若选中此复选框，漫游工具将遵循视点线速度设置。这种情况下，漫游速度滑块的作用将像一个倍增器。若清除此复选框，则漫游工具将使用滑块所设定的固定值独立于视点线速度设置而工作。

漫游速度：在 0.1（非常慢）与 10（非常快）之间设置漫游工具的速度。

6）缩放工具。

启用单击增量放大：若选中此复选框，在"缩放"按钮上单击会增加模型的放大倍数。若清除此复选框，则单击"缩放"按钮时什么也不会发生。

7）动态观察工具。

保持场景正立：若选中此复选框，相机会在模型的焦点周围移动，且动态观察沿着 XY 轴和在 Z 方向上受到约束。若清除此复选框，动态观察工具的行为与旧的"检查"模式相似，且可以围绕轴心点滚动模型。

选择时使轴心居中：若选中此复选框，在使用动态观察工具之前选定的对象将用于计算要用来动态观察的轴心点。轴心点是基于选定对象的范围的中心进行计算的。

10.4.5　模型

使用此节点中的设置可以优化 Navisworks 性能，并为 NWD 和 NWC 文件自定义参数。

（1）性能：使用此页面上的选项可优化 Navisworks 性能。

1）合并重复项：这些选项可通过倍增实例化匹配项目来提高性能，即若存在任何田相同的项目，⊟ Navisworks 可以存储它们的一个实例，并将该实例"复制"到其他位置，而不是将每个项目都存储在内存中。

对于较大的模型，此过程特别有益，因为在较大的模型中存在大量重复的几何图形。

转换时：如果选中此复选框，则在将 CAD 文件转换为 Nviwons 格式时将会合并重复项。

附加时：如果选中此复选框，则在将新文作附加到当前打开的 Navisworks 文件时将会合并重复项。

载入时：如果选中此复选框，则在将文件载入到 Navisworks 中时将会合并重复项。

保存 NWF 时：选中此复选框可在将当前场景保存为 .NWF 文件格式时合并重复项。

2）临时文件位置。

自动：指示 Navisworks 是否自动选择用户 Temp 文件夹。

位置：单击▦打开"浏览文件夹"对话框，然后选择所需的 Temp 文件夹。

3）内存限制。

自动：指示 Navisworks 是否自动确定可以使用的最大内存。选中此复选框会将内存限制设置为可用物理内存或地址空间的最小值，低于操作系统所需的值。

限制（MB）：指定 Navisworks 可以使用的最大内存。

4）载入时。

转换时合并：将原生 CAD 文件转换为 Navisworks 时，将 Navisworks 中的树结构收拢到指定的级别。

无——树完全展开。使用此选项可在导入 DWG 和 DGN 以支持多个碰撞交点时使用多线段拆分为单个段。对于 DGN 文件，还需要选中"文件读取器">"DGN">拆分线复选框，并取消选中"文件读取器">"DGN">"合并圆弧与线段"复选框。对于 DWG 文件，还需要将"文件读取器">"DWG/DXF">"线处理"下拉菜单项设置为>"分割所有线"。

合成对象：将树向上收拢到复合对象级别。

所有对象：将树向上收拢找到对象级别。

层：将树向上收拢找到图层级别。

文件：将树向上收拢找到文件级别。

这使得性能的优先级高于结构 / 特性，并且还通过减少逻辑结构来改进流。尽管 Navisworks 尝试尽可能将项目收拢到最少数量，但在某些情况下需要避免收拢以保持模型的保真度。例如，如果某项目具有自己唯一的特性或材质，那么进行收拢会破坏此信息，因此将不会收拢此项目。

载入时关闭 NWC/NWD 文件：指示 NWC 和 NWD 文件载入到内存中之后是否立即关闭。打开 NWC/NWD 文件时，Navisworks 会锁定它们以进行编辑。如果选中此复选框，则会指示 Navisworks 在将 NWC 或 NWD 文件载入到内存中之后立即将其关闭。这意味着在用户查看这些文件的同时，其他用户可以打开并编辑。

创建参数化图元：选中此复选框可以创建参数化模型（由公式而非顶点描述的模型）。使用该选项可以获得更出色的外观效果、加快渲染速度、减小占用内存大小（尤其是载入的 DGN 和 RVM 文件包含大量的参数化数据，而这些数据不需要在 Navisworks 中转换为顶点的情况）。

注意：当下次载入或刷新文件时，修改该选项会起作用。

载入时优化：

（2）NWD：使用此界面上的选项可启用和禁用几何图形压缩并选择在保存或发布 NWD 文件时是否降低某些选项的精度。

1）几何图形压缩。

启用：选中此复选框可在保存 NWD 文件时常用几何图形压缩。几何图形压缩会导致需要更少的内存，因此生成更小的 NWD 文件。

2）降低精度。

坐标：选中此复选框可降低坐标的精度。

精度：为坐标指定精度值。该值越大，坐标越不精确。

法线：选中此复选框可降低法线的精度。

颜色：选中此复选框可降低颜色的精度。

纹理坐标：选中此复选框可降低纹理坐标的精度。

（3）NWC：使用此页面上的选项可管理缓存文件（NWC）的读取和写入。默认情况下，当 Navisworks 打开原生 CAD 文件（例如，AutoCAD 或 MicroStation）时，它首先在相同的目录中检查是否存在与 CAD 文件同名但使用 nwc 扩展名的缓存文件。如果存在，并且此缓存文件比原生 CAD 文件新，则 Navisworks 会改为打开此文件，且打开的速度更快，因为此文件已转换为 Navisworks 格式。但是，如果不存在缓存文件，或者缓存文件比原生 CAD 文件旧，则 Navisworks 必须打开该 CAD 文件并对其进行转换。默认情况下，它会在相同的目录下写入缓存文件且与 CAD 文件同名，但使用 nwc 扩展名，从而加快将来打开此文件的速度。

1）缓存。

读取缓存：选中此复选框可在 Navisworks 打开原生 CAD 文件时使用缓存文件。如果不希望使用缓存文件，请清除此复选框。这样可确保 Navisworks 在每次打开原生 CAD 文件时都对其进行转换。

写入缓存：选中此复选框可在转换原生 CAD 文件时保存缓存文件。通常，缓存文件比原始 CAD 文件小得多，因此，选择此选项不会占用太多磁盘空间。如果不希望保存缓存文件，请清除此复选框。

2）几何图形压缩，同上 NWD，这里不再赘述。

10.4.6　工具

（1）ClashDetective 页面：使用此页面可调整"ClashDetective"选项。

1）在环境缩放持续时间中查看（秒）：指定视图缩小所花费的时间（使用动画转场）。使用"ClashDetective"窗口的"结果"选项卡上的"在环境中查看⊞"功能时，可使用⊟此选项。

2）在环境暂停中查看（秒）：指定视图保持缩小的时间。执行"在环境中查看"时，只要按住按钮，视图就会保持缩小状态。如果快速单击而不是按住按钮，则该值指定视图保持缩小状态以免中途切断转场的时间。

3）动画转场持续时间（秒）：指定在视图之间移动所花费的时间。在"ClashDetective"窗口的结果网格中单击一个碰撞时，该值用于从当前视图平滑转场到下一个视图。

注意：仅当在"ClashDetective"窗口的"结果"选项卡上选中"动画转场"复选框时，该选项才适用。

4）降低透明度：使用"降低透明度"滑块指定碰撞中不涉及的项目的透明度。

注意：仅当在"ClashDetective"窗口的"结果"选项卡上同时选中"其他变暗"和"降低透明度"复选框时，该选项才适用。

5）使用线框以降低透明度：如果选择此选项，则碰撞中未涉及的项目将显示为线框。

注意：仅当在"ClashDetective"窗口的"结果"选项卡上同时选中"其他变暗"和"降低透明度"复选框时，该选项才适用。

6）自动缩放距离系数：在"结果"选项卡中选择"场景视图"中的某个碰撞后，使用"自动缩放距离系数"滑块可以指定应用于该碰撞的缩放级别。默认设置为 2，1 指最大级别的缩放，而 4 指最小级别的缩放。

注意：如果在"结果"选项卡的"显示设置"可展开面板中选中"保存更改"复选框，则对碰撞的缩放级别所做的任何更改将替代"自动缩放距离系数"设置。

7）自定义高亮显示颜色：使用"自定义高亮显示颜色"选项可以指定碰撞项目的显示颜色。

（2）TimeLiner 页面：使用此页面上的选项可自定义"TimeLiner"选项。

1）报告数据源导入警告：如果选中此选项，则在"TimeLiner"窗口的"数据源"选项卡中导入数据时，如果遇到问题，将会显示警告消息。

2）工作日结束（24h 制）：设置默认工作日结束时间。

3）工作日开始（24h 制）：设置默认工作日开始时间。

4）启用查找：在"任务"选项卡中启用"查找"命令，这样用户可以查找与任务相关的模型项目。启用"查找"命令可能会降低"Navisworks"的性能。

5）日期格式：设置默认日期格式。

6）显示时间：在"任务"选项卡的日期列中显示时间。

7）自动选择附着选择集：指示在"TimeLiner"窗口中选择任务是否会自动在"场景视图"中选择附加的对象。

（3）比较：比较对象或者文件时，使用此页面中的设置可忽略文件名差异。

公差：如果值被放置在此字段中，则该值用于比较某些线性值，包括几何图形变换平移和几何图形偏移值，值默认为 0.0。

忽略文件名特性：选中该选项后，比较工具会忽略在文件名和源文件特性中的差异，默认情况下，此选项处于启用状态。

（4）Quantification：支持三维（3D）和二维（2D）设计数据的集成，可以合并多个源文件并生成数量进行算量。对整个建筑信息模型（BIM）进行算量，然后创建同步的项目视图会将来自 BIM 工具（如 Revit 和 Autodesk 软件）的信息与来自其他工具的几何图形、图像和数据合并起来。

（5）Scripter：使用此页面中的设置可自定义"动画互动工具"选项。

1）消息级别：选择消息文件的内容。从以下选项选择：

用户：消息文件仅包含用户消息（即由脚本中的消息动作生成的消息）。

调试：消息文件包含用户消息和调试消息（即由"Scripter"在内部生成的消息）。通过调试可以查看在更复杂的脚本中正在执行的操作。

2）指向消息文件的路径：使用此框可输入消息文件的位置。如果消息文件尚未存在，Navisworks 会尝试为用户创建一个。

注意：不能在文件路径中使用变量。

（6）Animator：使用此页面中的设置可自定义"动画制作工具"选项。

显示手动输入：指示是否在"Animator"窗口中显示"手动输入"栏。默认情况下，此复选框处于选中状态。

10.4.7　文件读取器

使用此节点中的设置可配置在 Navisworks 中打开原生 CAD 和扫描应用程序文件格式所需的文件读取器，这里选择几个常用的来介绍一下。

（1）DWF：使用此页面可调整 DWF 文件读取器的选项。

1）三维模型中的镶嵌面系数：输入所需的值可控制发生的镶嵌面的级别。镶嵌面系数必须大于或等于 0，值为 0 时，将导致禁用镶嵌面系数。默认值为 1。要获得两倍的镶嵌面数，请将此值加倍。要获得一半的镶嵌面数，请将此值减半。镶嵌面系数越大，模型的多边形数就越多，且 Navisworks 文件也越大。

2）三维模型中的最大镶嵌面偏差：此设置控制镶嵌面的边与实际几何图形之间的最大距离。如果此距离大于"三维模型中的最大镶嵌面偏差"值，则 Navisworks 会添加更多的镶嵌面。如果将"三维模型中的最大镶嵌面偏差"设置为 0，则会忽略此功能。

（2）DWG/DXF 页面：使用此页面可调整 DWG/DXF 文件读取器的选项，如图 10-21 所示。

1）镶嵌面系数：输入所需的值可控制发生的镶嵌面的

图 10-21

级别。镶嵌面系数必须大于或等于 0，值为 0 时，将导致禁用镶嵌面系数。默认值为 1。要获得两倍的镶嵌面数，请将此值加倍。要获得一半的镶嵌面数，请将此值减半。镶嵌面系数越大，模型的多边形数就越多，且 Navisworks 文件也越大。

2）最大镶嵌面偏差：此设置控制镶嵌面的边与实际几何图形之间的最大距离。如果此距离大于"最大镶嵌面偏差"值，Navisworks 会添加更多的镶嵌面。如果将"最大镶嵌面偏差"设置为 0，则会忽略此功能。

3）按颜色拆分：可以根据颜色将复合对象拆分为多个部分。如果要使用此功能，请选中此复选框。例如，可以将一个来自 AchitecturalDesktop 的窗对象拆分为一个窗框和一个窗格。如果清除此复选框，则仅可以作为一个整体选择窗对象，反之，如果选中此复选框，则可以选择单独的窗格和窗框。

注意：Navisworks 将按其颜色命名复合对象的各个部分。

4）默认十进制单位：选择 Navisworks 用于打开使用十进制绘图单位创建的 DWG 文件和 DXF 文件的单位类型。

注意：DWG 文件和 DXF 文件不指定创建时所使用的单位。要调整 Navisworks 中的单位，请使用"单位和变换"选项。

5）合并三维面：指示文件读取器是否将具有相同颜色，图层和父项目的相邻面解释为"选择树"中的单个项目。清除此复选框可将实体保持为"选择树"中的单独项目。

6）线处理：指定文件读取器如何处理线和多段线。选择下列选项之一：

根据规定：此选项按原始 DWG 指定线和多段线的方式读取线和多段线。

按颜色合并线：此选项会合并同一图层上或按颜色匹配的同一代理实体上的所有线。需要更加有效的文件处理和导航时使用此选项。

分隔所有线：此选项会将线的每一段拆分为单独的节点。

需要增强碰撞检查分析时使用此选项。默认情况下，"ClashDetective"会将多段实体视为单个对象，为每个对象对报告一个碰撞结果。对多段线对象进行解组意味着每个线段可以独立于该线的其他段进行碰撞。因此，会报告所有可能的碰撞，而不仅仅是找到的第一个碰撞。

注意：为了使此功能正常工作，需要将"模型" > "性能" > "转换时合并"下拉菜单项设置为"无"，否则，多段线对象将被合并为一个几何图形节点。

7）关闭转换：选中此复选框可转换在 DWG 文件和 DXF 文件中关闭的图层。在 Navisworks 中会将它们自动标记为隐藏。如果清除此复选框，文件读取器会忽略关闭的图层。

8）转换冻结项目：选中此复选框可转换在 DWG 文件和 DXF 文件中冻结的项目。在 Navisworks 中会将它们自动标记为隐藏。如果清除此复选框，文件读取器会忽略冻结的项目。

9）转换实体句柄：选中此复选框可转换实体句柄，并将它们附加到 Navisworks 中的对象特性。如果清除此复选框，文件读取器会忽略实体句柄。

10）转换组：选中此复选框可在 DWG 文件和 DXF 文件内保留组；这样会将另一个选择级别添加到"选择树"中。如果清除此复选框，文件读取器会忽略组。

11）转换外部参照：选中此复选框可自动转换包含在 DWG 文件内的任何外部参照文件。如果稍后在 Navisworks 中自行附加文件，请清除此复选框。

12）合并外部参照图层：选中此复选框可将外部参照文件中的图层与"选择树"中主 DWG 文件中的图层合并。清除此复选框可使外部参照文件与"选择树"中的主 DWG 文件分开。

13）转换视图：选中此复选框可将已命名的视图转换为 Navisworks 视点。如果清除此复选框，文件读取器会忽略视图。

14）转换点：选中此复选框可转换 DWG 文件和 DXF 文件中的点。如果清除此复选框，文件读取器会忽略点。

15）转换线：选中此复选框可转换 DWG 文件和 DXF 文件中的线和圆弧。如果清除此复选框，文件读取器会忽略线。

16）转换捕捉点：选中此复选框可转换 DWG 文件和 DXF 文件中的捕捉点。如果清除此复选框，文件读取器会忽略捕捉点。

17）转换文本：选中此复选框可转换 DWG 文件和 DXF 文件中的文本。如果清除此复选框，文件读取器会忽略文本。

18）默认字体：为已转换的文字设置哪种字体。

19）转换点云：选中此复选框可转换 AutoCAD 点云实体。

20）点云细节：指定要从点云提取多少详图。有效条目在 1 ~ 100 之间，其中 100 表示所有点，10 表示大约 10% 的点，1 表示大约 1% 的点。

21）使用点云颜色：控制点云颜色。选中此复选框可将颜色值用于点云中的点。清除此复选框时，会忽略点云中点的任何颜色值，并会使用实体的普通 AutoCAD 颜色。存储的特定颜色太暗或无意义时，此选项很有用。

22）DWG 加载器版本：指定载入 AutoCAD 文件时要使用哪个版本的 ObjectDBX。通过此选项能够选择在文件中使用的 ObjectEnabler 的正确版本。

注意：如果要修改这些设置，需要重新启动 Navisworks 以应用更改。

23）使用 ADT 标准配置：选中此复选框可使用标准显示配置转换 DWG 文件中的几何图形和材质。清除此复选框可根据几何图形和材质是否显示在当前保存的显示配置中来转换它们。

24）转换隐藏的 ADT 空间：指示是否转换在 DWG 文件中缺少任何可见三维几何图形的空间对象（例如，缺少楼板厚度或天花板厚度的对象）。选中此复选框后，会在 Navisworks 中显示相应的隐藏对象。

注意：此选项不会影响在 DWG 文件中有可见三维几何图形的正常行为。

25）材质搜索路径：Navisworks 会自动搜索默认的 Autodesk 材质路径。使用此框可指定 AutodeskArchitecturalDesktop 材质中使用的纹理文件的其他路径。使用分号分隔路径。

26）渲染类型：指定载入 DWG 文件时用于对象的渲染样式。选择"自动"意味着 Navisworks 会使用在 DWG 文件中保存的渲染样式。如果几何图形未正确显示，请使用下列选项之一调整渲染样式："渲染""着色"或"线框"。

27）转换 Autodesk 材质：选择该选项可转换 Autodesk 材质。文件读取器将转换 Autodesk 材质（如果这些材质可用）。这是默认选项。如果清除此复选框，文件读取器将不会转换 Autodesk 材质。

（3）FBX 页面：使用此页面可调整 FBX 文件读取器的选项。

1）镶嵌面系数：输入所需的值可控制发生的镶嵌面的级别。镶嵌面系数必须大于或等于 0，值为 0 时，将导致禁用镶嵌面系数。默认值为 1。要获得两倍的镶嵌面数，请将此值加倍。要获得一半的镶嵌面数，请将此值减半。镶嵌面系数越大，模型的多边形数就越多，且 Navisworks 文件也越大。

2）最大镶嵌面偏差：此设置控制镶嵌面的边与实际几何图形之间的最大距离。如果此距离大于"最大镶嵌面偏差"值，Navisworks 会添加更多的镶嵌面。如果将"最大镶嵌面偏差"设置为 0，则会忽略此功能。

3）转换骨架：选中此复选框可转换骨架。如果清除此复选框，文件读取器会忽略骨架。（提示：为三维模型制作动画的常见方法中包含创建一种分层铰接式结构的已命名骨

架，其变形会衍生关联模型的变形。骨架的接头位置和置换强行规定模型如何移动）

4）转换光源：选中此复选框可转换光源。如果清除此复选框，文件读取器会忽略光源。

5）转换纹理：选中此复选框可转换纹理。如果清除此复选框，文件读取器会忽略纹理。

6）转换 Autodesk 材质：FBX 文件可以包含 Autodesk 材质或原生材质。选中此复选框可转换 Autodesk 材质，导出器将尝试转换 Autodesk 材质（如果这些材质是可用）。如果要将原生 FBX 材质转换为 Presenter 材质，请清除此复选框。

（4）IFC 页面：使用此页面可调整 IFC 文件读取器的选项，如图 10-22 所示。此处将 RevitIFC 勾掉，其他命令即可调整。

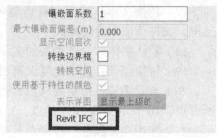

图 10-22

1）镶嵌面系数：输入所需的值可控制发生的镶嵌面的级别。镶嵌面系数必须大于或等于 0，值为 0 时，将导致禁用镶嵌面系数。默认值为 1。要获得两倍的镶嵌面数，请将此值加倍。要获得一半的镶嵌面数，请将此值减半。镶嵌面系数越大，模型的多边形数就越多，且 Navisworks 文件也越大。

2）最大镶嵌面偏差：此设置控制镶嵌面的边与实际几何图形之间的最大距离。如果此距离大于"最大镶嵌面偏差"值，Navisworks 会添加更多的镶嵌面。如果将"最大镶嵌面偏差"设置为 0，则会忽略此功能。

3）显示空间层次：选中此复选框可将 IFC 模型显示为"选择树"中的一个树结构。清除此复选框可将 IFC 模型显示为"选择树"中的一个简单元素列表。

4）转换边界框：选中此复选框可提取边界框并可视化。如果清除此复选框，文件读取器会忽略边界框。

5）转换空间：选中此复选框可提取空间并可视化。如果清除此复选框，文件读取器会忽略空间。

6）使用基于特性的颜色：选中此复选框可转换并使用基于特性的颜色。

提示：如果某个 IFC 文件在载入时以黑色为主，请清除此复选框以恢复为使用 IFC 标准颜色。

7）表示详图：指定 IFC 元素的可视表示的级别。IFC 元素可以有多个可视表示，如边界框（最简单）、线、带样式的线、多边形和带样式的多边形（最复杂）。载入并显示所有这些表示可能会导致视觉杂乱并增加内存开销。从以下选项中选择：

只最上级的——用于载入并显示最复杂的可用细节级别的同时，忽略较简单的细节级别。

显示最上级的——用于载入所有表示，但仅显示可用的最高细节级别。

显示所有——用于载入并显示可用的所有表示。

H Revit IFC——默认使用 RevitIFC 文件设置。

（5）Inventor 页面：使用此页面可调整 Inventor 文件读取器的选项。

1）活动项目：指定当前 Inventor 项目的路径。

2）转换工作曲面：选中此复选框可转换工作曲面。如果清除此复选框，文件读取器会忽略工作曲面。这是默认选项。

3）使用上一种激活的表示法加载程序集：选中此复选框可以使用上一种激活的表示法加载 Inventor 部件。

4）快速模式：选中此复选框可以提高加载 Inventor 部件的速度。即便选中此复选框，从 FactoryDesignSuite 中加载 Inventor 文件时，快速模式也会处于禁用状态。

5）转换 Autodesk 材质：选择该选项可转换 Autodesk 材质。文件读取器将转换 Autodesk 材质（如果这些材质可用）。这是默认选项。如果清除此复选框，文件读取器将不会转换 Autodesk 材质。

6）转换点云：使用此选项可加载包含点云数据的 Inventor 模型，从而利用 RcCap 功能。默认情况下，此选项处于选中状态。

（6）ReCap 页面：使用此页面可调整 ReCap 文件读取器的选项。

1）转换模式：控制打开 ReCap 项目时如何对其进行转换。有以下选项：

项目链接：在 Navisworks 中作为单个项目打开的项目，该项目代表到项目的链接。

扫描：在 Navisworks 中对每个扫描的单独对象执行打开的项目操作。

体素：在 Navisworks 中打开的项目，该项目包含组织为每个扫描组的每个体素（点立方体）的单独项目。

2）交互式点最大数目：指定在交互式导航过程中由 ReCap 引擎绘制的点的最大数目。默认值为 500000 个点。增加点数可提高渲染质量，但会降低帧频。

3）最大内存（MB）：指定将为 ReCap 引擎分配的最大内存量，以 MB 为单位。默认值为 0。这表示将按如下方式分配内存资源：在 32 位计算机上为 0.5GB，在 64 位计算机上为总内存量的 1/3 或 4GB（取较小者）。如果希望 ReCap 引擎使用更多内存资源，则可以更改该值。

4）点云密度：指定渲染点的密度。默认设置为 100%。这意味着当渲染 ReCap 文件时，Navisworks 将尝试为每个体素渲染一个点，仅需使用足够的点来形成紧密的外观。还可以将点云密度降低到 100% 以下，渲染较少的点来形成稀疏的外观。还可以将点云密度增加到 100% 以上，为每个体素渲染多个点。这可以进一步提高渲染质量，但会显著延长填充所有细节的时间。

注意：当使用"项目链接"转换模式时，仅有的点云密度重要值为 10%、50%、25%、12%、6%、3% 和 1%。所有其他值将表现得和相邻的最低重要值一样。

5）点之间的距离：确定 ReCap 点云中两点之间的距离。使用此选项可以限制为磁撞检测和显示而检索的点数，从而在处理包含许多点的大型 ReCap 文件时获得更快的渲染和改进的性能。

6）缩放交互式点的大小：确定在交互式导航过程中由 ReCap 引擎绘制的点的大小。默认情况下，此复选框处于选中状态。绘制较大的点以填充点之间的间隙，从而生成更平滑的渲染外观。如果清除该复选框，则绘制正常大小的点，这会增加点之间的间隙。

7）交互式点最大数目：指定交互式缩放时点的最大数目。

8）应用照明：默认情况下，此复选框处于清除状态，颜色和光源值将从输入文件提取。如果要改为使用 Navisworks 照明模式，请选中此复选框。

9）发布时嵌入外部参照：此选项控制在使用选定的"嵌入 ReCap 和纹理数据"选项发布 NWD 时发生的情况。此选项不适用于 NavisworksFreedom。

禁用：ReCap 文件将不会嵌入到已发布的 NWD。

快速访问：ReCap 文件将按照"原样"嵌入已发布的 NWD，以便 NWD 尽可能快地打开。数据未压缩或加密。

已压缩：ReCap 文件将按已发布的 NWD 中的其他数据样进行处理。它们将被压缩，并且如果使用了密码，则将被加密。打开已发布的文件时，需要等待提取 ReCap 文件。

10.5　选项卡

10.5.1　常用选项卡

（1）项目。项目中的命令选项主要是对整个项目进行设置。首先是项目的附加和合并，这一选项在之前的章节中讲解过，这里不再进行赘述。其后是刷新命令，刷新项目中的文件。该操作可以将 Revit 中所做的模型修改刷新到 Navisworks 中进行同步修改。此处需要注意的是在 Revit 中进行修改操作之后，需要保存，然后再次在 Navisworks 中进行刷新，方可进行同步。步骤如下：

①使用 Revit 打开模型文件。②使用 Navisworks 直接打开 Revit 模型文件，注意此刻没有进行 NWC 文件的导出。③在 Revit 中进行模型的修改，例如删掉某个模型，然后进行保存。④打开 Navisworks 软件，单击刷新命令进行模型的更新。

注意：在此过程中的 Revit 软件和 Navisworks 软件是同时打开的，来进行两个软件之间的协同同步操作。

下一个命令是全部重置，重置 Navisworks 中对模型图元的一些更改，比如添加了颜色、透明度、位置、链接等信息，如图 10-23 所示，即为给模型添加了颜色和透明度及链接，并进行了模型的移动旋转变换。重置的操作包括外观（将所有颜色和透明度替换重置为原始设计文件中的值）、变换（重置所有变换替代）、链接（将项目中的所有链接重置为其原始状态）。该选项需要对模型图元进行操作之后才能体现它的价值，读者可以在学习完成项目工具中的操作之后再进行尝试即可。

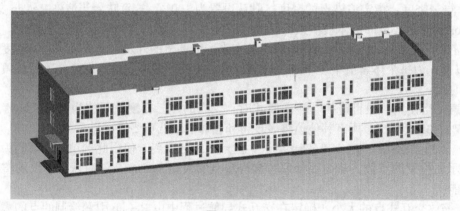

图 10-23

该面板中最后一个命令是文件选项，如图 10-24 所示。该选项中主要控制模型的外观和围绕它导航的速度，还可以创建指向外部数据库的链接并进行配置。某些选项卡仅在使用三维模型时可用。修改此对话框中的任何选项时，所做更改将保存在当前打开的 Navisworks 文件中，且仅应用于此文件。

1）消隐：使用此选项卡可在打开的 Navisworks 文件中调整几何图形消隐。"剪裁平面"和"背面"选项仅适用于三维模型。

A. 区域。

①启用：指定是否使用区域消隐。

②指定像素数：为屏幕区域指定一个像素，低于该值就会消隐对象。例如将该值设置为 100 像素意味着在该模型内绘制的大小小于 10×10 像素的任何对象会被丢弃。

图 10-24

B. 剪裁平面。

①近。

自动：选择此单选按钮可使 Navisworks 自动控制近剪裁平面位置，以提供模型的最佳视图，此时"距离"框变成不可用。

受约束：选择此单选按钮可将近剪裁平面约束到在"距离"框中设置的值。Navisworks 会使用提供的值，除非这样做会影响性能（例如使整个模型不可见），这种情况下它会根据需要调整近剪裁平面位置。

固定：选择此单选按钮可将近剪裁平面设置为在"距离"框中提供的值。

距离：指定在受约束模式下相机与近剪裁平面位置之间的最远距离。指定在固定模式下相机与近剪裁平面位置之间的精确距离。

注意：相机与近剪裁平面之间不会绘制任何内容；当用户替代自动模式时，请使此值足够小以显示用户的数据。而且，使用低于 1 的值替换自动模式可能会产生难以预测的结果。

②远。

单选按钮可使 Navisworks 自动控制远剪裁平面位置，以提供模型的最佳视图。"距离"框变成不可用。

受约束：选择此单选按钮可将远剪裁平面约束到在"距离"框中设置的值。Navisworks 会使用提供的值，除非这样做会影响性能（例如使整个模型不可见），这种情况下它会根据需要调整远剪裁平面位置。

固定：选择此单选按钮可将远剪裁平面设置为在"距离"框中提供的值。

距离：指定在受约束模式下相机与远剪裁平面位置之间的最近距离。指定在固定模式下相机与远剪裁平面位置之间的精确距离。

注意：不会在此平面之外绘制任何内容，当替代自动模式时，请使此值足够大以包含用户的数据。另外，远剪裁平面与近剪裁平面的比率超过 10000 可能会产生不希望的效果。

C. 背面：为所有对象打开背面消隐。从以下选项中选择：

①关闭：关闭背面消隐。

②立体：仅为立体对象打开背面消隐。这是默认选项。

③打开：为所有对象打开背面消隐。

提示： 如果用户可以看穿某些对象，或者缺少某些对象部件，请关闭背面消隐。

2）方向：使用此选项卡可调整模型的真实世界方向。此选项卡仅适用于三维模型。

①向上。

X、Y、Z：指定 X、Y 和 Z 坐标值。默认情况下，Navisworks 会将正 Z 轴作为"向上"。

②北。

X、Y、Z：指定 X、Y 和 Z 坐标值。默认情况下，Navisworks 会将正 Y 轴作为"北方"。

3）速度：可调整帧频速度以减少在导航过程中忽略的数量。

帧频：指定在"场景视图"每秒渲染的帧数（FPS）。默认设置为 6。可以将帧频设置为 1 帧 / 秒至 60 帧 / 秒之间的值。减小该值可以减少忽略量，但会导致在导航过程中出现不平稳移动。增大该值可确保更加平滑地导航，但会增加忽略量。

提示： 若此操作不会改善导航，请尝试禁用"保证帧频"选项。

4）头光源：可为"顶光源"模式更改场景的环境光和顶光源的亮度。此选项卡仅适用于三维模型。

①环境光：使用该滑块可控制场景的总亮度。

②顶光源：使用该滑块可控制位于相机上的光源的亮度。

注意： 若要在"场景视图"中查看所做更改对模型产生的影响，请应用功能区中的"头光源"模式。

5）场景光源：可为"场景光源"模式更改场景的环境光的亮度。此选项卡仅适用于维模型。

环境光：使用该滑块可控制场景的总亮度。

提示： 要查看所做更改对"场景视图"中的模型所产生的效果，请在功能区中应用"场景光源"模式。

6）DataTools 可在打开的 Navisworks 文件与外部数据库之间创建链接并进行管理。

DataTools 链接：显示 Navisworks 文件中的所有数据库链接。选中该链接旁边的复选框可将其激活。

①注意：无法激活配置信息不足或无效的链接。

②新建：打开"新建链接"对话框，可以在其中指定链接参数。

③编辑：打开"编辑链接"对话框，可以在其中修改选定数据库链接的参数。

④删除：删除选定的数据库链接。

⑤导入：用于选择并打开先前保存的 DataTools 文件。

⑥导出：将选定数据库链接另存为一个 DataTools 文件。

（2）可见性。

1）隐藏：可以隐藏当前选择中的对象，以使它们不会在"场景视图"中被绘制。希望隐藏模型的特定部分时，这是很有用的。

2）强制可见：虽然 Navisworks 将在场景中以智能方式排定进行消隐的对象的优先级，但有时会忽略需要在导航过程时保持可见的几何图形。这时需要通过设置使对象成为强制项目，可以确保在交互式导航过程中始终对这些对象进行渲染，即始终保持这些几何图形的可见（此情况适用于大型项目，当进行交互式导航时，模型会进行不同程度的消隐，如果不想让模型进行消隐，可以选中不想进行消隐的模型，然后进行强制可见，保持其始终是可见的状态）。

3）隐藏未选定的对象：可以隐藏除当前选定项目之外的所有项目，以使它们不会在"场景视图"中被绘制。仅希望查看模型的特定部分时，这是很有用的。

注意：在"选择树"中，标记为隐藏的项目显示为灰色。

4）取消隐藏所有对象：

A. 显示全部：即显示所有被隐藏的几何图形。

B. 取消强制所有项目：取消所有已经强制可见的几何图形，使其在进行交互式导航时不再始终可见。

（3）显示。

1）显示链接：可以在"场景视图"中打开和关闭在项目工具中添加的链接。打开链接时，通过选项编辑器中的链接设置可以在"场景视图"中显示的链接数、隐藏碰撞图标和使用消隐，可以降低屏幕的凌乱程度。由于某些标准链接类别可以与注释相关联，因此可以选择仅绘制具有附加注释的链接。

2）快捷特性：可以在"场景视图"中打开和关闭快捷特性。Navisworks 会记住任务之间选定的可见性设置。

打开"快捷特性"时，在"场景视图"中的对象上移动光标时，可以在工具提示样式窗口中查看特性信息，如图 10-25 所示。用户无须首先选择对象。快捷特性工具提示会在几秒钟后消失。

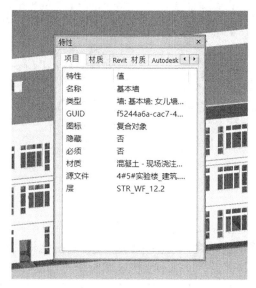

图 10-25

默认情况下，快捷特性显示对象的名称和类型，可以使用"选项编辑器"中的"界面"中的"快捷特性"来定义显示哪些特性。通过配置的每个定义，可以在快捷特性中显示其他类别 / 特性组合。可以选择是否在快捷特性中隐藏类别名称。

注意：将鼠标移到无请求特性的对象上时，Navisworks 将在选择树中向上搜索包含该信息的父对象，并改为显示此父对象，从而最大限度地获得有用信息。

3）特性：该命令按钮是控制特性窗口的显示和关闭的。特性窗口中将显示选定对象的相关特性信息。

特性窗口是一个可固定窗口，其中包含专用于和当前选定对象关联的每个特性类别的选项卡。默认情况下，不显示内部文件特性，如变换特性和几何图形特性。通过选项编辑器可以启用这些特性；可以使用"特性"关联菜单创建并管理自定义对象特性以及链接；还可以将更多对象特性从外部数据库引入 Navisworks，并在特性窗口中特定于数据库的选项卡上显示这些特性。

注意：特性栏显示的特性信息是和选择精度有关的，读者可以在读完选择精度后再次尝试，选择精度不同，得到的特性信息也是不一样的。

10.5.2　视点选项卡

（1）相机。

1）透视：使用透视图显示视点，即以透视方式观察视图。

2）正视：不使用透视图显示视点。

"正视"投影也称为平行投影。"透视"投影视图基于理论相机与目标点之间的距离进行计算。相机与目标点之间的距离越短，显示的透视效果越失真；距离越长，对模型产生的失真影响越小。"正视"投影视图显示所投影的模型中平行于屏幕的所有点。

由于无论距相机有多远，模型的所有边都显示为相同的大小，因此在平行投影模式下使用模型会更容易。但是平行投影模式并非读者通常在现实世界中观看对象的方式，现实世界中的对象是以透视投影呈现的。因此，当读者要生成模型的渲染或隐藏线视图时，使用透视投影可以使模型看起来更真实。如图 10-26 和图 10-27 所示显示了从相同的方向查看到的相同模型，但使用了不同的视图投影。

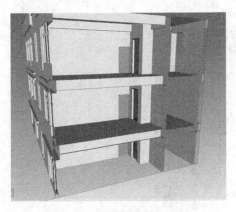

图 10-26

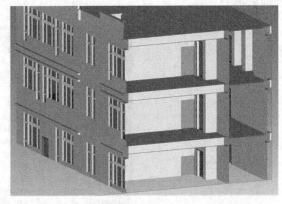

图 10-27

3）视野：定义在三维空间中通过相机查看的场景视图范围。向右移动滑块会产生更宽的视图角度，而向左移动滑块会产生更窄的或更加紧密地聚焦的视图角度。该值最小为 0.1°，最大为 179°。可以直接通过拖动滑块来调整视野，也可以通过在后面的数字栏中直接输入相应的数值（通常正常人在水平面内的视野是左右视区大约在 60° 以内的区域）。

4）对齐相机。

X 排列：沿着 X 轴对其相机位置，与 X 轴对齐会在前面视图和背面视图之间转换。

Y 排列：沿着 Y 轴对齐相机位置，与 Y 轴对齐会在左面视图和右面视图之间进行切换。

Z 排列：沿着 Z 轴对齐相机位置，与 Z 轴对齐会在顶面视图和底面视图之间进行切换。

伸直：将相机与视点向上进行矢量对齐，此命令仅适用于当模型与矢量方向角度不大时，方可进行伸直。如果使用该命令操作，模型与矢量角度太大时，该命令就无法识别到要与哪个方向的矢量进行对齐，导致命令无法进行。该命令仅适用于单方向矢量对齐。

5）显示倾斜控制栏·该命令是控制倾斜控制栏的显示和关闭。倾斜角度是采用场景单位指示的，窗口的中心为地平线（0），低于地平线为负值，高于地平线为正值。可以将"倾斜"窗口与导航栏上的"漫游"工具一起使用来从下往上看 / 从上往下看。如果鼠标有滚轮，也可以使用鼠标来调整倾斜角度。

（2）渲染样式。

1）光源。

全光源：此模式使用已通过"Autodesk渲染"工具或"Presenter"工具定义的光源。

场景光源：此模式使用已从CAD文件提取的光源。如果没有可用光源，则将改为使用两个默认的相对光源。可以在文件选项对话框中自定义场景光源的亮度。

头光源：此模式使用位于相机上的一束平行光，它始终与相机指向同一方向。

可以在"文件选项"对话框中自定义"头光源"特性。

无光源：此模式将关闭所有光源。场景使用平面渲染进行着色。

2）模式。

渲染通过使用已设置的照明和已应用的材质及环境设置（如背景）对场景的几何图形进行着色。在Navisworks中，可以使用四种渲染模式来控制在"场景视图"中渲染项目的方式。从左到右的顺序为"完全渲染""着色""线框"和"隐藏线"。

完全渲染：在完全渲染模式下，将使用平滑着色（包括已使用"Autodesk渲染"工具或"Presenter"工具应用的任何材质，或已从程序自有CAD文件提取的任何材质）渲染模型。

着色：在"着色"模式下，将使用平滑着色且不使用纹理渲染模型。

线框：在"线框"模式下，将以线框形式渲染模型。因为Naviswoks使用三角形表示曲面和实体，所以在此模式下所有三角形边都可见。

隐藏线：在"隐藏线"模式下，将在线框中渲染模型，但仅显示对相机可见的曲面和镶嵌面边。

注意：在线框模式下，曲面渲染为透明的，而在隐藏线模式下曲面渲染为不透明的。

3）可以在"场景视图"中启用和禁用"曲面""线""点""捕捉点"和"三维文字"的绘制。"点"是模型中的真实点，而"捕捉点"用于标记其他图元上的位置（例如圆的圆心），且对于测量时捕捉到该位置很有用。

曲面：显示、隐藏曲面几何图形。

线：可以在模型中切换线的渲染。还可以使用"选项编辑器"更改绘制线的线宽。

点：点是模型中的实际点。例如，在激光扫描文件中，"点云"中的点。可以在模型中切换点的渲染。还可以使用"选项编辑器"更改绘制点的大小。

捕捉点：捕捉点是模型中的暗示点，例如，球的中心点或管道的端点。可以在三维模型中切换捕捉点的渲染。还可以使用"选项编辑器"更改、绘制捕捉点的大小。

三维文字：可以在三维模型中切换文字的渲染。二维图纸不支持此功能。

注意：读者在操作的时候可能会发现自己的操作面板不能进行启用和禁用的操作，这是因为当前模型中不包含文字、点等信息。

10.5.3 查看选项卡

（1）轴网和标高。

1）显示轴网：此命令按钮控轴网的显示关闭。通过轴网的显示来方便对模型进行更加方便地观察，来更加明确图形元素所处的位置。

2）模式。

上方和下方：在紧挨相机位置上方和下方的级别上显示活动轴网。

上方：在相机位置正上方标高处显示活动轴网。

下方：在相机位置正下方标高处显示活动轴网。

全部：在所有可用级别上显示活动轴网。

固定：在用户指定的一个级别上显示活动轴网。（如果选择此选项，则可以在"显示标高" ⭘下拉列表中指定标高）

3）上方显示的选项是选择轴网来自哪个场景的文件，下方的选项是当模式为固定的时候，轴网是显示在哪一个标高上的轴网，如图 10-28 所示。

图 10-28

注意：轴网和标高面板右下角有一个箭头，单击该箭头可以进入到选项编辑器进行轴网的显示设置。

（2）场景视图。

1）全屏：在"全屏"模式下，当前场景视图会占据整个屏幕。要在场景视图中与模型交互，可以使用 Viewcube、导航栏、键盘快捷键和关联菜单。若想要退出全屏可使用快捷键 F11，或在场景视图中单击鼠标右键进行操作。

提示：若使用两个显示器，则会自动将默认场景视图放置在主显示器上，且可以将该界面放置到辅助显示器上以控制交互。

2）拆分视图工具提供水平和垂直拆分活动场景视图，方便从不同角度对模型进行观察。

3）背景：在 Navisworks 中，可以选择要在"场景视图"中的使用效果。当前，提供了以下选择：

单色：场景的背景使用选定的颜色补充。这是默认的背景样式，此背景可用于三维模型和二维图纸。

渐变：场景的背景使用两个选定颜色之间的平滑渐变色填充。此背景可用于三维模型和二维图纸。

地平线：三维场景的背景在地平面分开，从而生成天空和地面的效果，生成的仿真地平仪可指示用户在三维世界中的方向。默认情况下，仿真地平仪将遵守在文件选项 > 方向中设置的世界矢量。二维图纸在正交模式下不支持此背景。

提示：仿真地平仪是一种背景效果，不包含实际地平面。因此，若"在地面下"导航并仰视，并不会产生"埋在地下的视觉效果，而将从下面看到模型和使用天空颜色填充的背景"。

4）窗口尺寸：此选项可调整活动场景视图的内容大小。单击此选项会弹出一个对话框：

使用视图：使内容填充当前活动场景。

显式：为内容定义精确的宽度和高度。

使用纵横比：输入高度时，使用当前场景视图的纵横比自动计算内容的宽度，或者输入宽度时，使用当前场景视图的纵横比自动计算内容的高度。

如果选择了"显式"或"使用纵横比"选项，请以像素为单位输入内容的宽度和高度。

5）显示标题栏：当进行了拆分视图命令之后，可以通过此命令控制视图区域上方的标题栏是否可见。

10.5.4　项目工具

（1）返回。

返回处于当前视点处的设计应用程序。此功能可用在后期做完碰撞检测之后，选择模型元素，进行返回到最初设计的应用程序进行修改。步骤如下：

1）对于 Revit 和基于 Revit 的产品，以常规方式打开，然后初始化 Navisworks SwitchBack 2018 附加模块：

①打开任何现有项目，或创建一个新项目。

②单击"附加模块"选项卡>"外部工具">"NavisworksSwichBack2018"以将其启用。现在，可以关闭项目，但不要关闭 Revit。

2）返回到 Navisworks 并打开所需的文件。只要使用的是从 Revit 中导出的 NWC 文件，或已保存的 NWF 或 NWD 文件，就可以返回到 Revit。

3）在"场景视图"中选择对象，然后单击"项目工具"选项卡>"返回"面板>"返回"。Revit 将加载相关的项目，查找并选择对象，然后对其进行缩放。如果对选定对象的返回操作不成功，并且用户收到一条错误消息，请尝试进一步选择 Navisworks 中的"选择树"。

提示：或者，在"ClashDetective"窗口中的"结果"选项卡上，可以单击"返回"按钮。

注意：如果尝试使用返回 RVT 文件不在其保存时所在的位置，系统会显示一个对话框，询问用户是否要浏览到 RVT 文件。首次使用"返回"功能加载 Revit 文件时，将在 Navisworks 中创建一个基于所选投影视图模式的三维视图。下一次使用"返回"功能加载 Revit 文件时，同样的投影视图模式将会加载，除非在 Navisworks 中更改了投影视图模式。

（2）保持选定。

在 Navisworks 中围绕模型导航时，可以"拾取"或保持选定项目，并可在模型中来回移动。

（3）观察。

1）关注项目：将当前视图聚焦于选定项目，处于焦点模式时，单击某个项目旋转相机，单击的点则处于视图中心。

2）缩放：缩放相机以使选定项目填充场景视图。

（4）可见性。

1）隐藏：可以隐藏当前选择中的对象，以使它们不会在"场景视图"中被绘制。希望隐藏模型的特定部分时，这是很有用的。

2）强制可见：虽然 Navisworks 将在场景中以智能方式排定进行消隐的对象的优先级，但有时它会忽略需要在导航时保持可见的几何图形。这时需要通过使对象成为强制可见的项目状态，以确保在交互式导航过程中始终对这些对象进行渲染，即始终保持这些几何图形的可见（此情况适用于大型项目，当进行交互式导航时，模型会进行不同程度的消隐，如果不想让模型进行消隐，可以选中不想进行消隐的模型，然后进行强制可见，保持其始终是可见的状态）。

（5）变换。

1）移动：使用平移小控件平移选定的项目。可以通过红色、蓝色和绿色的箭头对当前选定项目分别进行单方向平移操作，也可以通过选择红色平面、绿色平面和蓝色平面对当前选定项目分别进行两个方向的平移操作。

2）旋转：使用旋转小控件平移选定的项目。可以通过红色、蓝色和绿色的箭头对当前旋转的旋转中心进行单方向平移操作，来确定旋转中心的位置。确定旋转中心也可以通过将鼠标放到白色小球上面，按住鼠标左键进行拖动确定旋转中心的位置，也可以通过选择红色扇形面、绿色扇形面和蓝色扇形面对当前选定项目进行单方向的旋转操作。

3）缩放：使用缩放小控件平移选定的项目。可以通过红色、蓝色和绿色的箭头对当前选定项目进行单方向平移操作；通过选择红色三角面、绿色三角面和蓝色三角面对当前选定项目进行两个方向的缩放操作；通过将鼠标放到白色小球上面，按住鼠标左键进行拖动鼠标可以实现对当前选定项目的三个方向的缩放操作。

4）重置变换：将选定项目的位置、旋转和比例重置为其原始值。

5）单击变换面板中的向下三角箭头可以打开一个隐藏选项，如图 10-29 所示。

图 10-29

在该面板中可以实现对选定项目的精确位置、旋转、缩放、变换中心的调控。可以直接输入精确的数值进行变换。左下角位置还有一个磁铁样式的图标是捕捉项目，使用此选项可以在移动小控件时捕捉到边和顶点，而在旋转小控件时支持捕捉到角度增量。再往下是图钉样式图标，该图标可以将该隐藏面板进行锁定，如果不锁定该面板，当鼠标移开的时候该面板会收回隐藏。

（6）外观。

1）透明度：设置选定项目的透明度，可以通过滑块快速改变选定项目的透明度，也可以在后面的输入框中直接输入数值进行透明度的调整。

2）颜色：设置选定项目的颜色，如图 10-30 所示。

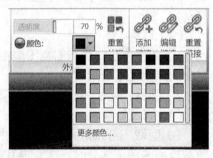

图 10-30

单击"颜色"选择框可以选择想要变换的颜色。如果此选择框内的预设颜色不能满足用户的需要，可以单击左下角的"更多颜色"进行自定义颜色的设置，可以通过先选择基本颜色作为底色，然后再使用色调、饱和度、亮度系统或红（R）绿（G）蓝（B）系统对颜色进行调节。最后单击"添加到自定义颜色"进行使用。

3）重置外观：重置选定项目的颜色和透明度。

（7）链接。

添加链接：添加指向选定项目的链接。可以添加指向各种数据源如电子表格、网页、脚本、图形、音频和视频文件等的链接。一个对象可以具有多个附加到它的链接，但是在"场景视图"中仅显示一个链接（称为默认链接）。默认链接是首先添加的链接，如有必要，可以将其他链接标记为默认链接。

添加一个链接分四步：①为当前链接起一个名称；②选择链接到的文件或 URL，文件的可选类型如图 10-31 所示；③选择链接的类别或者直接输入用户需要自定义的类别；④添加连接点，一个链接可以有很多连接点同时指向当前链接。添加完成之后，如果不满意，也可以全部清除重新添加连接点。

```
音频 (*.wav, *.snd, *.mp3, *.wma, *.ogg, *.mid)
视频 (*.avi, *.mpeg, *.mpg, *.qt, *.mov, *.wmv, *.asf)
Navisworks (*.nwd, *.nwf, *.nwc)
图像 (*.bmp, *.dib, *.gif, *.ico, *.cur, *.jpg, *.jpeg, *.png, *.wmf, *.tiff, *.tif, *.tga)
HTML (*.htm, *.html, *.htx, *.asp, *.alx, *.stm, *.shtml, www.*, http:*, *.php, https:*, ftp:*)
文档 (*.doc, *.txt, *.xls, *.rtf, *.ppt, *.pps, *.pub, *.pdf)
全部 (*.*)
```

图 10-31

　　编辑链接：可以对已经添加的链接的选定项目进行再次编辑，也可以对未添加的选定项目添加新的链接。单击"编辑链接"，如图 10-32 所示。

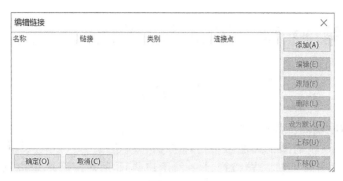

图 10-32

　　添加：进行新的链接的添加。

　　编辑：选择已经添加的链接进行再次编辑，回到上一步添加链接的编辑界面中。

　　跟随：选择已经添加的链接，单击"跟随"，可以跳转到链接到的文件或 URL。

　　删除：将添加的链接进行删除。

　　设为默认：当添加多个链接之后，可以选择哪个链接是默认的链接选项。

　　上移：添加多个链接时，进行链接向上移动的操作。

　　下移：添加多个链接时，进行链接向下移动的操作。

　　重置链接：重置选定项目上的链接将删除读者手动添加到该对象的所有链接。如果出现错误，可使用快速访问工具栏上的"撤消"按钮。

第 11 章 核心功能的认识及操作

11.1 漫游

11.1.1 导航栏辅助工具——导航栏

查看选项卡，导航辅助工具面板中可以看到导航栏命令，可以从导航栏访问通用导航工具和特定产品的导航工具。导航栏是一种用户界面元素，用户可以从中访问通用导航工具。

通用导航工具（例如 ViewCube、3Connexion 和 SteeringWheels）是在许多 Autodesk 产品中都提供的工具，特定于产品的导航工具为该产品所特有。导航栏沿"场景视图"的一侧浮动。

通过单击导航栏中任意一个按钮，或从单击分割按钮的较小部分时显示的列表中选择一种工具来启动导航工具，如图 11-1 所示，当在查看选项卡下的导航辅助工具 ViewCube 打开时，导航栏中将不显示 ViewCube 工具图标。导航栏中图标从上到下表示，如图 11-1 所示。

1）SteeringWheels：用于在专用导航工具之间快速切换的控制盘集合。

2）平移工具：激活平移工具并平行移动屏幕视图。

3）缩放工具：用于增大或减小模型的当前视图比例的一组导航工具。

4）动态观察工具：用于在视图保持固定时，围绕轴心点旋转模型的一组导航工具。

5）环视工具：用于垂直和水平旋转当前视图的一组导航工具。

6）漫游和飞行工具：用于围绕模型移动和控制真实效果设置的一组导航工具。

图 11-1

7）选择工具：几何图形选择工具，用于用户无法在选择几何图形时导航整个模型。

注意：在二维工作空间中，仅二维导航工具（例如二维 SteeringWheels、平移、缩放和二维模式 3Dconnexion 工具）可用。

导航栏默认固定位置在场景视图右上方显示，可以通过单击右下角自定义按钮进行固定位置的选择，分别有左上、右上、左下、右下进行导航栏位置的选择。

通过单击"查看"选项卡 > "导航辅助工具" > "导航栏"选项可以进行"导航栏"的关闭、打开设置，当然也可以通过单击"场景视图"中导航栏右上角的"关闭"按钮直接进行关闭。

11.1.2 辅助工具——ViewCube

（1）ViewCube 工具可进行单击拖动，可用来在模型的各个视图之间切换。显示 ViewCube 工具时，默认情况下它将位于"场景视图"的右上角，模型的上方，且处于不活动状态的 ViewCube 工具在视图发生更改时可提供有关模型当前视点的直观反映，将光标放置在 ViewCube 工具上后，ViewCube 将变为活动状态，可以单击或拖动 ViewCube，来切换到可用的预设视图或更改为模型的主视图，如图 11-2 所示。

（2）控制 ViewCube 的外观，ViewCube 工具以不活动状态或活动状态显示。当 ViewCube 工具处于不活动状态时，默认情况下它显示为半透明状态，这样便不会遮挡模型的视图；当 ViewCube 工具处于活动状态时，它显示为不透明状态，并且可能会遮挡模型当前视图中对象的视图。

　　除了可以控制 ViewCube 处于不活动状态时的不透明度外，还可以控制其大小和指南针的显示，用于控制 ViewCube 外观的设置位于"选项编辑器"中。

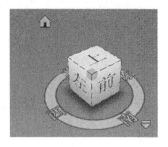

图 11-2

　　（3）使用指南针。指南针显示在 ViewCube 工具的下方并指示为模型定义的北向，基本方向文字以旋转模型，也可以单击并拖动其中一个基本方向文字或指南针圆环绕指定轴心点以交互方式旋转模型。

　　（4）ViewCube 菜单选项，在 ViewCube 上单击右键将显示菜单选项：

　　主视图：恢复随模型一起保存的主视图，该视图与"SteeringWheels"菜单中的"转至主视图"选项同步。

　　透视：将当前视图切换至透视投影。

　　将当前视图设定为主视图：定义模型的主视图。

　　将当前视图设定为前视图：定义模型的前视图。

　　ViewCube 选项：显示"选项编辑器"，可以在其中调整 ViewCube 工具的外观和行为。

　　帮助：启动联机帮助系统并显示有关 ViewCube 工具的主题。

11.1.3　辅助工具——HUD

　　HUD（平视显示仪）是提供有关第三人在三维工作空间中的位置和方向信息的屏幕显示仪。此工具在二维工作空间中不可用。

　　在 Navisworks 中，可以使用下列 HUD（平视显示仪）元素：

　　（1）XYZ 轴：如图 11-3 所示，显示相机的 X，Y、Z 方向或第三人的眼位置（如果第三人可见）。"XYZ 轴"指示器位于"场景视图"的左下角。

　　（2）位置读数器，如图 11-4 所示。显示相机的绝对 X、Y、Z 位置或第三人的眼位置（如果替身可见）。"位置读数器"位于"场景视图"的左下角。

　　（3）轴网位置，显示相机相对于活动轴网的轴网和标高位置，如图 11-5 所示。轴网位置指示器位于"场景视图"左下角。

X: 18.020 m　Y: -26.039 m　Z: 25.088 m　　　　A(-21)-5(7)：标高 2 (21)

图 11-3　　　　　　　　　　　　图 11-4　　　　　　　　　　　图 11-5

11.1.4　参考视图

　　参考视图用于获得用户在整个场景中所处位置的全景以及在大体量模型中将相机快速移到某个位置，该位置在三维工作空间中可用。

（1）在 Navisworks 中提供了两种类型的参考视图：剖面视图、平面视图。

参考视图显示模型的某个固定视图，默认情况下，剖面视图从模型的前面显示视图，而平面视图显示模型的俯视图。

参考视图显示在可固定窗口内部，使用三角形标记表示用户的当前视点，当用户在场景视图中导航时此标记会移动，从而显示用户的视图的方向和位置。还可以在该标记上按住鼠标左键并拖动以在"场景视图"中移动相机来浏览视图。

注意：如果参考视图与相机视图处于同一平面中，则该标记会变成一个小点，如果参考视图中查看不到三角形标记或小点，请试着将模型移动到场景视图中间位置来调节查看。

（2）参考视图选项。在"剖面视图"窗口或"平面视图"窗口，单击鼠标右键可打开包含下列选项的关联菜单。

11.1.5　导航

（1）SteeringWheels。

进入到视点选项卡下导航面板中，SteeringWheels（也称作控制盘）将多个常用导航工具结合到一个界面中，从而节省时间，控制盘处于查看模型时所处的上下文。

1）SteeringWheels 包括各种可用的控制盘，包括二维导航控制盘、全导航控制盘、查看对象控制盘（基本控制盘）、巡视建筑控制盘（基本控制盘）、全导航控制盘（小）、查看对象控制盘（小）、巡视建筑控制盘（小）。

2）显示和使用控制盘，按住并拖动控制盘的按钮是交互操作的主要模式，显示控制盘后，单击并按住其中一个按钮以激活导航工具，拖动以重新设置当前视图的方向。松开鼠标可以返回至控制盘。

3）控制控制盘的外观。可以通过 SteeringWheels 命令下三角形内可用的不同控制盘样式之间切换来控制控制盘的外观，也可以通过调整大小和不透明度进行控制。控制盘有两种不同的样式，大版本如图 11-6 所示，小版本如图 11-7 所示。

图 11-6　　　　　　　　　　　　　　　　图 11-7

区别：大控制盘比光标大，且标签显示在控制盘按钮上。小控制盘大小与光标的大小差不多，且标签不显示在控制盘按钮上。

控制盘的大小控制显示在控制盘上按钮和标签的大小，不透明度级别控制被控制盘遮挡的模型中对象的可见性。

4）控制盘的工具提示和消息。光标移动到控制盘上的每个按钮上时，系统会显示该按钮的工具提示。工具提示出现在控制盘下方，并且在单击按钮时确定将要执行的命令。

与工具提示类似，当使用控制盘中的一种导航工具时，系统会显示工具消息和光标文字。当导航工具处于活动状态时，系统会显示工具消息。工具消息提供有关使用工具的基本说明。光标文字会在光标旁边显示活动导航工具的名称。禁用工具消息和光标文字只会影响使用小控制盘或全导航控制盘（大）时所显示的消息。

（2）平移。使用平移工具可平行于屏幕移动视图。当"平移"工具处于活动状态时，光标显示为四向箭头，拖动鼠标可移动模型。例如，向上拖动时将向上移动模型，而向下拖动时将向下移动模型。

提示：如果光标到达屏幕边缘，可以通过进一步拖动光标以使其在屏幕上折返，来继续平移。

（3）缩放窗口。用于增大或减小模型的当前视图比例的一组导航工具。

1）缩放窗口：通过单击导航面板上的"缩放"下拉菜单中的"缩放窗口"可激活该工具。在此模式下，在"场景视图"中围绕要布满的某个区域拖出一个矩形框可放大到模型的该区域。

2）缩放：更改模型的缩放比例，按住鼠标左键向上或向下拖动可分别进行放大和缩小。

3）缩放选定对象：相机会缩放以使选定项目布满"场景视图"。

4）缩放全部：使用此功能可以推拉和平移相机以使整个模型显示在当前视图中，如果在模型中迷路或者完全丢失模型，则此功能将非常有用。

有时候，可能会获得空白视图，这通常是因为某些项目与主模型相比非常小，或者某些项目与主模型距离很远。在这些情况下，请在"选择树"中的某个项目上单击鼠标右键，然后单击"关注项目"以查找回到模型的路线，尝试算出"丢失"的项目。

（4）动态观察。

用于在视图保持固定时围绕轴心点旋转模型的一组导航工具，这些工具在二维工作空间中不可用。

1）动态观察：围绕模型的焦点移动相机。

2）自由动态观察：在任意方向上围绕焦点旋转模型。

3）受约束的动态观察：围绕上方矢量旋转模型，就好像模型坐在转盘上一样。

使用"动态观察"工具可以更改模型的方向，光标将变为动态观察光标，拖动光标时模型将绕轴心点旋转，而轴心点是通过"动态观察"工具旋转模型时使用的基点。

（5）环视。

通过"环视"工具，用户可以垂直和水平地旋转当前视图。旋转视图时，用户的视线会以当前视点位置作中心旋转，就如同转头一样，可以将"环视"工具比作站在固定位置，向上、向下，向左或向右看。

使用"环视"工具时，可以通过拖动光标来调整模型的视图。拖动光标时，光标变为"环视"光标，并且模型绕当前视图的位置旋转。除了使用"环视"工具环视模型外，还可使用该工具将当前视图转场到模型上的特定面。提供以下环视工具：

1）环视：从当前相机位置环视场景。

2）观察：观察场景中的某个特定点。移动相机以便与该点对齐。

3）焦点：处于焦点模式时，单击场景视图中模型上某位置，旋转相机时，会以刚刚单击的点作为视图中心，此点会作为动态观察工具的焦点。

（6）漫游。

通过"漫游"工具，用户可以像在模型中漫游一样进行观察。若要在模型中漫游，请朝要移动的方向拖动光标。

注意：用于围绕模型移动和控制真实效果设置的一组导航工具。这些工具在二维工作空间中不可用。

1）漫游：在模型中移动相机，就像在其中漫游一样。要进行漫游移动，需按住鼠标左键沿要漫游的方向拖动鼠标，可实现相机左右旋转，前后移动。要进行滑动，需拖动鼠标时按住 Ctrl 键，要上下倾斜相机，需滚动鼠标滚轮。

2）飞行：在模型中移动相机，就像在飞行模拟器中一样。按住鼠标左键可向前移动相机，使用键盘上的向上光标键和向下光标键分别放大和缩小相机，使用向左光标键和向右光标键分别向左和向右旋转相机。

移动速度：在模型中漫游或"飞行"时，可以控制移动速度。移动速度由光标移动离开相机的距离和当前的移动速度设置控制。

（7）真实效果。对三维模型进行导航时，可以使用真实效果工具来控制导航的速度和真实效果。真实效果工具在二维工作空间中不可用。

碰撞提供体量，而重力提供重量。

1）蹲伏：此功能仅可以与碰撞一起使用。在激活碰撞的情况下围绕模型漫游或飞行时，可能会遇到高度太低而无法在其下漫游的对象，如很低的管道。通过此功能可以蹲伏在该对象的下面。因此不会妨碍第三人围绕模型导航。

2）碰撞：此功能将第三人定义为一个碰撞量，即一个可以围绕模型导航并与模型交互的三维对象，服从将第三人限制在模型中的某些物理规则，也就是说第三人有体量，因此，无法穿过场景中的其他对象、点或线。

可以为当前视点或作为一个全局选项自定义碰撞量的尺寸，"碰撞"仅可以与漫游和飞行导航工具一起使用。启用碰撞后，渲染优先级会发生变化，这样相机或体量周围的对象与正常情况下相比，显示的细节更多，高细节区域的大小取决于碰撞量半径和移动速度（需要了解将要漫游到什么位置）。

3）第三人视图：激活第三人后，将能够看到一个体量，体现的是用户自己在三维模型中的表示，在导航时，用户将控制体量与当前场景的交互。

将第三人与碰撞和重力一起使用时，此功能将变得非常强大，使第三人能够精确可视化一个人与所需设计交互的方式。

第三人可以为当前视点或作为一个全局选项自定义设置，如体现选择、尺寸和定位。启用第三人视图后，渲染优先级会发生变化，这样相机或体量周围的对象与正常情况下相比，显示的细节更多。高细节区域的大小取决于碰撞量半径，移动速度（需要了解将要漫游到什么位置）和相机在体现之后的距离（了解与体现交互的对象）。

（8）第三人设置。

1）角速度和线速度。单击"视点"选项卡下"保存、载入和回放"面板中的"编辑当前视点"工具，如图 11-8 所示，或者在场景视图中单击右键＞视点＞编辑当前视点，进入图 11-9 所示面板。

线速度：在三维工作空间中视点沿直线的运动速度，最小值为 0，最大值取决于场景边界框的大小；角速度：在三维工作空间中相机旋转的速度。

2）碰撞的编辑。进入"编辑视点"对话框中，单击"设置"按钮。进入"碰撞"对话框，进行碰撞的编辑。

碰撞：选中此复选框可在"漫游"模式和"飞行"模式下将观察者定义为碰撞量，这样，观察者将获取某些体量，但无法在"场量视图"中穿越其他对象、点或线。

提示：选中此复选框将更改渲染优先级，以便与正常情况下相比将使用更高的细节显示观察者周围的对象。高细节区域的大小取决于碰撞体积半径和移动速度。

重量：选中此复选框可在"漫游"模式下为观察者提供一些重量，此选项可与"碰撞"一起使用。

自动蹲伏：选中此复选框可使观察者能够蹲伏在很低的对象之下，而在"漫游"模式下，因为这些对象过低，所以无法通过。此选项可与"碰撞"一起使用。

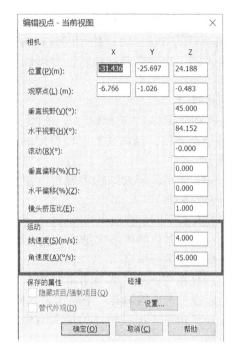

图 11-8　　　　　　　　　　　图 11-9

半径：指定碰撞量的半径。

高度：指定碰撞量的高度。

视觉偏移：指定在碰撞体顶部之下的距离，此时相机将关注是否选中"自动缩放"复选框。

启用：选中此复选框可使用"第三人"视图。在"第三人"视图中，会在"场景视图"中显示一个体量来表示观察者。选中此复选框将更改渲染优先级，以便与正常情况下相比将使用更高的细节显示体量周围的对象。高细节区域的大小取决于碰撞体积半径、移动速度和相机在体量后面的距离。

自动缩放：选中此复选框可在视线被某个项目所遮挡时，自动从"第三人"视图切换到第一人视图。

体现：指定在"第三人"视图中使用的体现。

角度：指定相机观察体现所处的角度，例如，0° 会将相机直接放置到体现的后面；15° 会使相机以 15° 的角度俯视体现。

距离：指定相机和体量之间的距离。

11.2　集合

11.2.1　选择和搜索

对于大型模型，选择关注项目有可能是一个非常耗时的过程。Navisworks 通过提供快速选择几何图形（既能够以交互方式选择又能够通过手动和自动搜索模型来选择）的各种功能大大简化了任务。

Navisworks 中有活动选择集（当前选定项目或当前选择）和保存选择集的概念。选择和查找项目会使它们成为当前选择集的一部分，以便用户可以隐藏它们或代替其颜色。可以随时保存和命名当前选择，以供在以后的任务中进行检索。选择项目会使它们成为当前选择集的一部分，以使用户可以隐藏它们或替代其颜色。可以使用多种以交互方式向当前选择中添加项目的方法。可以使用"选择树"中的选项卡，用"选择"工具和"框选"工具在"场景视图"中直接选择项目，并可以使用选择命令向现有选择中添加具有相似特性的其他项目。

（1）选择对象。

1）"选择树"窗口。"选择树"是一个可固定窗口，其中显示模型结构的各种层次视图，例如在创建模型用的应用程序定义的那样，如图 11-10 所示。

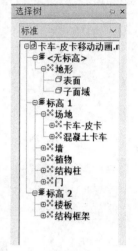

图 11-10

Navisworks 使用此层次结构可确定对象特定的路径（从文件名向下，直到特定的对象）。

默认情况有以下四个选项卡：

①标准：显示默认的树层次结构（包含所有实例），此选项卡的内容可以按字母顺序进行排序。

②紧凑：显示"标准"选项卡上层次结构的简化版本，省略了各种项目，可以在"选项编辑器"中自定义此树的复杂程度。

③特性：显示基于项目特性的层次结构，可以按项目特性轻松地手动搜索模型。

④集合：显示选择集和搜索集的列表，如果未创建选择集和搜索集，则不显示此选项卡。

对项目的命名应尽可能反映原始应用程序中的名称。可以从"选择树"复制并粘贴名称，在"选择树"中的某个项目上单击鼠标右键，再单击关联菜单中的"复制名称"，或者，可以单击"选择树"中的某个项目，然后按 Ctrl+C，即会将该名称复制到剪贴板中。

不同的树图标表示构成模型结构的几何图形的类型，其中的每种项目类型都可以标记为"隐藏"（灰色）"取消隐藏"（暗蓝色）或"必需"（红色）。

注意：如果一个组标记为"隐藏"或"必需"，则该组的所有实例都将标记为"隐藏"或"必需"，如果要对仅出现一次的项目操作，则应该将实例化组（层结构中的上一级或"父级"）标记为"隐藏"或者"必需"。

2）打开 / 关闭"选择树"的步骤：单击"常用"选项卡＞"选择和搜索"面板＞"选择树"。

3）用"选择树"选择对象的步骤：

①打开"选择树"单击"标准"选项卡。

②单击"选择树"中的对象以选择"场景视图"中对应的几何图形。

注意：选择树中的项目时，根据所选的选取精度，会在"场景视图"中选择单个几何图形或一组几何图形。

③要同时选择多个项目，请使用 Shift 和 Ctrl 键。使用 Ctrl 键可以逐个选择多个项目，而使用 Shift 键可以选择选定的第一个项目和最后一个项目之间的多个项目。

④要取消选择"选择树"中的对象，请按 Esc 键。

4）选择工具。"常用"选项卡中"选择和搜索"面板中提供两个选择工具（"选择"和"框选"），可用于选择控制几何图形的方式。

通常，使用选择工具与使用导航工具是互斥的，因此进行选择时不能进行导航，反之亦然。在"场景视图"中选择几何图形，将在"选择树"中自动选择对应的对象，按住 Shift 键并在"场景视图"中选择项目时，可在选取精度之间切换，从而可以获得特定于所做选择的详细信息。

可以使用"选项编辑器"，自定义为选定项目选择详细信息，且必须与其保持的距离"拾取半径"选择线和点时，这是很有用的。

①使用选择工具可以通过鼠标单击在"场景视图"中选择项目。选择单个项目后，"特性"窗口中就会显示其特性。

②在选择框模式中，可以选择模型中的多个项目，方法是围绕要进行当前选择的区域拖动矩形框。

5）选择命令。通过选择命令，可以使用逻辑快速改变当前选择。可以基于当前选定项目的特性选择多个项目，或者快速地反向选择，选择所有项目或什么也不选。

选择命令如下：

①全选：选择模型内包含的所有项目。

②取消选定：取消选择模型中的所有项目。

③反向选择：当前选定的项目变成未选定的项目，而当前未选定的项目变成选定的项目。

选择相同的对象：可以选择当前选定项目的所有其他实例，可以利用相同的特性去选择，例如材质、Revit 材质、元素等信息，方便对模型进行快速选择。

④同名：选择模型中与当前选定的项目具有相同名称的所有项目。

⑤同类型：选择模型中与当前选定的项目具有相同类型的所有项目。

⑥选择相同的属性：选择具有指定特性的所有项目（其中属性指材质，例如 Revit 材质、Autodesk 材质等属性）。

注意："选择相同的属性"命令是通过比较项目的特性起作用的。如果在执行相同名称或类型等的选择命令时选择了多个项目，则会将当前选择项目的所有类型、名称和特性与场景中所有项目的特性进行比较，将选择其特性与当前选定项目的任何特性匹配的项目。

6）设置选取精度。在"场景视图"单击项目时，Navisworks 不知道要从哪个级别项目开始选择，用户指的是整个模型、图层、实例，还是仅几何图形？默认选取精度指定"选择树"中对象路径的起点。以便 Navisworks 可以查找和选择项目。

可以在"常用"选项卡下"选择和搜索"面板上自定义默认的选取精度，或者使用"选择编辑器"。也可以使用更快的方法，即在"选择树"中的任何项目上单击鼠标右键，然后单击"将选取精度设置为 X"（"X"是可用的选取精度之一）。

如果发现选择了错误的项目级别，则可以按交互方式在选取精度之间切换，而不必转到"选项编辑器"或"常用"选项卡，可以通过按住 Shift 键并单击项目来完成此操作。每次单击项目时这都会选择一个更具体的级别，直到精度为"几何图形"为止，此时它将恢复为"模型"。单击不同的项目会将选取精度恢复为默认值（在"选项辑器"中设置）。

（2）查找项目。

查找是一种基于项目的特性向当前选择中添加项目的快速而有效的方法。可以使用"查找项目"窗口设置和运行搜索，然后可以保存该搜索，并在稍后的任务中重新运行它或者与其他用户共享它。也可以使用"快速查找"，这是一种更快的搜索方法。

"查找项目"窗口是一个可固定的窗口，通过它可以搜索具有公共特性或特性组合的项目。如图 11-11 所示，左侧窗格包含"查找选择树"，其顶部有几个选项卡，并允许用户选择开始搜索的项目级别，项目级别可以是文件、图层、实例、集合等。这些选项卡与"选择树"窗口上的相同。

注意："集合"选项卡上的项目列表与"集合"窗口中的列表完全相同，如果集合窗口中没有集合，那么也不会出现集合这个选项。

图 11-11

　　在右侧的窗口中，可以添加搜索语句（OR 条件）。可以使用按钮在场景中查找符合条件的项目。

　　1）定义搜索语句，搜索语句包含特性（类别名称和特性名称的组合）、条件运算符和要针对选定特性测试的值。例如，可以搜索包含"铝"的"材质"，默认情况下，将查找与语句条件匹配的所有项目（例如使用铝材质的所有对象）。也可以对语句求反，在这种情况下，会改为查找与语句条件不匹配的所有项目（例如，不使用铝材质的所有对象）。

　　每个类别和特性名称都含两个部分：用户字符串（显示在 Navisworks 界面中）和内部字符串。默认情况下，按这两部分匹配项目，但是如果需要，可以指示 Navisworks 仅按一部分匹配项目。例如，可以在搜索中忽略用户名，而仅按内部名称匹配项目，这在计划与可能正在运行 Navisworks 本地化版本的其他用户共享已保存的搜索时，会非常有用。不使用默认设置的语句由图标进行标识。

　　2）组合搜索语句。搜索语句是从左向右读取的。默认情况下，所有语句都为 AND 关系，例如"A AND B""A AND B AND C"。可以将语句排列到组中，例如"（A AND B）OR（C AND D）"，OR 关系语句由加号图标标识。OR 关系语句前面的所有语句都是 AND 关系，OR 关系语句后面的所有语句也都是 AND 关系，因此，要在前面的示例中创建两个组，则需要将语句 C 标记为 OR 关系。

　　不存在向用户直观显示读取语句的方法的圆括号，不会曲解简单语句，如"A OR B"。对于复杂搜索，语句的顺序和分组更加重要，尤其是选择对某些语句求反时，例如"（A AND B）OR（C AND NOT D）"，计算搜索条件时，在 AND 之前应用 NOT，在 OR 之前应用 AND。

　　3）查找对象的步骤。

　　①打开"查找项目"窗口。

　　②在"查找选择树"上，单击要从其开始搜索的项目。例如，如果要搜索整个模型，请单击"标准"选项卡，按住 Ctrl 键并单击组成模型的所有文件，如果要将搜索限制为选择集，请单击"集合"选项卡，然后单击所需的集。

　　③定义搜索语句。

　　a.单击"类别"列，然后从下拉列表选择特性类别名称，例如"项目"。

　　b.在"特性"列，从下拉列表中选择特性名称，例如"材质"。

　　c.在"条件"列中，选择条件运算符，例如"包含"。

d. 在"值"列中，键入要搜索的特性值，例如"铬"。

e. 如果要使搜索语句不区分大小写，请在该语句上单击鼠标右键，然后单击"忽略字符串值大小写"。

4）根据需要定义更多搜索语句。默认情况下，所有语句都为 AND 关系，这意味着，为了选定项目，它们都需要为真。可以使一个语句使用 OR 逻辑，方法是在该语句上单击鼠标右键，然后单击"OR 条件"，如果使用两个语句，并将第二个语句标记为 OR 关系，这意味着，如果其中一个语句为真，就会选定项目。

5）单击"查找全部"按钮，搜索结果将在"场景视图"和"选择树"中高亮显示。

6）保存当前搜索的步骤：

①单击"常用"选项卡＞"选择和搜索"面板＞"集合"下拉菜单＞"管理集"，此操作将打开"集合"窗口，并使其成为活动窗口。

②在"集合"窗口中的任意位置单击鼠标右键，然后单击"添加当前搜索"。

③键入搜索集的名称，然后按上 Enter 键。

7）导出当前搜索的步骤：

①单击"输出"选项卡＞"导出数据"面板＞"当前搜索"。

②在"导出"对话框中，游览到所需的文件夹。

③输入文件的名称，然后单击"保存"。

8）导入已保存的搜索的步骤：

①单击应用程序按钮＞"导入"＞"搜索 XML"。

②在"导入"对话框中，游览到包含具有保存搜索条件的文件的文件夹，然后选择它。

③单击"打开"。

9）搜索选项。

①类别：选择类别名称，下拉列表中只显示场景中包含的类别。

②特性：选择特性名称，下拉列表中只显示所选类别内场景中的特性。

③条件：为搜索选择一个条件运算符，根据要搜索的特性，可以使用以下运算符：

f. ＜（小于）：只能用于计算数值特性类型。

g. ＜＝（小于或等于）：只能用于计算数值特性类型。

h. 已定义：要符合搜索条件，特性必须定义了某个值。

i. 未定义：要符合搜索条件，特性不得定义任何值。

④值：可以在此框中随意键入一个值，或者从下拉列表（它显示在前面定义的类别和特性内可用的场景中所有值）中选择一个预定义的值。如果将"通配符"用作条件运算符，则可以键入一个包含通配符的值。要匹配单个未指定的字符，请使用符号"？（问号）"。要匹配任何数目的未指定字符，请使用符号"＊（星号）"。

10）搜索：指定要运行的搜索类型，从以下选项选择：

①默认：在"查找选择树"中选定的所有项目以及这些项目下的路径中搜索符合条件的对象。

②已选路径下面：仅在"查找选择树"中选定项目之下搜索符合条件的对象。

③仅已选路径：仅在"查找选择树"中选定的项目内搜索符合条件的项目。

11）"搜索条件"快捷菜单。

忽略字符串值大小写：使选定的搜索语句不区分大小写如"Chrome"和"chrome"材质都被视为符合条件。

忽略类别用户名称：指示 Navisworks 使用内部类别名称，而忽略选定搜索语句的用户类别名称。

忽略类别内部名称：指示 Navisworks 使用用户类别名称，而忽略选定搜索语句的内部类别名称。

忽略特性用户名称：指示 Navisworks 使用内部特性名称，而忽略选定搜索语句的用户特性名称。

忽略特性内部名称：指示 Navisworks 使用用户特性名称，而忽略选定搜索语句的内部类别名称。

OR 条件：为选定的搜索语句选择 OR 条件。

NOT 条件：对选定的搜索语句求反，以便找出与语句条件不匹配的所有项目。

删除条件：删除选定的搜索语句。

删除所有条件：删除所有搜索语句。

12）快速查找。使用"快速查找"功能，可以快速查找和选择对象。快速查找项目的步骤：

①单击"常用"选项卡 > "选择和搜索"面板。

②在"快速查找"文本框中，键入要在所有项目特性中搜索的字符串，这可以是一个词或几个词，搜索不区分大小写。

③单击"快速查找"，Navisworks 将在"选择树"中查找并选择与输入的文字匹配的第一个项目，并在"场景视图"中选中它，然后停止搜索。

④要查找更多项目，请再次单击"快速查找"，如果有多个项目与输入的文字相匹配，则 Navisworks 将在"选择树"中选择下一个项目，并在"场景视图"中选中它，然后停止搜索，后续的单击将找到接下来的实例。

（3）创建和使用对象集。

在 Navisworks 中，可以创建并使用类似对象集，这样可以更轻松地查看和分析模型。

1）选择集：选择集是静态的项目组，用于保存需要对其定期执行某项操作（如隐藏对象、更改透明度等）的一组对象。选择集仅存储一组项目以便稍后进行检索，不存在智能功能来支持此集，如果模型完全发生更改，再次调用选择集时仍会选择相同项目（如果它们在模型中仍可用）。

2）搜索集：搜索集是动态的项目组，它们与选择集的工作方式类似，只是它们保存搜索条件而不是选择结果，因此可以在以后当模型更改时再次进行搜索。搜索集的功能更为强大，并且可以节省时间，尤其适用于 CAD 文件不断更新和修订的情况。用户还可以导出搜索集，并与其他用户共享。

"集合"窗口是一个可固定窗口，其中显示 Navisworks 文件中可用的选择集和搜索集。

注意："集合"窗口上的项目列表与"选择树"的"集合"选项卡上的列表完全相同。

可以自定义选择集和搜索集的名称，并添加注释。可以从"集合"窗口复制并粘贴名称，在"集合"窗口中的某个项目上单击鼠标右键，然后单击关联菜单中的"复制名称"。或者，可以单击"集合"窗口中的某个项目，然后按 Ctrl + C，将该名称复制到剪贴板中。

还可以将选择集和搜索集显示为"场景视图"中的链接，这些链接是 Navisworks 自动创建的。单击链接可将对应选择集或搜索集中的几何图形恢复为活动选择，并在"场景视图"中和"选择树"上将其高亮显示。可以使用"集合"快捷菜单在 Navisworks 文件中创建并管理选择集和搜索集。

3）在"集合"窗口中更改排序顺序的步骤：

①打开"集合"窗口。

②在列表中的任何项目上单击鼠标右键，然后单击"排序"。选项卡的内容现在按字母顺序排序。

4）"集合"快捷菜单包含以下选项：

新建文件夹：在选定项目的上方创建文件夹。

添加当前选择：将当前选择在列表中另存为新选择集，此集包含当前选定的所有几何图形。

添加当前搜索：将当前搜索在列表中另存为搜索集，此集包含当前的搜索条件。

使可见：如果选定搜索集或选择集中的几何图形处于隐藏状态，则可以使用此选项使其可见。

添加副本：创建在列表中高亮显示的搜索集或选择集的副本，副本与原始集同名，但具有"X"后缀，其中"X"是下一个可用编号。

添加注释：为选定的项目打开"添加注释"对话框。

编辑注释：为选定的项目打开"编辑注释"对话框。

更新：用当前的搜索条件更新选定的搜索集，或者用当前选定的几何图形更新选定的选择集。

删除：除选定的搜索集或选择集。

重命名：重命名选定的搜索集或选择集。默认情况下，将新选择集命名为"选择集 1"，将搜索集命名为"搜索集 1"，其中"X"是添加到列表的下一个可用编号。

复制名称：将搜索集的名称复制到剪贴板。

排序：按字母顺序对"集合"窗口的内容排序。

帮助：启动联机帮助系统并显示选择集和搜索集的主题。

5）创建并管理选择集和搜索集。可以添加、移动和删除选择集和搜索集，以及将它们组织到文件夹中，可以更新搜索集和选择集。可以在"场景视图"中修改当前选择，也可以修改当前搜索条件，并更改集的内容以反映此修改，还可以导出搜索集并重用，例如，如果模型包含相同的组件（如楼板、送风风管等），则可以定义常规搜索集，并将它们导出为 XML 文件，然后与其他用户共享。

6）保存选择集的步骤：

①选择要在"场景视图"中或"选择树"上保存的所有项目。

②单击"常用"选项卡＞"选择和搜索"面板＞"保存选择"。

③在"集合"窗口中键入选择集的名称，然后按 Enter 键。

7）保存搜索集的步骤：

①打开"查找项目"窗口，并设置所需的搜索条件。

②单击"查找全部"按钮以运行搜索，再在"场景视图"和"选择树"中选定满足条件的所有项目。

③打开"集合"窗口，单击鼠标右键，然后单击"添加当前搜索"。

④键入搜索集的名称，然后按 Enter 键。

8）更新选择集的步骤：

①在"场景视图"中或"选择树"上选择所需的几何图形。

②打开"集合"窗口。

③在要改的选择集上单击鼠标右键，然后单击"更新"。

9）更新搜索集的步骤：

①打开"查找项目"窗口，然后运行新搜索。

②打开"集合"窗口。

③要在修改的搜索集上单击鼠标右键，然后单击"更新"。

11.2.2　外观配置器

通过"外观配置器"（Appearance Profiler）可以基于集合（搜索集和选择集）及特性值设置自定义外观配置文件，然后使用这些配置文件对模型中的对象进行颜色编码，以区分系统类型并直观识别其状态。外观配置文件可以另存为 DAT 文件，并可以在 Navisworks 用户之间共享，外观配置文件选择器用于定义对象选择标准和外观设置，可以基于特性值或者 Navisworks 文件中的搜索集和选择集来选择对象。

使用特性值会更灵活一些，因为搜索集和选择集要先添加到模型中，且经常设计为涵盖模型的某个特定区域（标高、楼层、区域等）。例如，如果模型具有五个楼层，要通过集合找到所有"冷水"对象，需要设置五个"冷水"选择器，每个楼层对应一个选择器。如果使用基于特性的方法，则一个"冷水"选择器就足够，因为搜索会包含该模型的所有方面。

外观配置文件可拥有的选择器数量没有任何限制。但是选择器在配置文件中的顺序非常重要，外观选择器将按从上至下的顺序依次应用于模型。如果某对象属于多个选择器，则每次列表中的新选择器处理该对象时，都会替代该对象的外观。目前，选择器一旦添加到列表中，就无法更改其顺序。

（1）打开外观配置器的步骤：

单击"常用"选项卡＞"工具"面板＞"外观配置器"。

（2）按特性值对模型进行颜色编码。

1）打开"外观配置文件"对话框。

2）在"选择器"区域中单击"按特性"选项卡。

3）使用所提供的字段为选择器配置对象选择标准。

4）单击"测试选择"，所有符合标准的对象都将在"场景视图"中处于选定状态。

5）如果用户对结果满意，请使用"外观"区域为选择器配置颜色和透明度替代。

6）单击"添加"，该选择器将添加到"选择器"列表中。

7）重复执行步骤 3）～ 6），直到添加完所有必需的选择器。请记住，列表中的选择器顺序十分重要。

提示： 如果使用第一个选择器来替代整个模型的颜色，使其以 80％的透明度灰显，则其他颜色将更加醒目。

单击"运行"，模型中的对象此时已完成颜色编码。

（3）按搜索和选择集对模型进行颜色编码。

1）打开"外观配置文件"对话框。

2）在"选择器"区域中单击"按集合"选项卡。

3）在列表中选择要使用的集合，然后单击"测试选择"，所有符合标准的对象都将在"场景视图"中处于选定状态。

4）如果用户对结果满意，请使用"外观"区域为选择器配置颜色和透明度替代。

5）单击"添加"，该选择器将添加到"选择器"列表中。

6）重复执行步骤 3）～ 5），直到添加完所有必需的选择器。请记住，列表中的选择器顺序十分重要。

7）单击"运行"，模型中的对象此时已完成颜色编码。

（4）将颜色替代重置回原始值的步骤。

单击"常用"选项卡＞"项目"面板＞"全部重置"下拉菜单＞"外观"。

11.3　审阅批注

11.3.1　测量工具

（1）六种测量工具的介绍。在 Navisworks 中载入模型后，如果想要知道各个模型之间的间距，而退回去重新打开其他软件去测量，无疑是一件极为麻烦的事情。而 Navisworks 中有几个简单有效的测量工具供用户使用，下面将学习测量工具的相关应用。

首先"测量工具"窗口是一个可固定的窗口，其中包含许多命令按钮，用于选择要执行的测量类型。

1）打开 / 关闭"测量工具"窗口的步骤：单击"审阅"选项卡下"测量"面板内"测量"命令下拉三角，如图 11-12 所示。可以使用测量面板中的命令进行线性、角度和面积测量，以及自动测量两个选定对象之间的最短距离。

注意：测量时必须单击模型上的某一点以记录点，单击背景不会记录任何内容。通过在"场景视图"中单击鼠标右键，可以随时重置测量命令。这将重新启动测量命令而不记录点，就像选择了一个新的测量类型一样。

在"场景视图"中，标准测量线的端点表示在选项编辑器中可进行更改，所有线都由记录点之间的一条简单线测量，如图 11-13 所示。

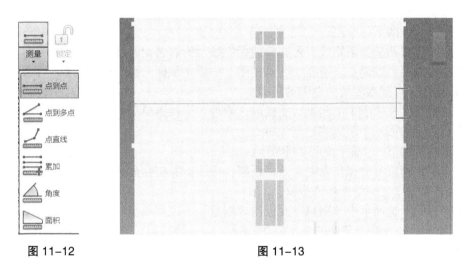

图 11-12　　　　　　　　　　　　　　　图 11-13

在选项编辑器中可以更改测量线的颜色和线宽以及锚点样式（测量两侧端点），打开 / 关闭"场景视图"中标注标签的显示。

2）标注标签（测量数值）。对于基于距离的测量，为每个线段绘制标注标签，对于累加测量，为最后一条线段绘制标注标签，但显示总和。相对于线的中心点定位文字。

对于角度测量，在夹角内显示一个弧形指示器，并将文字中心定位在二等分夹角的不可见线上。如果夹角太尖，则在夹角外部绘制标签。此标签是固定的，在放大或缩小时不调整大小，除非测量线在屏幕上变得太短而无法容纳圆弧，这种情况下，将会调整标签。

通过"选项编辑器"，可以启用和禁用标注标签。

对于面积测量，在所测量的面积的中心定位标注标签。

3）打开 / 关闭标注标签的步骤。打开"审阅"选项卡，在"测量工具"命令中，单击测量面板右侧斜箭头。

在"测量工具"窗口单击选项按钮，在"选项编辑器"窗口，选中"在场景视图中显示测量值"复选框，或者通过单击"菜单栏"，单击"选项"＞"界面"＞"测量"，选中"在场景视图中显示测量值"复选框，对其进行修改。

4）测量两点之间的距离的步骤：单击"审阅"选项卡中"测量"面板内"测量"下拉菜单里的"点到点"命令。

在"场景视图"中单击要测量距离的起点和终点，标注标签将会显示测量的距离，如图11-14所示。

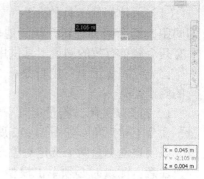

5）在测量两点之间的距离时保持同一起点的步骤：

单击"审阅"选项卡中"测量"面板内"测量"下拉菜单里的"点到多点"命令。

单击起点和要测量的第一个终点，在两点之间将显示一条测量线。

单击以记录要测量的下一个终点。

如果需要，重复此操作以测量其他终点。可选标注标签始终显示上一次测量的距离。起点始终保持不变。

图11-14

提示： 如果更改起点，请在"场景视图"中单击鼠标右键，然后选择新起点。

6）测量沿某条路线的总距离的步骤：

单击"审阅"选项卡中"测量"面板内"测量"下拉菜单里的"点直线"命令。

单击起点和要测量的第二个点。

单击沿该路线的下一个点。

重复此操作以测量整条路线。可选标注标签显示沿着选定路线的总距离。

提示： 如果要更改起点，请在"场景视图"中单击鼠标右键，然后选择一个新起点。

7）计算多个点到点测量的总和的步骤：

单击"审阅"选项卡中"测量"面板内"测量"下拉菜单里的"累加"命令。

单击要测量的第一个距离的起点和终点。

单击要测量的下一个距离的起点和终点。

如果需要，请重复此操作以测量更多距离。标注标签将会显示所有点到点测量的总和。

8）计算两条线之间的夹角的步骤：

单击"审阅"选项卡中"测量"面板内"测量"下拉菜单里的"角度"命令。

寻找到要测量的模型某处的角度，单击第一点，然后第二点拉出一条直线，第三点拉出第二条线。角度数值在两条线交叉处出现。

9）计算平面上的面积的步骤：

单击"审阅"选项卡中"测量"面板内"测量"下拉菜单里的"区域"命令。

单击鼠标以记录一系列点，从而绘制要计算的面积的周界面积。

注意： 为了使计算更准确，所有添加的点都必须位于同一平面上。

（2）其他命令的介绍。

1）测量两个对象之间的最短距离的步骤：

①按Ctrl键并使用选择工具在"场景视图"中选择两个对象。

②单击"审阅"选项卡中"测量"面板内"测量最短距离"命令，标注标签将会显示选定对象之间的最短距离。

2）清除测量线的步骤：

①任意测量工具，创建一个测量线。

②单击"审阅"选项卡下"测量"面板内"清除"工具命令，便可将之前的数据清理掉。

3）锁定的应用。

使用锁定功能可以保持要测量的方向，防止移动或编辑测量线或测量区域。

测量时，某些对象几何图形可能会妨碍精确测量。锁定可以确保测量的几何图形相对于所创建的第一个测量点保持一致的位置。例如，可以锁定到 X 轴，或在与对象的曲面平行对齐的方向上进行锁定。测量线的颜色会发生更改，以反映所使用的锁定类型。测量多个点时，可以通过按快捷键在不同的锁定模式之间切换。

　　注意：Z 轴、平行和垂直锁定不适用于二维图纸。使用二维图纸时，只有 X 轴和 Y 轴锁定可用。

　　①X 轴：水平轴，由红色测量线表示（选项编辑器无法改色），测量时红色实线表示测量的轴向正确，虚线则表示轴向错误，无法直线测量到该选定处。使用测量命令时按 X 键可直接使用。

　　②Y 轴：垂直轴，由绿色测量线绿色实线表示。绿色实线表示测量轴向正确，绿色虚线表示测量轴向错误且无法测量。使用测量命令按 Y 键可直接使用。

　　③Z 轴：深度，由蓝色测量线表示。蓝色实线表示测量轴向正确，蓝色虚线表示测量轴向错误且无法测量。使用测量命令时，按 Z 键可直接使用。

　　④垂直锁定和平行锁定。

　　a.垂直：与当前所选定的面的垂直方向进行测量。由黄色测量线表示（选项编辑器无法改色）。使用测量命令时按 P 键使用。

　　b.平行：与当前所选定的平行方向进行测量，由品红色的测量线表示，使用测量命令时按 L 键可直接使用。

11.3.2　红线批注

（1）线批注的概念。

通常用过测量工具后，再进行下一个测量命令时会发现之前的测量数值标注消失了，这时可以在用户界面中，使用"转换为红线批注"命令，可以将测量转换为红线批注，这样将其固定在原处，想要看之前的测量数据时，便不必去重新测量了。

同样也可以自行来添加红线批注和标记，使用"红线批注工具"可固定窗口，可以通过"厚度"和"颜色"控件修改红线批注设置。而这些更改不影响已绘制的红线批注。此外，线宽仅适用于线，它不影响红线批注文字，红线批注文字具有默认的大小和线宽，是不能进行修改的。

所有的红线批注在添加时会自动新建一个相应的视点以保存批注，如果该处已保存视点，则会自动保存于该视点中。

（2）红线批注的使用。

1）将测量转换为红线批注。

①单击"审阅"选项卡中"测量"面板，然后进行需要的测量（例如两点之间的距离）。

②单击"审阅"选项卡中"测量"面板内的"转换为红线批注"命令。当前测量的结束标记、线和标注标签（如果有）将转换为红线批注，并存储在当前视点中。

2）添加文字的步骤：

①单击"审阅"选项卡下"红线批注"面板内的"文本"命令，然后选择要批注地方。

②在"场景视图"中，单击要放置文字的位置。

③在提供的框中输入注释，然后单击"确定"，红线批注将添加到选定的视点。

　　注意：使用此红线批注工具只能在一行中添加文字，如果要在多行上显示文字，应分别写入每行。

3）绘制云线的步骤：

①单击"审阅"选项卡中"红线批注"面板"绘图"下拉菜单，单击"云线"。

②在视点中单击以开始绘制云线的圆弧。每次单击时，都会添加一个新点。按顺时针方向单击可绘制常规弧，按逆时针方向可绘制反向弧，此时鼠标不具备锁定功能。

③要自动关闭云线，请单击鼠标右键。

4）绘制椭圆的步骤：

①单击"审阅"选项卡中"红线批注"面板内"绘图"下拉菜单，然后单击椭圆。

②在视点中单击并拖动一个框以画出椭圆的轮廓。

③释放鼠标以将椭圆放置在视点中，结果如图 11-15 所示。

图 11-15

5）自画线的步骤：

①单击"审阅"选项卡下"红线批注"面板内"绘图"下拉菜单中"自画线"命令。

②通过拖动鼠标在视点中绘（越快越好）。

6）绘制直线的步骤：

①单击"审阅"选项卡下"红线批注"面板内"绘图"下拉菜单，然后单击"线"。

②在视点中，单击线的起点和终点。

③多次单击绘制。

7）绘制线串的步骤：

①单击"审阅"选项卡下"红线批注"面板内"绘图"下拉菜单，然后单击"线串"。

②在"场景视图"单击以开始操作。每次单击时，都会向线串添加一个新点。完成线串后，单击鼠标右键结束线，然后可以开始绘制新的线串（线串和线的区别在于线串是连续绘制的，而直线是一段一段地绘制的，仔细观察可发现上方有开口位置）。

8）查看红线批注的步骤：

①单击"视点"选项卡下"保存、载入和回放"面板中"保存的视点"工具面板启动器（右下方斜箭头）。

②单击"保存的视点"窗口中所需的视点，在"场景视图"中将显示所有附加的红线批注（如果有）。

9）清除红线批注的步骤：

①单击"视点"选项卡下"保存、载入和回放"面板内"保存的视点"下拉菜单，然后选择要审阅的视点。

②单击"审阅"选项卡下"红线批注"面板内的"清除"命令。

③在要删除的红线批注上拖动一个框，然后释放鼠标。

改变颜色和线宽的步骤：

a.单击"审阅选项卡"下"红线批注"面板内"颜色"命令，打开颜色选择框选择颜色，或在颜色选择框中单击"更多颜色…"命令，在"颜色"对话框中自定义自己喜欢的颜色。

b.单击"常用选项卡"下"红线批注"面板内"线宽"命令，在线宽控制栏中输入数值（1 ~ 9）控制线宽。

11.3.3   标记与注释

（1）标记的使用。

1）添加标记。

①单击"审阅"选项卡下"标记"面板内"添加标记"命令。

②在"场景视图"中，单击要标记的位置。

③单击希望标记标签所在的区域，然后在希望引出到的位置单击第二次。此时会添加标记，且两点由引线连接。如果未在当前保存视点，则将自动保存，并且命名为"标记视图 X"，其中"X"是标记 ID。

④在"添加注释"对话框中，输入要与标记关联的文字，从下拉列表中设置标记的"状态"，然后单击"确定"，如图 11-16 所示。

2）查看标记。

①单击"视点"选项卡下"保存、载入和回放"面板内"保存的视点"工具启动器。

②单击"保存的视点"窗口中所需的视点，在"场景视图"中将显示所有附加的标记（如果有）。

（2）编辑标记。

图 11-16

保存标记后，可以从"注释"窗口对其进行编辑，可以编辑内容，更改指定注释和标记的状态，以及删除注释和标记。

如有必要，还可以对标记和注释 ID 重新编号。可以使用"审阅"选项卡下"红线批注"面板上的"线宽"和"颜色"控件来修改在"场景视图"中绘制标记的方式。而这些更改不影响已绘制的标记。

1）更改注释或标记的内容和状态的步骤：

①进入标记视点，单击"查看注释"，进入"注释"窗口中查看要编辑的注释或标记。

②在注释内容上单击鼠标右键，然后单击"编辑注释"。

③根据需要修改注释文字。

④使用"状态"框更改状态。

⑤单击"确定"。

2）通过使用"查找注释"窗口查找标记的步骤：

①打开"查找注释"窗口。

②单击"来源"选项卡，选中"红线批注标记"复选框，并清除其余复选框。

③如果需要，请使用"注释"和"修改日期"选项卡进一步限制搜索。

④单击"查找"，如图 11-17 所示。

3）按标记 ID 查找标记的步骤：

①单击"审阅"选项卡"标记"面板。

②在文本框中输入标记 ID，然后单击"转至标记"，将自动转到相应的视点。

4）在标记之间导航的步骤：

①单击"审阅"选项卡下"注释"面板内"查

图 11-17

看注释"命令，可打开"注释"窗口。

②单击"审阅"选项卡下"标记"面板内"第一个标记"。标记注释在"注释"窗口中显示，且"场景视图"显示含有一个标记 ID 的视点。

③要在场景中的标记之间导航，请执行以下步骤：

单击"审阅"选项卡下"标记"面板内"下一个标记"，查找当前标记后面的标记。

单击"审阅"选项卡下"标记"面板内"上一个标记"，查找当前标记前面的标记。

单击"审阅"选项卡下"标记"面板内"最后一个标记"，查找场景中的最后一个标记。

11.4　动画

11.4.1　视点及编辑

（1）视点的概念。

视点是为"场景视图"中显示的模型创建的快照。重要的是，视点并非仅用于保存关于模型的视图的信息。例如，可以使用红线批注和注释对它们进行记录，从而将视点用作设计审阅核查。视点还可以用作"场景视图"中的链接，这样，在视点上单击以及缩放到视点时，Navisworks 还会显示与其相关联的红线批注和注释。

视点、红线批注和注释都保存在 Navisworks 的 nwf 文件中，且与模型无关，因此，更改原始模型文件时，保存的视点不变，看起来更像是模型基础图层上的覆盖层，可以查看设计的进展情况。

视点包含某个范围的关于模型的视图的不同信息，导航设置，以及采用红线批注和注释形式添加的注释。

视点的保存和编辑选项主要在"视点"选项卡下"保存、载入和回放"面板中，如图 11-20 所示。该面板主要包括保存视点、编辑视点，打开保存的视点对话框，以及录制动画和动画播放的按钮。

（2）保存视点。

1）保存视点有两种方法，一种是通过单击选项卡，另一种是通过工具窗口。

单击"视点"选项卡 >"保存、载入和回放"面板 >"保存视点"下拉菜单 > 保存视点。

2）如果"保存的视点"窗口已经出现，可以直接在"保存的视点"窗口空白区域单击右键进行视点的保存。单击保存视点之后，在"保存的视点"窗口中为视点键入新名称，然后按 Enter 键。"保存的视点"窗口是一个可固定的窗口，如图 11-18 所示。

通过该窗口可以创建和管理模型的不同视图，可以跳转到预设视点，而无须每次都通过导航到达项目位置。

此外，视点动画还与视点一起保存，因为它们只是一个被视为关键帧的视点列表。实际上，可以通过将预设视点拖动到空的视点动画来创建视点动画，可以使用文件夹组织视点和视点动画，图标用于表示不同的元素：

图 11-18

：表示可以包含所有其他元素（包括其他文件夹）的文件夹。

：表示以正视模式保存的视点。

：表示以透视模式保存的视点。

：表示视点动画剪辑。

&: 表示插入到视点动画剪辑中的剪辑。

3）可以通过以下方法选择多个视点：按住 Ctrl 键并单击鼠标左键，或者单击第一个项目，然后在按住 Shift 键的同时单击最后一个项目，可以在"保存的视点"窗口中拖动视点，将它们重新组织到文件夹动画中。

该窗口上没有按钮，可以通过在该窗口中单击右键调出关联菜单使用命令，通过这些菜单，可以保存和更新视点、创建和管理视点动画，以及创建文件夹来组织这些视点和视点动画，还可以将视点或视点动画拖放到视点动画或文件夹中，在执行该操作的过程中按住 Ctrl 键将复制所拖动的元素，这样，便可以轻松制作非常复杂的视点动画和文件夹层次结构。

视点、文件夹和视点动画都可以通过缓慢单击（单击并暂停，不移动鼠标再次单击）元素两次成单击元素并按 F2 键进行重命名。

（3）"保存的视点"窗口——关联菜单。根据在"保存的视点"窗口中单击鼠标右键的对象的不同，会得到不同的关联菜单，所有关联菜单都具有"排序"选项，该选项按字母顺序对窗口内容进行排序，包括文件夹及其内容。

1）右键单击空白区域。

保存视点：保存当前视点，并将其添加到"保存的视点"窗口。

新建文件夹：将文件夹添加到"保存的视点"窗口。

添加动画：添加一个新的空视点动画，可以将视点拖动到该动画上。

添加剪辑：添加动画剪辑，剪辑用作视点动画中的暂停，默认情况下暂停 1s。

排序：按字母顺序对"保存的视点"窗口的内容进行排序。

导入视点：通过 XML 文件将视点和关联数据导入到 Navisworks 中。

导出视点：将视点和关联数据从 Navisworks 导出到 XML 文件。

导出视点报告：创建一个 HTML 文件，其中包含所有保存的视点和关联数据（包括相机位置和注释）的 JPEG。

帮助：打开"帮助"系统。

2）右键单击保存的视点。

添加副本：在"保存的视点"窗口中创建选定视点的副本。该副本命名为选定视点的名称，但将版本号括在括号中，例如 view1（1）、view1（2）等。

添加注释：添加有关选定视点的注释，注释的目的是解释说明当前的选定视点。

编辑注释：可用时，将打开"编辑注释"对话框。

编辑：打开"编视视点"对话框，可在其中手动编辑视点的属性。

更新：使选定视点与"场景视图"中的当前视点相同。

变换：打开"变换"对话框。可以在该对话框中变换相机位置，此选项在二维空间不可用。

删除：从"保存的视点"窗口中删除选定视点。

重命名：用于重命名选定的视点。

复制名称：将选定视点的名称复制到剪贴板。

3）右键单击视点动画。

编辑：打开"编辑动画"对话框，可在该对话框中设置选定视点动画的持续时间、平滑类型以及是否循环播放。

注意：对动画关键帧单击"编辑"，将打开"编群视点"对话框；对动画剪辑单击"编辑"，将打开"编辑动画剪辑"对话框。

更新：使用当前的渲染样式、光源以及导航工具或模式更新视点动画中的所有关键帧。

注意：对单个关键帧"更新"，将仅使用当前模式更新该帧。

删除：从"保存的视点"窗口中删除选定的视点动画。

注意：对关键帧或剪辑单击"删除"，将从视点动画中删除关键帧或剪辑。

4）右键单击文件夹。

保存视点：保存当前视点，并将其添加到选定文件夹。

新建文件夹：将一个子文件夹添加到选定文件夹。

添加动画：将一个新的空视点动画添加到选定文件夹。

添加副本：在"保存的视点"窗口中创建选定文件夹的副本。该副本命名为选定文件的名称，但将版本号括在括号中，例如 Folder1（1）、Folder1（2）等。

更新：使用当前的渲染样式，光源以及导航工具或模式更新文件夹中的所有视点。对单个视点选择"更新"，将仅使用当前模式更新该视点。

（4）编辑视点。

"编辑视点"对话框：单击"视点"选项卡，打开"编辑视点"对话框，如图 11-19 所示。使用此对话框可编辑视点属性，如图 11-20 所示。

图 11-19

编辑视点 - 当前视图			
相机			
	X	Y	Z
位置(P)(m):	-35.919	-28.067	28.746
观察点(L)(m):	-10.741	-2.888	3.567
垂直视野(V)(°):			45.000
水平视野(H)(°):			84.152
滚动(R)(°):			-0.000
垂直偏移(%)(T):			0.000
水平偏移(%)(Z):			0.000
镜头挤压比(E):			1.000
运动			
线速度(S)(m/s):			4.000
角速度(A)(°/s):			45.000

保存的属性　　　　　碰撞
□ 隐藏项目/强制项目(Q)
□ 替代外观(D)　　　　设置...

确定(O)　　取消(C)　　帮助

图 11-20

1）相机。

①位置：输入 X、Y 和 Z 坐标值可将相机移动到此位置，Z 坐标值在二维工作空间中不可用。

②观察：输入 X、Y 和 Z 坐标值可更改相机的焦点，Z 坐标值在二维工作空间中不可用。

③垂直视野、水平视野：定义仅可在三维工作空间中通过相机查看的场景区域。可以调整垂直视角和水平视角的值，值越大，视角的范围越广；值越小，视角的范围越窄，或更紧密聚集。

注意：修改"垂直视野"时，会自动调整"水平视野"（反之亦然），以便与Navisworks中的纵横比相匹配。

④滚动：围绕相机的前后轴旋转相机。正值将以逆时针方向旋转相机，而负值则以顺时针方向旋转相机。

注意：当视点向上矢量保持正立（使用"漫游""动态观察"和"受约束的动态观察"导航工具）时此值不可编辑。

⑤垂直偏移：相机位置向对象上方或下方移动的距离。例如，如果相机聚焦在水平屋顶边缘，则更改垂直偏移会将其移动到该屋顶边缘的上方或下方。

⑥水平偏移：相机位置向对象左侧或右侧（前方或后方）移动的距离。例如，如果相机聚焦在立柱，则更改水平偏移会将其移动到该柱的前方或后方。

⑦镜头挤压比：相机的镜头水平压缩图像的比率。大多数相机不会压缩所录制的图像，因此其镜头挤压比为1。有些相机（如变形相机）会水平压缩图像，在胶片的方形区域上录制具有很大纵横比的图像（宽图）。镜头挤压比默认值为1。

2）保存的属性：此区域仅适用于保存的视点。如果正在编辑当前视点，则此区域将灰显。

注意：如果选择编辑多个视点，则仅"保存的属性"可用。

①隐藏项目/强制项目：选中此复选框可将有关模型中对象的隐藏/强制标记信息与视点一起保存，再次使用视点时，会重新应用保存视点时设置的隐藏/强制标记。

注意：将状态信息与每个视点一起保存需要较大的内存量。

②替代材质：选中此复选框可将材质替代信息与视点一起保存。再次使用视点时，会重新应用保存视点时设置的材质替换。

注意：将状态信息与每个视点一起保存需要较大的内存量。

11.4.2 动画制作

（1）试点动画。视点动画可以快速有效地录制相机视图在模型中的移动以及模型视图。

编辑视点动画的步骤：

1）如没有将"保存的视点"窗口显示出来，请显示"保存的视点"窗口（单击"查看"选项卡 > "工作空间"面板 > "窗口"下拉菜单 > "保存的视点"），保存多个视点。

2）在空白区域单击右键，单击"添加动画"。

3）将"保存的视点"全部选中（快速选择：左键单击选择第一个，按住Shift键，左键选择最后一个；如果视点较少，也可以按住Ctrl键进行加选，减选也是按住Ctrl键），全部选择之后，左键单击视点符号（视图前面的那个六边形竖线符号）进行拖曳（这时标会出现纸张的符号），将这些视点放置到动画里面，放置之后呈现一个父子集的关系。

4）通过保存的多个视点进行动画的生成，动画是将这几个视点进行串联，生成一个连续的动画，动画的效果与视点的排列顺序是有关系的，通过改变不同的视点位置可以使动画的效果更为丰富。建议提前设置好相应的视点位置，避免在视点连接过渡的过程中出现穿墙效果，如果出现穿墙的效果，可以考虑在穿墙的位置再加一个视点过渡。

（2）编辑动画。在"保存的视点"窗口中，在需要修改的视点动画上单击鼠标右键，然后选择"编辑"，在"编辑动画"对话框的"持续时间"文本框中，键入所需的持续时间（以秒为单位），如图11-21所示。

如果希望视点动画连续播放，请选中"循环播放"复选框。

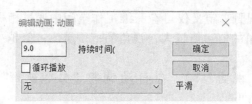

图 11-21

在"平滑"下拉列表中，选择希望视点动画使用的平滑类型，"无"表示相机将从一帧移动到下一帧时，不尝试在拐角处进行任何的平滑操作，"同步角速度/线速度"将平滑动画中每个帧的速度之间的差异，从而产生比较平稳的动画。

1）向视点动画添加注释的步骤。在"保存的视点"窗口中，在所需的视点动画上单击鼠标右键，然后单击"添加注释"，在"注释"窗口中键入注释。默认情况下，为其指定"新建"状态。用户可根据项目的不同状态将注释状态信息进行不同程度的调整。

2）在视点动画中插入剪辑（暂停）的步骤。在要插入剪辑的动画帧下面，单击鼠标右键，然后选择"添加剪辑"，键入剪辑的动画帧的名称，或者按 Enter 键接受默认名称，默认名称将为"剪切"。剪辑的默认持续时间为1s。要改变此暂停的持续时间，请在该剪辑上单击鼠标右键，然后选择"编辑"。在"编辑动画剪辑"对话框的"延迟"文本框中，键入该暂停所需的持续时间（以秒为单位）。

单击"确定"，即可完成剪辑的修改，再次播放即可看到在播放的过程中会暂停所设置的延迟时间。如果播放的过程中发现没有暂停的效果，可以在视点动画上单击鼠标右键，然后，选择"更新"，即对该动画所进行的操作进行更新，使其在播放动画时显示出来。如果其他的操作完成之后，播放动画时没有出现修改的效果，也可执行此操作。

3）录制动画。录制动画，可以将在模型中漫游的过程记录下来，或者是对模型进行旋转、平移、缩放的过程进行记录，记录下来的动画效果的还原性是较好的（因为在录制的过程中，软件记录动画的帧数密度非常高，出来的效果就会十分细腻和流畅）。但是也会出现一个问题，如果录制的时间较长，对电脑的配置要求相对来说更高一些。如果电脑的配置较低，建议录制较短的动画，最后利用其他的动画软件进行合成。因此，录制功能多数情况下，会使用在时间较短且精度要求较高的动画中来。

①单击"动画"选项卡>"创建"面板>"录制"。请注意，此时在"动画"选项卡的最右边将显示"录制"面板，如图 11-22 所示。

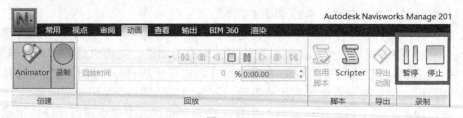

图 11-22

②在 Navisworks 录制移动的同时，在"场景视图"中进行导航。甚至在导航过程中可以在模型中移动剖面，此移动也会被录制到视点动画中。

③在导航过程中的任意时刻，单击"动画"选项卡>"录制"面板>"暂停"。此操作将暂停录制，要继续录制视点动画，再次单击"暂停"。

④完成之后，单击"动画"选项卡>"录制"面板>"停止"。动画会自动保存在"保存的视点"窗口（单击"视图"选项卡>"工作空间"面板>"窗口">下拉菜单>"保存

的视点"）中。此录制动画还将成为"动画"选项卡的"回放"面板上的"可用动画"下拉菜单中的当前活动动画。

（3）动画导出。

"导出动画"对话框，使用此对话框可将动画导出为 AVI 文件或图像文件序列，如图 11-23 所示。

1）源：选择从中导出动画的源。从以下选项选择：

①当前动画制作工具场景：当前选定的对象动画。

② TimeLiner 模拟：当前选定的"TimeLiner"序列。

③当前动画：当前选定的视点动画。

2）渲染：选择动画渲染器。从以下选项选择：

① Presenter：当需要最高渲染质量时，使用此选项。

②视口：快速渲染动画，此选项还适合于预览动画。

③ Autodesk：当需要最高渲染质量的 Autodesk 材质时，使用此选项。

图 11-23

3）输出：选择输出格式。从以下选项选择：

① JPEG：导出静态图像（从动画中的单个帧提取）的序列。使用"选项"按钮可选择"压缩"和"平滑"级别。

② PNG：导出静态图像（从动画中的单个帧提取）的序列。使用"选项"按钮可选择"隔行扫描"和"压缩"级别。

③ WindowsAVI：将动画导出为通常可读的 AVI 文件。使用"选项"按钮可从下拉列表中选择视频压缩程序，并调整输出设置。

注意：如果视频压缩程序在计算机上不可用，则"配置"按钮将不可用。

④ Windows 位图：导出静态图像（从动画中的单个帧提取）的序列。对于此格式，没有"选项"按钮。

4）选项：是可以配置选定输出格式的选项，不同的格式显示的选项是不一样的，用户根据自己需要配置不同的选项。

5）类型：使用该下拉列表可指定如何设置已导出动画的尺寸（对于动画，可以使用比静态图像低得多的分辨率，例如 640×480）从以下选项选择：

①显示：使用户可以完全控制宽度和高度（尺寸以像素为单位）。

②使用纵横比：使用户可以指定高度。宽度是根据当前视图的纵横比自动计算的。

③使用视图：使用户使用当前视图的宽度和高度。

④宽：使用户能够输入像素宽度。

⑤高：使用户能够输入像素高度。

注意：对于 Navisworks 视口输出，最大大小为 2048×2048 像素。

6）每秒帧数：指定每秒的帧数，此设置与 AVI 文件相关。

注意：每秒帧数越大，动画将越平滑。但使用高值将显著增加渲染时间。通常，使用 10 到 15 每秒帧数就可以接受。

7）抗锯齿：该选项仅适用于视口渲染器。抗锯齿用于使导出图像的边缘变平滑，从下拉列表中选择相应的值，数值越大，图像越平滑，但是导出所用时间就越长，4X 适用于大多数情况。

11.4.3　剖面

（1）剖分的模式。

使用 Navisworks，可以在三维工作空间中为当前视点启用剖分，并创建模型的横截面，剖分功能不适用于二维图纸。横截面是三维对象的切除的视图，可用于查看三维对象的内部。通过单击"视点"选项卡>"剖分"面板>"启用剖分"可为当前视点启用和禁用剖分。打开剖分时，"剖分工具"上下文选项卡会自动显示在功能区上。

"剖分工具"选项卡>"模式"面板中有两种剖分模式："平面"和"长方体（框）"。使用"平面"模式最多可在任何平面中生成六个剖面，同时仍能够在场景中导航，从而无须隐藏任何项目即可查看模型内部。默认情况下，剖面是通过模型可见区域的中心创建的。

剖面可存储在视点内部，因此它们也可以在视点动画和对象动画内使用以显示动态剖分的模型。

"长方体（框）"模式使用户能够集中审阅模型的特定区域和有限区域，如图 11-24 所示。移动框时，在"场景视图"中仅显示已定义剖面框内的几何图形。

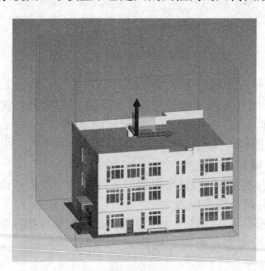

图 11-24

（2）平面设置。

默认情况下，会将剖面映射到六个主要方向之一。可以为当前剖面选择一种不同的对齐。可供选择的对齐有 6 种固定对齐和 3 种自定义对齐：

顶部 ：将当前平面与模型的顶部对齐。

底部 ：将当前平面与模型的底部对齐。

前面 █前面～：将当前平面与模型的前面对齐。

后面 █后面～：将当前平面与模型的后面对齐。

左侧 █左侧～：将当前平面与模型的左侧对齐。

右侧 █左侧～：将当前平面与模型的右侧对齐。

与视图对齐 █与视图对齐：将当前平面与当前视点相机对齐。

与曲面对齐 █与视图对齐～：使用户可以拾取一个曲面，并在该曲面"上"放置当前平面，其法线与所拾取的三角形的法线对齐。

与线对齐：使用户可以拾取一条线，并在该线"上"所单击的点处放置当前平面，并进行对齐，以便其法线就在该线上，从而朝向相机。

（3）变换及保存。

1）平面。使用"剖分工具"选项卡 >"变换"面板中的剖分小控件可以对剖面进行操作，也可以用数字操作剖面框。可以移动旋转剖面，但无法缩放剖面，所有小控件会共享相同的位置，这意味着动一个个小控件会影响其他小的小控件的位置，一次仅可以作一个平面（当前平面），但有可能将剖面链接到一起以形成截面。

移动：使用平移小控件平移当前剖面或剖面框。

旋转：使用旋转小控件平移当前剖面或剖面框。

缩放：不与剖面一起使用。

2）用数字移动剖面的步骤。

①单击"剖分工具"选项卡 >"模式"面板 >"平面"。

②单击"平面设置"面板上的"当前平面"下拉菜单，然后选择需要使用的平面，例如平面3，此平面会成为当前平面。

③单击"变换"面板，然后将数字值键入到"位置"输入框中以便按输入的数量移动当前平面。

3）用数字旋转剖面的步骤：

①单击"剖分工具"选项卡 >"模式"面板 >"平面"。

②单击"平面设置"面板上的"当前平面"下拉菜单，然后选择需要使用的平面，例如平面3，此平面会成为当前平面。

③单击"变换"面板，然后将数字值键入到"旋转"输入框中，以按输入的数量旋转当前平面。

4）长方体。使用小控件移动剖面框的步骤：

①单击"剖分工具"选项卡 >"模式"面板 >"框"。

②在"变换"面板上，单击"移动"。

③根据需要拖动小控件或面以移动框。

5）用数字移动剖面框的步骤：

①单击"剖分工具"选项卡 >"模式"面板 >"框"。

②单击"变换"面板，然后将数字值键入到"位置"输入框中，以按输入的数量移动框。

6）使用小控件旋转剖面框的步骤：

①单击"剖分工具"选项卡 >"模式"面板 >"框"。

②根据需要拖动小控件以旋转框。

③在"变换"面板上，单击"旋转"。

7）可选：单击"剖分工具"选项卡 >"保存"面板 >"保存视点"以保存当前剖分的视点。

8）用数字旋转剖面框的步骤：

①单击"剖分工具"选项卡 > "模式"面板 > "框"。

②单击"变换"面板，然后将数字值键入到"旋转"输入框中，以按输入的数量旋转框。

9）使用小控件缩放剖面框的步骤：

①单击"剖分工具"选项卡 > "模式"面板 > "框"。

②在"变换"面板上，单击"缩放"。

③根据需要拖动小控件上的缩放点以调整框的大小。

④可选：单击"部分工具"选项卡 > "保存"面板 > "保存视点"以保存当前剖分视点。

10）用数字缩放剖面框的步骤。

①单击"分工具"选项卡 > "模式"面板 > "框"。

②单击"变换"面板，然后将数字值键入到"大小"输入框中，以按输入的数量缩放框。

11）适应选择。将活动剖面或剖面框移动到在场景视图或选择树中所选项目的边界处。在长方体模式下，如果没有项目被选中，则单击该按钮后，此框将还原为默认的剖面框的大小和位置。

（4）链接剖面。

在 Navisworks 中，最多可以使 6 个平面穿过模型，但只有当前平面可以使用部分小控件进行操作。将剖面链接到一起可以使它们作为一个整体移动，并使用户能够实时、快速切割模型。可以在视点、视点动画和对象动画中使用剖面。

将平面链接到一起的步骤：

1）单击"剖分工具"选项卡 > "模式"面板 > "平面"。

2）通过单击"平面设置"面板上的"当前平面"下拉菜单，然后单击所有需要的平面旁边的灯泡图标，启用需要的平面，灯泡被照亮时，会启用相应的剖面并穿过"场景视图"中的模型。

3）单击"平面设置"面板上的"链接剖面"，现在会将所有启用的平面链接到一个剖面中。

4）如果"场景视图"中未显示移动小控件，请在"变换"面板上单击"移动"。

5）拖动小控件以移动当前剖面，现在会一起移动所有剖面，从而有效地在模型中创建一个剖面。

6）可选：单击"剖分工具"选项卡 > "保存"面板 > "保存视点"以保存当前剖分的视点。

注意：可以单击"动画"选项卡 > "创建"面板 > "录制"，然后创建一个显示分割的模型的视点动画。

11.5　碰撞检测

11.5.1　任务列表

使用"Clash Detective"可以设置碰撞检测的规则和选项，查看结果，对结果排序以及产生碰撞报告。

"测试"可展开面板用于管理碰撞检测和结果，可通过从所有"Clash Detective"选项卡单击展开按钮来显示。其中显示当前以表格格式设置并列出的所有碰撞检测，以及有关所有碰撞检测状态的摘要。

注意：如果未定义测试，则在"Clash Detective"窗口的顶部会显示"添加检测"和"导入碰撞检测"按钮。

在"测试"面板中单击测试后，该测试的相关详细信息将显示在不同的"Clash Detective"选项卡中。可以使用该选项卡右侧和底部的滚动条浏览碰撞检测。

注意：当前选定碰撞检测的摘要要始终显示在"Clash Detective"窗口的顶部，其中显示检测中的碰撞总数，以及已打开（"新建""活动的""已审阅"）和已关闭（"已核准""已解决"）碰撞的详细信息。如果碰撞检测在经过设置后通过某种方式进行了更改（这可能包括更改选项，或者载入了最新版本的模型），那么意味着结果可能不反映最新的模型或设置，则系统会显示警告，在此图标上单击鼠标右键，可以重新运行测试，如图 11-25 所示。

图 11-25

还可以更改碰撞检测的排序顺序。要执行此操作，请单击所需列的标题（名称）。这将在升序和降序之间切换排序顺序（也可通过在列标题上单击右键，选择按升序还是按降序排列）。

（1）按钮。

可以使用"测试"面板中的按钮来设置和管理碰撞检测。

1）添加检测：添加新碰撞检测。

2）全部删除：删除所有碰撞检测。

3）全部精简：删除所有测试中所有已解决的碰撞。

4）全部重置：将所有测试的状态重置为"新"。

5）全部更新：更新所有碰撞检测。

6）导入/导出碰撞检测：可以导入或导出碰撞检测，此处为导出碰撞检测的相关设置，即之前添加的测试信息。

（2）关联菜单。在任务检测栏上单击鼠标右键可打开一个关联菜单，从中可以管理当前选定的碰撞测试，如图 11-26 所示。如果单击"测试"面板的空白区域，则关联菜单将显示面板上与按钮相同的命令选项。

图 11-26

1）运行：运行碰撞检测。

2）重置：将测试的状态重置为"新"。

3）精简：删除当前测试中所有已解决的碰撞。

4）重命名：可以对当前测试进行重命名。

5）删除：删除选中的碰撞检测。

11.5.2　规则选项卡

"规则"选项卡用于定义要应用于碰撞检测的规则。该选项卡列出了当前可用的所有规则，如图 11-27 所示。这些规则可用于使"Clash Detective"在碰撞检测期间忽略某个模型的几何图形。可以编辑每个默认规则，并可以根据需要添加新规则，如图 11-28 所示。

图 11-27　　　　　　　　　　　　　　图 11-28

添加一个忽略建筑和结构碰撞的规则：

（1）首先，先观察一下可以通过哪个规则模板来实现想要的功能，可以利用系统提供的"指定的选择集"这一模板，来实现想要忽略的碰撞。

（2）回到项目中，为建筑模型和结构模型分别制作一个选择集，如图 11-29 所示。

（3）单击新建，选择"指定选择集"这一模板，如图 11-30 所示。

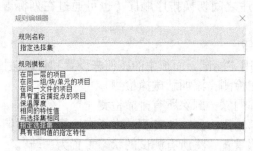

图 11-29　　　　　　　　　　　　　　图 11-30

（4）单击规则描述中第一个设置，进入到规则编辑器的子目录中选择之前创建的建筑模型集合。同理单击第二个设置，选择结构模型集合。

（5）创建完成新的规则之后，将新建的规则前面的复选框勾选上。运行测试时，该规则就会显示作用，建筑模型和结构模型之间的碰撞就不会被检测出来。

11.5.3　选择选项卡

通过"选择"选项卡，可以通过一次性检测项目集而不是针对整个模型本身进行检测来定义碰撞检测，使用它可以为当前在"测试"面板中选定的碰撞配置参数。

注意：碰撞检测中不包含隐含项目。

提示：若要运行所有测试，请使用"测试"面板上的"全部更新"按钮。（需要注意在单击全部更新之前确保已选择相应的模型图元）

（1）"选择 A"和"选择 B"窗格。这两个窗格包含将在碰撞检测中以相互参照的方式进行测试的两个项目集的树视图，需要在每个窗格中选择项目。

每个窗格顶部都有一个下拉列表，该列表复制了"选择树"窗口的当前状态，可以使用它们选择用于碰撞检测的项目：

1）标准：是显示默认的树层次结构（包含所有实例）。

2）紧凑：树层次结构的简化版本。

3）特性：基于项目特性的层次结构。

4）集合：显示与"集合"窗口上相同的项目。

如果使用选择集和搜索集，则可以更快、更有效和更轻松地重复碰撞检测，仔细考虑需要相互的对象集并相应地创建选择集 / 搜索集，创建合理好用的选择集 / 搜索集可以有效地提高工作效率。

（2）按钮。几何图形类型按钮：碰撞检测可以包含选定项目的曲面、线和点的碰撞，如图 11-31 所示。

图 11-31

1）曲面：使项目曲面碰撞，这是默认选项。

2）线：使包含线的几何图形（管道）碰撞。

3）点：使包含点的几何图形（激光、点云模型）碰撞。

4）自相交：如果除了针对另一个窗格中的几何图形选择测试该窗格中的几何图形选择外，还针对该窗格中的几何图形选择自身来进行测试，请单击该按钮。

5）使用当前选择：可以直接在"场景视图"和"选择树"可固定窗口中为碰撞检测选择几何图形。选择所需项目（按住 Ctrl 键并选择多个对象）后，单击所需窗格下的"使用当前选择"按钮创建相应的碰撞集。

6）在场景中选择：单击"在场景中选择"按钮可将"场景视图"和"选择树"可固定窗口中的焦点设置为与"选择"选项卡上"选择"窗格中的当前选择相同。

（3）设置。

1）类型。选择碰撞类型。有四个可能的碰撞类型：

硬碰撞：两个对象实际相交。

硬碰撞（保守）：此选项执行与"硬"碰撞相同的碰撞检测，但是它还应用了"保守"相交策略 [相交策略：标准的"硬"碰撞检测类型应用"普通"相交策略，会设置碰撞检测以在定义要检测的两个项目的任何三角形之间是否相交（所有 Navisworks 几何图形都由三角形构成）。这可能会错过没有三角形相交的项目之间的碰撞。例如，两个完全平行且在其末端彼此轻微重叠的管道。管道相交，而定义其几何图形的三角形都不相交，因此，在使用标准"硬"碰撞检测类型时会错过此碰撞。但是，选择"硬（保守）"报告所有项目时，这些项目可能会碰撞。这可能会使结果出现误报，但它是一种更彻底、更加安全的碰撞检查法]。

间隙碰撞：当两个对象相互间的距离不超过指定距离时，将它们视为相交。选择该碰撞类型还会检测任何硬碰撞。例如，当管道周围需要有隔离空间时，可以使用此类碰撞。

重复项：两个对象的类型和位置必须完全相同才能相交。此类碰撞检测可用于使整个模型针对其自身碰撞。可以检测到场景中可能错误复制的任何项目。

2）公差。控制所报告碰撞的严重性以及过滤掉可忽略碰撞的能力（可假设就地解决这些问题）。输入的公差大小会自动转换为示单位，例如，显示单位为米，键入"6 英寸"，则会自动将其转换为 0.152m。

3）链接。用于将碰撞检测与"TimeLiner"进度或对象动画场景联系起来。

4）步长。用于控制在模拟序列中查找碰撞时使用的"时间间隔大小"。只有在"链接"下拉菜单中进行选择后，此选项才可用。

5）复合对象碰撞。该复选框将限制选择集中的所有"复合对象"类别图元参与冲突检测运算，用于控制选择集的选择精度。（复合对象：例如 Revit 中的对墙体层次拆分零件之后，将拆分的零件级别导入到 Navisworks 中可以对零件级别的层次进行碰撞检测）

11.5.4　结果选项卡

通过"结果"选项卡，用户能够以交互方式查看已找到的碰撞。它包含碰撞列表和一些用于管理碰撞的控件，可以将碰撞组合到文件夹和子文件夹中，从而使管理大量碰撞或相关碰撞的工作变得更为简单。

（1）结果区域。已发现的碰撞显示在多列表中。默认情况下，碰撞按严重性编号和排序。使用竖直滚动条滚动碰撞时，将显示碰撞的摘要预览，可以更轻松地定位碰撞。（如有必要，可以对列进行排序以及调整其大小）

具有已保存视点的碰撞将显示有图标。双击图标可以显示视点缩略图。

（2）碰撞图标。图标显示在每个碰撞名称的左侧，它以可视方式标识碰撞状态。

注意：组由图标标识。可以单击碰撞组旁边的箭头，以便在显示和隐藏组中包含的碰撞之间切换。

（3）碰撞状态。每个碰撞都有一个与其关联的状态。每次运行同一个测试时，"Clash Detective"都会自动更新该状态，用户也可以自己更新状态。

新建的：当前测试运行首次找到的碰撞。

活动的：以前的测试运行找到但尚未解决的碰撞问题。

已审阅：以前找到且已由某人标记为已审阅的碰撞。

已核准：以前发现并且已由某人核准的碰撞。如果状态手动更改为"已核准"，则将当前登录的用户记录为批准者，将当前系统时间用作批准时间。如果再次运行测试并发现相同碰撞，其状态将保留为"已核准"。

已解决：以前的测试运行而非当前测试运行找到的碰撞。因此，假定问题已通过对设计文件进行更改而得到解决，并自动更新为此状态，如果将状态手动更改为"已解决"，并且新测试发现相同的碰撞，则它的状态将恢复为"新"。

（4）"结果"区域按钮。

新建组：创建一个新的空碰撞组。默认情况下，它名为"新碰撞组（x）"，其中"x"是新的可用编号。

从组中删除：从碰撞组中删除选定的碰撞。

分解一个组：对选定的碰撞结果组进行解组。

分配：打开"分配碰撞"对话框。

取消分配：取消分配选定碰撞组。

添加注释：向选定组中添加注释。

按选择过滤：仅显示涉及当前在"结果"选项卡的"场最视图"或"选择树"中所选项目的碰撞。

①无：禁用"按选择过滤"。

②排除：仅涉及当前选定的所有项目的碰撞会显示在"结果"选项卡中。

③包含：至少涉及当前选定的一个项目的碰撞会显示在"结果"选项卡中。

注意：如果碰撞组不包含涉及选定项目的任何碰撞，则会在视图中隐藏整个组及其内容。空组文件夹始终保持可见。如果某个组包含涉及选定项目的任何碰撞，则该组（及其包含的所有碰撞）将保持可见。该组中未直接涉及选定项目的个别碰撞以斜体显示。

重置：清除测试结果，而保持所有其他设置不变。

精简：从当前测试中删除所有已解决的碰撞，组中已解决的碰撞将被删除，但只有组中包含的所有碰撞都已解决时才会删除组本身。

重新运行测试：重新运行测试并更新结果。

（5）关联菜单。在"结果"选项卡中的碰撞上单击鼠标右键可打开以下关联菜单，如图11-32所示。

1）复制名称：复制聚焦单元的值。

2）粘贴名称：将复制的值粘贴到聚焦单元。对于只读单元，此选项处于禁用状态。

3）重命名：对选定碰撞进行重命名。

4）分配：打开"分配碰撞"对话框。

5）取消分配：取消分配选定碰撞。

6）添加注释：向选定碰撞中添加注释。

7）组：将所有选定碰撞组合在一起，将添加一个新文件夹。默认情况下，它名为新碰撞组（x），其中 x 是最新的可用编号。

8）快速过滤依据：过滤结果轴网以仅显示符合选定条件的碰撞。

9）按近似度排序：按与选定碰撞的近似度对碰撞结果排序。碰撞组按最接近选定的碰撞成员排序。

10）重置列：将列顺序重置为默认顺序。

（6）"显示设置"可展开面板。使用"显示/隐藏"按钮显示或隐藏"显示设置"可展开面板，使用下列选项可以有效查看碰撞，如图11-33所示。

1）高亮显示。"项目1"/"项目2"按钮：单击"项目1"和/或"项目2"按钮，可以替代"场景视图"中项目的颜色。用户可以选择使用选定碰撞的状态颜色，也可以选择"选项编辑器"设置的项目颜色。转至"选项编辑器">"自定义高亮显示颜色"，然后选择项目颜色。

使用项目颜色/使用状态颜色：使用特定的项目颜色或选定碰撞的状态颜色高亮显示碰撞。若更改颜色，请转到"选项编辑器">"工具">"ClashDetective">"自定义高亮显示颜色"。

图 11-32

图 11-33

2）隔离。"隔离"下拉列表：选择"暗显其他"可使选定碰撞或选定碰撞组中未涉及的所有项目变灰。这使用户能够更轻松地看到碰撞项目，选择"隐藏其他"可隐除选定碰撞或选定碰撞组中涉及的所有项目之外的所有其他项目。这样，用户就可以更好地关注碰撞项目。

降低透明度：只有从"隔离"下拉列表中选择"暗显其他"时，该复选框才可用。如果选中该复选框，则将碰撞中未涉及的所有项目渲染为透明以及灰色。可以使用"选项编辑器"自定义降低透明度的级别，以及选择将碰撞中未涉及的项目显示为线框。默认情况下，使用百分之八十五透明度。

自动显示：对于单个碰撞，如果选中该复选框，则会暂时隐藏遮挡碰撞项目的任何内容，以便在放大选定的碰撞时无须移动位置便可看到它。对于碰撞组，如果选中该复选框，则将在"场景视图"中自动显示该组中最严重的碰撞点。

3）视点。

"视点"下拉列表：

自动更新：在"场最视图"中从碰撞的默认视点导航至其他位置，会将该碰撞的视点更新为新的位置，且会在"结果"网格中创建新的视点缩略图。使用此选项可使 Navisworks 自动选择适当的视点或加载保存的视点，并保存进行的任何后续修改。

注意：选择"关注碰撞"始终返回到碰撞原始的默认视点。

自动加载：自动缩放相机，已选定碰撞或选定碰撞组中涉及的所有项目。

手动：在"结果"网格中选择碰撞后，模型视图不会移动到碰撞视点。如果使用此选项，则在逐个浏览碰撞时，主视点将保持不变。

动画转场：如果选择此选项，当在"结果"网格中选择碰撞后，可以通过动画方式在"场景视图"中显示碰撞点之间的转场，如果不选择此选项，则在逐个浏览碰撞时，主视点保持不变。默认情况下，会清除此复选框。

提示：若从该效果中获得最佳显示效果，则必选择"自动更新"或"自动加载"视点选项。

关注碰撞：重置碰撞视点，使其关注原始碰撞点。（如果已从原始点导航至别处，则视点的位置发生改变）

4）模拟。显示模拟：如果选中该复选框，则可使用基于时间的软（动画）碰撞。它将"TimeLiner"序列或动画场景中的播放滑块移动到发生碰撞的确切时间点，以便用户能够调查在碰撞之前和之后发生的事件。对于碰撞组，播放滑块将移动到组中"最坏"碰撞的时间点。

5）在环境中查看。通过该列表中的选项，可以暂时缩小到模型中的参考点，从而为碰撞位置提供环境。可选择以下选项之一：

全部：视图缩小以使整个场景在"场景视图"中可见。

文件：视图缩小（使用动画转场），以便包含选定碰撞中所涉及项目的文件范围在"场景视图"中可见。

常用：转至以前定义的主视图。

"查看"按钮：按住"查看"按钮可在"场景视图"中显示选定的环境视图。

注意：只要按住该按钮，视图就会保持缩小状态。如果快速单击（而不是按住）该按钮，则视图将缩小，保持片刻，然后立即再缩放回原来的大小。

6）"项目"可展开面板。使用"显示/隐藏"按钮显示或隐藏"项目"可展开面板。此面板包含在"结果"区域中选择的碰撞中的两个碰撞项目的相关数据，其中包括与碰撞中的每个项目相关的"快捷特性"，以及标准"选择树"中从根到项目几何图形的路径。

①在"左"窗格或"右"窗格中单击鼠标右键将打开一个关联菜单：

选择：在"场景视图"中选择项目，以替换当前的任何选择。

导入当前选择：当前在"场景视图"中选择的项目在"树"中将处于选定状态（如果项目存在于当前可见的层次结构中）。

对涉及项目的碰撞进行分组：创建一个新的碰撞组，其中包含在其上单击鼠标右键的一个或者多个项目所及的所有碰撞。

②"高亮显示"复选框：选中该复选框将使用选定碰撞的状态颜色替代"场景视图"中项目的颜色。

"组"按钮：将所有选定碰撞分在一组。将添加一个新文件夹。默认情况下，它名为新碰撞组（x），其中 x 是最新的可用编号。

"返回"按钮：在"项目"面板区域中选择一个项目，然后单击此按钮，会将当前视图和选定的对象发送回原始 Revit 应用程序中。

注意：在"选择树"上选定多个项目时，该按钮不可用。

"选择"按钮：在"项目"面板区域中选择一个项目然后单击此按钮，将在"场景视图"和"选择树"中选择碰撞项目。

11.5.5　报告选项卡

使用"报告"选项卡可以设置和写入包含选定测试中找到的所有碰撞结果的详细信息的报告。

（1）"内容"区域。选中所需的复选框可以指定要包含在报告中的与碰撞相关的数据。例如，可以包含与碰撞中涉及的项目相关的"快捷特性""TimeLiner"任务信息、碰撞图像等。

（2）"包含碰撞"区域。对于碰撞组，包括使用该框中的选项可指定如何在报告中显示碰撞组，从以下选项选择：

仅限组标题：报告将包含碰撞组摘要和不在组中的各个碰撞的摘要。

仅限单个碰撞：报告将仅包含单个碰撞结果，并且不区分已分组的这些结果。对于属于一个组的每个碰撞，可以向报告中添加一个名为"碰撞组"的额外字段以标识它。要启用该功能，请选中"内容"区域中的"碰撞组"复选框。

所有内容：报告将包含已创建的碰撞组的摘要、属于每个组的碰撞结果以及单个碰撞结果。对于属于一个组的每个碰撞，可以向报告中添加一个名为"碰撞组"的额外字段以标识。要启用该功能，需选中"内容"区域中的"碰撞组"复选框。

注意：如果测试不包含任何碰撞组，则该框不可用。

（3）输出设置。

1）报告类型，从下拉列表中选择报告类型：

当前测试：只为当前测试创建一个报告。

全部测试（组合）：为所有测试创建一个报告。

全部测试（分开）：为每个测试创建一个单独的报告。

2）报告格式，从下拉列表中选择报告格式：

XML：创建一个 XML 文件。

HTML：创建 HTML 文件，其中碰撞按顺序列出。

HTML（表格）：创建 HTML（表格）文件，其中碰撞检测显示为一个表格，可以在 Microsoft Excel 2007 及更高版本中打开并编辑此报告。

文本：创建一个 TXT 文件。

作为视点：在"保存的视点"可固定窗口（当运行报告时会自动显示此窗口）中创建

一个名为"测试名称"的文件夹。该文件夹包含保存为视点的每个碰撞，以及用于描述碰撞的附加注释。

保持结果高亮显示：此选项仅适用于视点报告，选中此框将保持每个视点的透明度和高亮显示。可以在"结果"选项卡和"选项编辑器"中调整高亮显示。

注意：使用 XML、HTML 或文本格式选项时，默认情况下，"Clash Detective"尝试为每个碰撞包含一个 JPEG 视点图像。请确保选中"内容"框中的"图像"复选框，否则该报告将包含断开的图像链接。对于碰撞组，视点图像是该组的聚合视点。需要为报告及其视点图像建一个单独的文件夹。

"写报告"按钮：创建选定报告并将其保存到选定位置中，单击写报告之后，选择要保存的路径，并更改文件的名称保存文件。

11.6　渲染

11.6.1　渲染介绍

渲染可以使设置的光源、应用的材质及选择的环境设置对模型的几何图形进行着色。

使用"Autodesk Rending 渲染"窗口可以访问和使用材质库、光源和环境设置。"Autodesk 渲染"包含"Autodesk Rending"工具栏，并包含以下选项卡：

（1）材质：用于浏览和管理材质的集合（称为"库"），或为特定的项目创建自定义库。

（2）材质贴图：用于调整纹理的方向，以适应对象的形状。

（3）光源：用于查看已添加到模型中的光源并自定义光源特性。

（4）环境：用于自定义"太阳""天空"和"曝光"特性。

11.6.2　"Autodesk Rending"工具栏

"Autodesk Rending"工具栏位于渲染选项卡系统面板中。使用此工具栏，用户可以处理材质贴图、创建和放置切换光源、切换太阳和曝光设置，并指定位置设置。

（1）材质贴图：选择用于选定模型项目的材质贴图类型，并切换贴图以反映选定模型条目当前使用的贴图。包含以下内容：

平面：选择"平面"材质贴图类型，并打开显示由此类型的默认设置的"材质贴图"选项卡。

立方体：选择"立方体"材质贴图类型，并打开显示由此类型的默认设置的"材质贴图"选项卡。

圆柱：选择"圆柱"材质贴图类型，并打开显示由此类型的默认设置的"材质贴图"选项卡。

球形：选择"球形"材质贴图类型，并打开显示由此类型的默认设置的"材质贴图"选项卡。

（2）创建光源：在"场景视图"中绘制不同的光源。包含以下：

点光源：选择"点光源"工具，并打开"光源"选项卡。将鼠标移动到场景视图中可放置该光源。

聚光灯：选择"聚光灯"工具，并打开"光源"选项卡。将鼠标移动到场景视图中可放置该光源。

平行光：选择"平行光"工具，并打开"光源"选项卡。将鼠标移动到场景视图中可放置该光源。

光域网灯光：选择"光域网灯光"工具，并打开"光源"选项卡。将鼠标移动到场景视图中可放置该光源。

（3）光源图示符：在"场景视图"中打开和关闭光源图示符的显示。建议：在放置、调整灯光时将光源图示符显示出来，在进行渲染出图时，将光源图示符关闭其显示状态。

（4）太阳：在当前视图中打开和关闭太阳的光源效果，并打开"环境"选项卡。

（5）曝光：在当前视图打开和关闭曝光设置，并打开"环境"选项卡。

（6）位置：打开"地理位置"对话框，从中可以指定三维模型的位置信息，这将影响阳光的渲染效果，即模拟真实状态下太阳的照射效果。

11.6.3 "材质"选项卡

使用"材质"选项卡可以浏览和管理材质。用户可以管理 Autodesk 提供的材质库，也可以为特定项目创建自定义库，使用过滤器按钮可以更改材质的显示、缩略图的大小及显示信息的数量。

常规操作包括浏览 Autodesk 提供的库，或为特定项目创建自定义库。将材质添加到当前模型。将材质放置到集合（也称为"库"）中，以便于访问。选择材质进行编辑。在多个库中搜索材质外观。

（1）"文档材质"面板：显示与打开的文件一起保存的材质。

材质库是材质及相关资源的集合。部分库是由 Autodesk 提供的，其他库则是由用户创建的。随产品一起提供的 Autodesk 库包含 700 多种材质和 1000 多种纹理。用户可以将 Autodesk 材质添加到模型中，对其进行编辑并将其保存到自己的库中。

使用"Autodesk 渲染"窗口可以浏览和管理 Autodesk 材质及用户定义的材质。列出材质库中当前可用的类别。选定类别中的材质将显示在右侧。将鼠标悬停在材质样例上方时，用于应用或编辑材质的按钮会变为可用。

（2）显示选项：提供用于过滤和显示材质列表的选项。

①库：显示用户指定的库。

收藏夹：一种特殊的用户库，用于存储用户定义的材质集合且该库不可以重命名。

Autodesk 库：包含预定义的材质，供支持材质的 Autodesk 应用程序使用。Autodesk 提供的库已被锁定，其旁边显示有锁定图标。虽然无法编辑 Autodesk 库，但用户可以将这些材质用作自定义材质的基础，而自定义材质可以保存在用户库中。

②查看类型：将列表设置为显示缩略图视图、列表视图或文本视图。

③排序：控制文档材质的显示顺序。可以按名称、类型或材质的颜色排序。在"库"部分中，还可以按类别排序。

④缩略图大小：设置显示的材质样例的大小。

（3）库面板中按钮操作命令。

显示/隐藏库树：显示或隐藏材质库列表（左侧窗格）。

管理库：创建、打开或编辑库和库类别。

材质编辑器：显示材质编辑器。

（4）编辑材质。使用"材质编辑器"可以编辑"材质"选项卡中选定的材质。若要打开"材质编辑器"，请双击"文档材质"面板中的一个材质样例。

材质编辑器的配置会更改，具体取决于选定材质的类型。可根据用户自己的需要添加合适的颜色和图像，并辅以反射率和凹凸等效果，达到一个渲染的最佳效果。

①"外观"选项卡：包含用于编辑材质特性的控件。

②材质预览和下拉选项：预览选定的材质，并提供用于更改缩略图预览的形状、不同环境下材质的显示和渲染质量的选项。

③材质浏览器：显示或隐藏"Autodesk 渲染"窗口。

④"信息"选项卡：包含用于编辑和查看材质信息的所有控件。指定有关材质的常规说明。

⑤名称：指定材质的名称。

⑥说明：提供材质说明。

⑦关键字：提供有关材质的关键字或标记。关键字用于搜索和过滤"材质"选项卡中显示的材质。

⑧关于：显示材质的类型、版本和位置。

⑨纹理路径：显示与材质属性关联的纹理文件的文件路径。

（5）将材质应用到对象。

1）在文档材质库中选择材质。

①在"场景视图"或"选择树"中选择对象，也可根据用户制作的选择集或搜索集去选择对象。

②单击"渲染"选项卡＞"系统"面板＞"Autodesk 渲染"。

③在文档材质库的材质上单击鼠标右键，打开关联菜单。可选择选项直接指定给当前选择的对象或者删除指定对象的材质，以及选择应用到该材质的对象。也可对该材质进行其他的编辑操作，如编辑、复制、重命名等。

2）在 Autodesk 材质库中给材质。

①在"场景视图"或"选择树"中选择对象，也可根据用户制作的选择集或搜索集选择对象。

②单击"渲染"选项卡＞"系统"＞面板"Autodesk 渲染"。

③在 Autodesk 库的材质上单击，有两个选项。通过单击可将材质应用于该选择对象。

11.6.4 "材质贴图"选项卡

使用"材质贴图"选项卡可以自定义在"渲染"工具栏中选择的材质贴图类型的默认设置。一次仅可为一个几何图形项目调整材质贴图，如多边形或几何图形的实例化项目。此选项适用于对渲染要求较高，对材质纹理位置细部要求较高的渲染使用。故仅建议高级用户使用此功能。

（1）调整材质贴图。Navisworks 提供了一种方法，可为选定的几何图形选择相应的贴图类型，并调整在几何图形上放置、定向和缩放材质贴图的方式。如果使用默认贴图坐标的材质不符合用户的要求，则需要调整贴图。

大多数材质贴图都是分配给三维曲面的二维平面。因此，用于说明贴图放置和变形的坐标系与三维空间中使用的 X、Y 和 Z 轴坐标不同。贴图坐标也称为 UV 坐标。U 相当于 X，表示贴图的水平方向。V 相当于 Y，表示贴图的垂直方向。这些字母指的是在对象自己空间中的坐标，而 XZY 坐标则是将场景作为一个整体进行描述。

材质贴图定义如何将三维坐标和法线转换为二维纹理坐标（UV），从而用于查找颜色等。每个特定贴图都具有不同的"模板"，控制如何执行贴图。"平移""缩放"和"旋转"字段中的"常规"部分中，先定义应用到每个三维坐标和法线的变换，将三维点转换为纹理坐标，然后再为每个具体的贴图类型应用模板。"域最小值"和"域最大值"字段中的值被用在许多贴图模板中，以确定针对每个坐标将坐标空间（X、Y、Z）中的哪个范围（最小值到最大值）映射到纹理空间中 0 到 1 的范围。

①平面贴图：使用三维点的平面投影计算纹理坐标，如图 11-34 所示。

变换后的 X 和 Y 坐标将基于"域最小值"和"域最大值"的值进行调整，并用作 U、V 值，如下所示，

U=（X-Xlow）/（Xhigh-Xlow）

V=（Y-Ylow）/（Yhigh-Ylow）

②长方体贴图：使用三维点六个平面投影中的一个来计算纹理坐标，如图 11-35 所示。

长方体贴图会根据法线方向进行不同的平面投影。假设用户放置一个长方体来包围某对象，法线的方向将决定长方体的哪个面（顶部、底部、左侧…）贴图用于点。

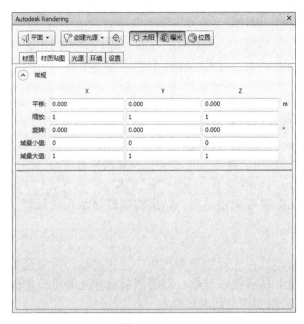

图 11-34

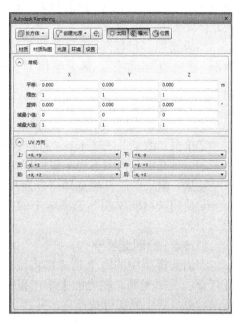

图 11-35

U、V 方向将定义用于每个面的实际平面贴图。尤其是，会定义三维空间中分别映射到 U 和 V 的轴，对于每个三维点，采用与进行平面贴图相似的方法来应用域调整，然后将点投影到 U、V 各自对应的指定轴，并确定与原点之间的距离。

③球体贴图：通过原点处的球体投影计算纹理坐标，如图 11-36 所示。

假设用户放置一个球体来包围对象，每个 X、Y、Z 点都投影到球体上最近的点，U、V 实际上是点的极坐标（角度对）。

④圆柱体贴图：坐标映射到圆柱曲面（侧面）或每个圆柱体末端的平面"封口"（如果"封口"复选框处于"打开"状态）。如果未选中"封口"复选框，则仅使用圆柱曲面，如图 11-37 所示。

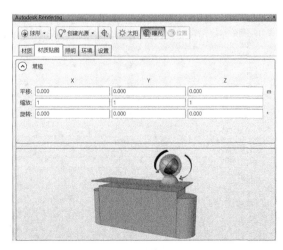

图 11-36

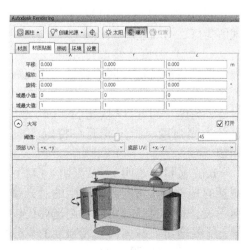

图 11-37

圆柱体贴图类似于长方体贴图，但需要假设放置圆柱体来包围对象。"大写"复选框可以确定圆柱体封口是否应使用圆柱体侧面之外的其他变换进行纹理贴图。"阈值"是点与圆柱体轴之间的角度，以度数为单位，用于决定应使用封口贴图还是侧面贴图。默认情况下，使用45°。封口方向（"顶部UV"和"底部UV"）会指定封口上纹理坐标的方向，类似于长方体贴图的方向参数。

如果使用"封口"，用户将获得平面贴图，就像长方体贴图侧面一样。如果使用圆柱曲面，则U基于角度，就像球体U一样，而V=Z（应用"域最小值"和"域最大值"贴图后）。

（2）调整材质贴图的步骤。

①在"场景视图"中或"选择树"上选择几何图形项目。

②单击"渲染"选项卡>"系统"面板>"Autodesk渲染"。

③如果选定几何图形尚未应用任何材质，使用"材质"选项卡，为其选择材质。

④从"渲染"工具栏选择适合该几何图形的贴图类型，例如"长方体"。

⑤使用"材质贴图"选项卡上的字段根据需要调整贴图，结果将实时显示在"场景视图"中。

11.6.5　照明选项卡

添加到模型中的每个光源都将按名称和类型在光源视图中列出，通过"状态"复选框可打开和关闭光源。在光源上单击鼠标右键可显示关联菜单，即将当前选择光源进行删除操作。单击一个光源可选择它，并在"属性"视图中显示其属性。

在列表中选择一个光源时，模型中也会选择该光源，反之亦然。在模型中选择一个光源后，可以使用小控件来移动该光源并更改其他一些属性，例如，修改聚光灯中的热点和落点圆锥体，鼠标左键单击黄色的点，出现移动的图标即可修改。用户还可以在"属性"视图中直接调整光源的设置。在更改光源属性时，可以看到模型上产生的效果。

注意：默认情况下，模型中最多可使用八个光源。如果光源数超过八个，它们将不会影响模型，即使启用它们也是如此。可用"选项编辑器"以使用无限数量的光源。

特性视图：

（1）"属性"视图显示当前选定光源的属性，如图11-38所示。

1）名称：指定分配给光源的名称。

2）类型：指定光源的类型，点光源、聚光灯、平行光或光域网灯光。

3）开关状态：控制光源处于打开状态还是关闭状态。

4）过滤颜色：设定发射光的颜色，即可理解为灯罩的颜色。

5）灯光强度：修改灯光亮度。灯光强度表示照度或沿特定方向的能量，此处需注意平行光源无法进入此选项。

a.亮度（cd）：以坎德拉（cd）为单位测量的发光强度。指定光源在特定方向产生的光量。

b.光通量（流明）：以流明（LM）为单位测量的光通量。指定光源产生的总光量，与方向无关。此信息通常由灯具制造商提供。在数学上，光通量是球体内发光强度的积分值。光通量的计算取决强度的分布。对于具有固定

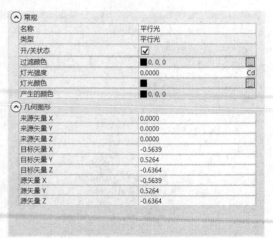

图11-38

强度的点光源，光通量就是强度与球体立体角的乘积。对于聚光灯，光通量是强度与热点圆锥体立体角的乘积，加上衰减区域的增量立体角。对于光域网灯光，没有任何分析公式。光通量通过对光域网灯光文件中提供的强度进行数值积分获得。

c. 照度（LX）：照度以勒克斯为单位测量，表示到达表面的光量（面积光通量密度）。选中此单选按钮后，"距离"字段将变为可用。距离：照度受光源到表面的距离的影响。使用此字段可调整该值。

d. 瓦特（W）：通过修改效能值，调整瓦特。

6）灯光颜色：通过此对话框可设置灯的颜色以及光度控制灯光。

a. 标准颜色：如果要从标准颜色（光谱）的固定列表中选择灯光颜色，请选择此单选按钮。

b. 开尔文颜色：如果要以开氏温度指定颜色，请选择此单选按钮。颜色与该温度下理想黑体的辉光对应。在提供的字段中输入所需的值（介于 1000 ～ 20000 之间）。

7）产生的颜色：产生的颜色由灯光颜色和过滤颜色共同决定，相当于灯泡和灯罩的颜色共同决定。例：灯泡是白色的，灯罩是红色的，产生的颜色就是红色的；灯泡是红色的，灯罩是白色的，产生的颜色还是红色的。

（2）几何图形。

可控制光源的位置。如果光源是聚光灯或光域网灯光，则有更多的目标点属性可用。

11.6.6　环境选项卡

使用"环境"选项卡配置太阳属性、天空属性和曝光设置。只有在打开曝光时，才显示日光和天空效果，否则"场景视图"中的背景将变为白色。

（1）太阳。

设置并修改阳光的属性。通常配合位置一同使用。"打开"复选框：打开和关闭阳光。如果没有在模型中启用光源，则此设置无效。若要控制模型光源，请转到"视点"选项卡＞"渲染样式"面板。

1）常规：设置阳光的常规属性。

①强度因子：设定阳光的强度或亮度。取值范围为 0（无光源）到最大值。数值越大，光源越亮。

②颜色：可以使用颜色选择器选择太阳的颜色。

2）太阳圆盘外观：这些设置仅影响背景，它们控制太阳圆盘的外观。

①圆盘比例：指定太阳圆盘的比例（正确尺寸为 1.0）。

②辉光强度：指定太阳辉光的强度，值为 0.0 至 25.0。

③圆盘亮度：指定太阳圆盘的亮度，值为 0.0 至 25.0。

3）太阳角度计算器：设定阳光的角度。

相对光源，使用建筑或视点的相对太阳位置以快速生成渲染结果（使用外部太阳光源）。这是默认设置。

①方位角：指定水平坐标系的方位角坐标。范围为 0° ～ 360°。默认设置为 135°。

②海拔：指定地平线以上的海拔或标高。范围为 0 ～ 90。默认设置为 50。

③地理：选择"地理"以使用太阳 / 位置设置。

④日期：设定当前日期设置。

⑤时间：设定当前时间设置。

⑥夏令时：设定夏令时的当前设置，又称"日光节约时制"和"夏令时间"，是一种为节约能源而人为规定地方时间的制度。在这一制度实行期间所采用的统一时间称为"夏令时间"。一般在天亮早的夏季人为将时间调快一小时，可以使人早起早睡，减少照明量，以

充分利用光照资源，从而节约照明用电。各个采纳夏令时制的国家具体规定不同。目前全世界有近 110 个国家每年要实行夏令时。

（2）天空。

1）渲染天光照明：选中此复选框将在"场景视图"中启用阳光效果。对于真实视觉样式和真实照片级视觉样式，都将显示该效果。如果清除该复选框，将不会显示阳光。

2）强度因子：提供一种增强天光效果的方式。值为 0.0 至最大值。默认值为 1.0。

3）薄雾：确定大气中的散射效果量级。值为 0.0 ~ 15.0。默认值为 0.0。

4）夜间颜色：可以使用颜色选取器选择夜空的颜色。

5）地平线高度：使用滑块来调整地平面的位置。

6）模糊：使用滑块来调整量地平面和天空之间的模糊量。

7）地面颜色：可以使用颜色选取器选择地平面的颜色。

（3）曝光。

控制如何将真实世界的亮度值转换到图像中。"打开"复选框：打开和关闭曝光（或色调贴图）。对于真实视觉样式和真实照片级视觉样式，都将显示该效果。如果取消选中该复选框，场景背景将变为白色，并且不会显示太阳和天空模拟。

1）曝光值：渲染图像的总体亮度。此设置相当于具有自动曝光功能的相机中的曝光补偿设置。输入一个介于 –6（较亮）和 16（较暗）之间的值，默认值为 6。

2）高光：图像最亮区域的亮度级别。输入一个介于 0（较暗的高亮显示）和 1（较亮的高亮显示）之间的值，默认值为 0.25。

3）中间色调：亮度介于高光和阴影之间的图像区域的无度级别。输入一个介于 0.1（较暗的中间色调）到 4（较亮的中间色调）之间的值，默认值为 1。

4）阴影：图像最暗区域的亮度级别。输入一个介于 0.1（较亮的阴影）和 4（较暗的阴影）之间的值。

5）白点：在渲染图像中应显示为白色的光源的颜色温度。此设置类似于数码相机上的"白平衡"设置。默认值为 6500。如果渲染图像看上去橙色太浓，可减少"白点"值。如果渲染图像看上去蓝色太浓，可增大"白点"值。

6）饱和度：渲染图像中颜色的强度。输入一个介于 0（灰色 / 黑色 / 白色）到 5（更鲜艳的色彩）之间的值，默认值为 1。

（4）位置。

使用此对话框可以在模型中设定地理位置的纬度、经度和北向。"场景视图"会显示太阳在自定义时区的自定义位置。如图 11–39 所示。

1）纬度和经度：以"十进制数"表示纬度 / 经度，例如 37.87222°；以"度 / 分 / 秒"表示纬度 / 经度，例如 37°52'20"。

2）纬度：设定当前位置的纬度，有效范围是 0° ~ +90°。

3）经度：设定当前位置的经度，有效范围是 0° ~ +180°。北 / 南：控制正值是表示赤道以北还是表示赤道以南。东 / 西：控制正值是表示本初子午线以西还是表示本初子午线以东。

4）时区：指定时区，可以直接在该字段中设置时区。

图 11–39

5）北向：在"场景视图"中控制太阳的位置，此设置对模型的坐标系或 ViewCube 指南针方向没有任何影响。

6）角度：移动滑块来指定相对于北向的角度，从 0° 开始，范围为 0°～360° 。

（5）设置。

1）当前渲染预设：使用"Autodesk 渲染"窗口中的"设置"选项卡可自定义渲染样式预设。

注意：每个预设仅保存一个自定义设置。编辑这些设置时，将覆盖之前的自定义。可重用的渲染参数将存储为渲染预设。可以从一组默认的渲染预设中选择，也可以使用"设置"选项卡创建自己的自定义渲染预设。渲染样式预设通常针对相对快速的预览渲染而定制，其他预设可能针对较慢但质量较高的渲染而创建。选择渲染样式预设可自定义渲染输出的质量和速度。

2）基本。

①渲染级别：指定 1 到 50 的渲染级别，级别越高，渲染质量越高。

②渲染时间（分钟）：指定渲染时间（以分钟为单位）。渲染动画时，此设置将控制渲染整个动画（而不是单独的动画帧）所花费的时间。

11.6.7　选择渲染质量

用户可以在多个预定义渲染样式中进行选择，以控制值渲染输出的质量和速度。成功进行渲染的关键是在所需的视觉复杂性和渲染速度之间找到平衡。最高质量的图像通常所需的渲染时间也最长。渲染涉及大量的复杂计算，这些计算会使计算机长时间处于繁忙状态。若要高效工作，应考虑生成其质量对于用户的特定项目足够好或可接受的图像。

（1）Navisworks 中有多种渲染样式可用，用户可以通过单击功能区上的"交互式光线追踪"组合下拉按钮（"渲染"选项卡＞"渲染"面板）访问这些渲染样式。

该复选标记指示当前选定的样式。若要选择其他样式，在其上单击即可。

光线跟踪下拉列表如下：

①低质量：抗锯齿被忽略。样例过滤和光线跟踪处于活动状态。着色质量低。若要快速看到应用于场景的材质和光源效果，应使用此渲染样式。生成的图像存在细微的不准确性和不完美（瑕疵）之处。

②中等质量：抗锯齿处于活动状态。样例过滤和光线跟踪处于活动状态，且与"低质量"渲染样式相比，反射深度设置增加。在导出最终渲染输出之前，可以使用此渲染样式执行场景的最终预览。生成的图像将具有令人满意的质量，以及少许瑕疵。

③高质量：抗锯齿、样例过滤和光线跟踪处于活动状态。图像质量很高，且包括边、反射和阴影的所有反射、透明度和抗锯齿效果。此渲染质量所需的生成时间最长。将渲染样式用于渲染输出的最终导出。生成的图像具有高保真度，并且最大限度地减少了瑕疵。

④茶歇时间渲染：使用简单照明计算和标准数值精度将渲染时间设置为 10min。

⑤午间渲染：使用高级照明计算和标准数值精度将渲染时间设置为 60min。

⑥夜间渲染：使用高级照明计算和高数值精度将渲染时间设置为 720min。

⑦自定义设置：自定义基本和高级渲染设置以供渲染输出。若要更改设置，请转到"Autodesk 渲染"窗口＞"设置"选项卡。

（2）交互式光线追踪。

①交互式光线追踪面板中包含光线追踪、暂停、停止三个选项，其中暂停是对之前进行的渲染进行暂停的操作，暂停渲染。

②保存选项需单击暂停或渲染完成之后方可亮选使用，将渲染的图片进行保存到本地的处理。其中可选择保存格式。

③关闭选项是退出当前渲染状态，不再进行实时交互式光线追踪的操作。

11.7　人机动画

动画是一个经过准备的模型更改序列，更改包括通过修改几何图形对象的位置、旋转、大小和外观（颜色和透明度）来操作几何图形对象。此类更改称作动画集。

通过使用不同的导航工具或使用现有的视点动画来操作视点，此类更改称作相机。

通过移动剖面或剖面框来操作模型的横断面切割，此类更改称作剖面集。

11.7.1　Animator 窗口

"Animator"窗口是一个浮动窗口，通过该窗口可以将动画添加到模型中，如图 11-40 所示。

"Animator"窗口包含以下组件：工具栏、树视图、时间轴视图和手动输入栏。

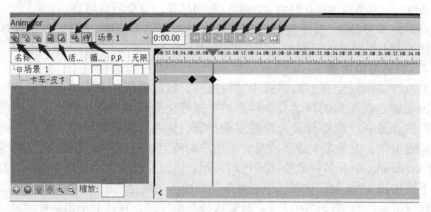

图 11-40

（1）工具栏如下所示：上图箭头所示（从左到右）：

1）使"Animator"处于旋转模式。"旋转"小控件会显示在"场景视图"中，能够修改几何图形对象的旋转。从工具栏中选择其他对象操作模式之前，该模式一直处于活动状态。

2）使"Animator"处于颜色模式。手动输入栏中显示一个调色板，通过它可以修改几何图形对象的颜色。

3）为当前对模型所做的更改创建快照，并将其作为时间轴视图中的新关键帧。

4）选择活动场景。

5）控制时间轴视图中时间滑块的当前位置。

6）将动画倒回到开头。

7）倒回一秒。

8）从尾到头反向播放动画，然后停止。这不会改变动画元素面对的方向。

9）暂停动画。要继续播放动画，请单击"播放"。

10）停止动画，将动画倒回到开头。

11）从头到尾正向播放动画。

12）正向播放动画一秒。

13）使动画快进到结尾。

下方箭头所示（从左到右）：

1）使"Animator"处于平移模式。"平移"小控件会显示在"场景视图"中，能够修改几何图形对象的位置。从工具栏中选择其他对象操作模式之前，该模式一直处于活动状态。

2）使"Animator"处于缩放模式。"缩放"小控件会显示在"场景视图"中，能够修改几何图形对象的大小。从工具栏中选择其他对象操作模式之前，该模式一直处于活动状态。

3）使"Animator"处于透明度模式。手动输入栏中显示一个透明度滑块，通过它可以修改几何图形对象的透明度。

4）启用/禁用捕捉。仅当通过拖动"场景视图"中的小控件来移动对象时，捕捉才会产生效果，并且不会对数字输入或键盘控制产生任何效果。

（2）"Animator"树视图："Animator"树视图在分层的列表视图中列出所有场景和场景组件，使用它可以创建并管理动画场景。

分层列表：可以使用"Animator"树视图创建并管理动画场景。场景树以分层结构显示场景组件，如动画集、相机和剖面。要处理树视图中的项目，必须先选择它。

在树视图中选择一个场景组件会在"场景视图"中选择该组件中包含的所有元素。例如，在树视图中选择一个动画集会自动选择该动画集中包含的所有几何图形对象。

通过拖动树视图中的项目可以快速复制并移动这些项目。在树视图中单击要复制或移动的项目，按住鼠标右键并将该项目拖动到所需的位置。当鼠标指针变为箭头时，释放鼠标右键会显示关联菜单，根据需要单击"在此处复制"或"在此处移动"。

关联菜单：对于树中的任何项目，可以通过在项目上单击鼠标右键显示关联菜单，如下命令只要适用，就会显示在关联菜单上。

添加场景：将新场景添加到树视图中。

添加相机：将新相机添加到树视图中。

添加动画集：将动画添加到树视图中。

更新动画集：更新选定的动画集。

添加剖面：将新剖面添加到树视图中。

添加文件夹：将文件夹添加到树视图中。文件夹可以存放场景组件和其他文件夹。

添加场景文件夹：将场景文件夹添加到树视图。场景文件夹可以存放场景和其他场景文件夹。添加场景文件夹时，若在选中某个空场景文件夹时执行此操作，Navisworks 会在树的最顶端创建新的场景文件夹，否则会在当前选择下创建文件夹。

活动：启用或禁用场景组件。

循环播放：为场景和场景动画选择循环播放模式。动画正向播放到结尾，然后再次从开头重新启动，无限期循环播放。

往复播放：为场景和场景动画选择往复播放模式。动画正向播放到结尾，然后反向播放到开头。除非选择了循环播放模式，否则往复播放只发生一次。

无限播放：选择无限模式；它只适用于场景，并将使场景无限期播放（直到单击"停止"后才会停止播放）。

剪切：将树中选定的项目剪切到剪贴板。

复制：将树中选定的项目复制到剪贴板。

粘贴：从剪贴板将项目粘贴到新位置。

删除：从树中删除选定项目。

"Animator"窗口下方还有一些图标，其用途如下所示：

🔘：打开一个快捷菜单，使用该快捷菜单可以向树视图中添加新项目。

🔘：删除在树视图中当前选定的项目。（注：若意外删除了某个项目，请单击快速访问工具栏上的"撤消"来恢复。）

⬆：在树视图中上移当前选定的场景。

⬇：在树视图中下移当前选定的场景。

$\oplus$：基于时间刻度条进行放大。实际值显示在右侧的"缩放"框中。

$\ominus$：基于时间刻度条进行缩小。实际值显示在右侧的"缩放"框中。

使用场景视图中的复选框可以控制相应项目是否处于活动状态、是否循环播放或往复播放以及是否应无限期运行。

活动：此复选框仅适用于场景动画。选中此复选框可使场景中的动画处于活动状态。将仅播放活动动画。

注意：要使场景处于活动状态，需要在"Animator"工具栏上的"场景选择器"中选择它。

循环播放：此复选框适用于场景和场景动画，通过它可以控制播放模式。选中此复选框将使用循环播放模式，当动画结束时，它将重置到开头并再次运行。

P.P：此复选框适用于场景和场景动画。通过它可以控制播放模式。选中该复选框将使用往复播放模式。当动画结束时，它将反向运行，直到到达开头。除非还选择了循环播放模式，否则往复播放将只发生一次。

无限播放：此复选框仅适用于场景。选中此复选框将使场景无限期播放（在单击"停止"前一直播放）。如果取消选中该复选框，场景将一直播放到结束为止。

注意：如果将场景设置为"无限"，它也无法循环播放或往复播放；因此，如果选中该复选框，"循环播放"和"P.P."复选框将对场景不可用。

11.7.2　卡车—皮卡平移动画

（1）打开 Navisworks 测试模型，单击动画视点进入该视点，如图 11-41 所示。

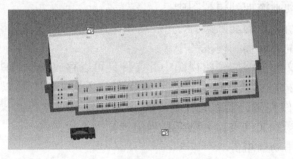

图 11-41

（2）选择场景视图中卡车—皮卡，在选择树中单击选择卡车—皮卡。

（3）在"Animator"窗口中单击添加场景。

（4）在确保场景视图中选择的状态下，在场景 1 上单击右键，添加动画集，从当前选择，即把当前的卡车—皮卡添加到场景 1 中。在此时，可以看到还有一个选项是从当前搜索 / 选择集，如果用户在之前将卡车—皮卡做成搜索 / 选择集，也可以在选择的时候选择第二个选项。

（5）双击"动画集 1"，对该动画集进行重新命名，将"动画集 1"修改为"卡车—皮卡"，此目的是让用户能在制作多个动画时区分开哪个动画集对应着哪个构件。

（6）单击"卡车—皮卡"动画集，可以看到后面的时间轴上出现指针显示当前时间位置，单击如图 11-42 所示框选的捕捉关键帧图标，进行关键帧的捕捉，即在第 0 秒的时候卡车—皮卡的位置是在原始

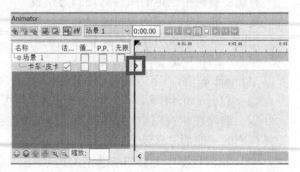

图 11-42

位置不变的。

（7）接下来制作卡车—皮卡的移动后位置，并捕捉该位置的时间。首先在时间的输入框中输入时间 5s（动画的播放时间），按 Enter 键确定。然后再选择移动命令，对卡车—皮卡进行移动，手动拖动绿色轴向（Y 轴），移动到如图 11-43 所示的位置。

图 11-43

（8）除了手动拖拽轴，也可以对移动的位置进行精确控制，绿色的轴向是 Y 轴，可以直接输入 Y 轴的数值进行移动。在调节数值的时候可以将查看选项卡下——导航辅助工具中 HUD 下拉菜单中的 X、Y、Z 轴勾选上，方便观察轴向，如图 11-44 和图 11-45 所示。

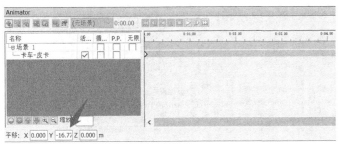

图 11-44

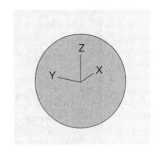

图 11-45

（9）在时间的输入框中输入时间 10s，按 Enter 键确定。选择平移动画集，将卡车—皮卡移动到如图 11-46 所示位置，单击捕捉关键帧。

图 11-46

（10）到这里移动动画就制作完了。单击视频编辑区域可对该段动画进行播放、暂停等操作（在播放时可将平移动画集命令取消、将皮卡—卡车的选中状态也取消，使播放时效果更好一些）。观察创建的动画是否合适，如果在时间上需要改动可以直接拖拽相应的关键帧，调整时间间隔。如果在卡车—皮卡的位置上需要调整，可以先单击选中要调整的关键帧再对该关键帧的卡车—皮卡进行平移操作，然后单击捕捉关键帧，即将当前关键帧进行更新。

11.7.3　卡车—皮卡旋转动画

（1）在上一点的基础上，重新在卡车—皮卡上做一个旋转动画，首先选择上一点制作的卡车—皮卡动画，单击鼠标右键执行删除操作，将该动画删除。

（2）在选择树中单击选择混凝土卡车，将混凝土卡车添加到场景 1 中，将动画集 1 名称改为混凝土卡车，并对混凝土卡车添加一个平移动画，时间长度为 5 秒，移动到车库门前位置即可。

（3）与上一点操作相同，将卡车—皮卡添加到场景 1 中，并命名该动画集为卡车—皮卡。勾选取消混凝土卡车后的"活动"复选框对勾。设置卡车—皮卡的动画，让卡车—皮卡在第 0 秒的时候保持在原位置不动，在第 5 秒的时候走到十字路口，完成两个关键帧的设置。

（4）继续对卡车—皮卡执行旋转操作，将时间位置调至第 8 秒，单击旋转动画集，将旋转中心移动到卡车—皮卡中心位置上，如图 11-47 所示。如果旋转中心默认在卡车—皮卡上，则无须调整。调整视点位置，拖动蓝色半弧旋转轴对卡车—皮卡进行旋转。旋转一定角度后，观察 Animator 选项框，可以看到旋转后的 Z 轴位置角度发生了改变（手动拖曳旋转了一定位置即为该处的值变化），接下来手动调整，将该值修改为 90°，使卡车—皮卡旋转完成，捕捉关键帧。在第 8 秒时记录下此状态。

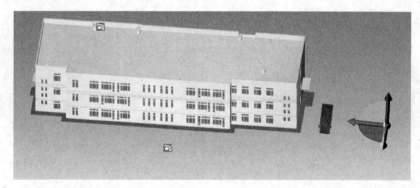

图 11-47

（5）继续选择卡车—皮卡动画集，输入时间 10 秒。使用平移动画集，将皮卡—卡车移动到如图 11-48 所示位置，并捕捉该关键帧。

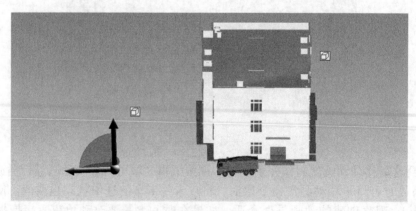

图 11-48

（6）将混凝土卡车动画集后的活动复选框播放，播放结束后，两车的位置如图 11-49 所示。

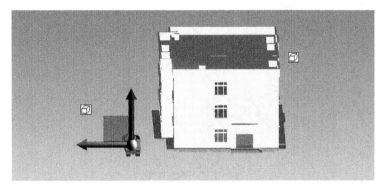

图 11-49

11.7.4　混凝土卡车缩放动画

在上一点的旋转动画基础上再次调整，由于混凝土卡车较大，进仓库不是很方便，这里再做一个缩放动画，将混凝土卡车缩小。

（1）首先将卡车—皮卡的活动复选框勾选掉，只对混凝土卡车进行操作。在这里想实现一个混凝土卡车逐渐变小的过程，首先在第 0 秒的时候大小是不变的。

（2）将时间位置调到第 5 秒位置上，单击缩放动画集，修改该位置上混凝土卡车的大小状态。将 X、Y、Z 值分别修改为 0.4。可以观察到混凝土卡车的大小已经发生了变化，如图 11-50 所示。

（3）仔细观察会发现，混凝土卡车的位置变化是不正确的，混凝土卡车的位置是悬浮在空中的，如图 11-51 所示。

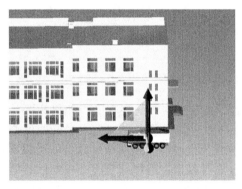

图 11-50

图 11-51

需要利用平移动画集将混凝土卡车的位置进行调整，将混凝土卡车放在路面上。捕捉该位置的关键帧。

（4）单击播放按钮，查看混凝土卡车的这一段缩放动画。如果在播放过程中，发现缩放的时候车的轮子会陷入地面之下。这是轴心的问题，需要将第 5 秒的轴心移动到混凝土卡车的中心位置：单击第 5 秒的关键帧，单击旋转动画集，直接拖拽轴心，将其放在卡车中心位置，单击捕捉关键帧命令以更新关键帧，再次播放。

11.7.5　卡车—皮卡、混凝土卡车混合动画

在上一点缩放动画的基础上继续添加颜色和透明度的动画集。

（1）首先将卡车—皮卡的活动复选框关掉，先修改混凝土卡车的动画集，为其添加颜色动画集。选中第 0 秒的关键帧，单击颜色动画集，修改颜色，将颜色改为红色（Red）。单击捕捉关键帧，捕捉下该状态，如图 11-52 所示。

图 11-52

（2）单击播放动画，可以发现混凝土卡车会从红色慢慢变成混凝土卡车原本的颜色。

（3）接下来在卡车—皮卡上添加透明度动画集，将混凝土卡车的动画集后的活动复选框取消勾选，在卡车—皮卡后的复选框勾选。将卡车—皮卡的时间位置调整到第5秒的位置，然后单击更改动画集的透明度，修改该位置的动画集透明度值为50%，如图11-53所示。

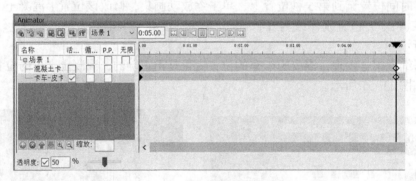

图 11-53

（4）单击播放动画，会发现透明度的变化不是渐变的而是突变的，如果想要让透明度的变化是一个渐变的过程，那么就应当将第0秒的时间位置上也加上一个透明度修改动画集。虽然第0秒的位置透明度为0，但是这一位置上已经有了透明度动画集就可以实现透明度从0到50的渐变过程。给第0秒透明度的方式可以直接选择"更改动画集的透明度"命令，然后将透明度后的复选框打上对钩，或者在第0秒的关键帧上单击鼠标右键编辑，将透明度后的复选框打上对钩，单击确定。同样，将第8秒时间位置的透明度修改为80%，将第10秒时间位置的透明度修改为100%。即做了一辆卡车—皮卡从实体变成完全透明的一个过程。

（5）接下来继续制作车库门打开，混凝土卡车进车库的动画。首先选中车库门，在选择的时候注意选择精度，选择的是车库门的整体，将其添加到动画集到场景1中，并将其命名为车库门，仅勾选车库门后的活动复选框。

（6）将时间位置调整到第4秒位置，捕捉该位置的车库门闭合状态。然后将时间位置调整到第6秒位置，利用缩放动画集将车库门打开。单击缩放动画集，首先调整缩放动画集的轴心位置，修改后一个Z值为8，如图11-54所示。

（7）然后向下拖拽蓝色的Z轴将车库门打开，捕捉该位置的关键帧。单击播放按钮，播放试看效果。

（8）继续添加车库门关闭的状态捕捉关键帧，由于关闭的状态和一开始的闭合状态是一个状态，选择之前的第 4 秒关键帧，单击鼠标右键复制。将其复制到第 10 秒的位置上。为了让混凝土卡车能正常进入车库，让车库门在打开的状态时停留 2 秒，即复制第 6 秒的关键帧粘贴到第 8 秒位置。

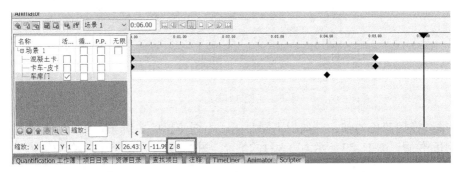

图 11-54

（9）仅选中混凝土卡车复选框，在第 6 秒时添加旋转动画，第 8 秒时添加平移动画，这里的操作与之前的卡车—皮卡操作相同，这里不再赘述。最后播放试看，完成之后混凝土卡车进入车库，卡车—皮卡变成透明。

11.7.6　剖面动画

（1）打开 Navisworks 测试模型，单击动画视点进入该视点。

（2）打开 Animator 窗口，添加新的场景，在场景 1 上单击右键选择添加剖面，创建一个新的剖面动画。进入到视点选项卡下，找到剖分面板启用剖分命令，如图 11-55 所示。对模型进行剖分。单击启用剖分后，可以观察到场景视图中的模型会发生变化，如图 11-56 所示。

图 11-55

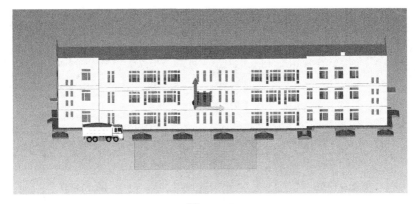

图 11-56

（3）显然，现在显示的部分位置不符合要求，想要做的动画是需要让模型从远端到近端一点一点地生成。调整一下剖面的位置，单击进入剖分工具选项卡下，选择剖面的对齐方式。这里选择左侧，并选择移动命令，目的是看到剖面的位置及方便对剖面进行调整。

（4）调整完成后，场景视图中的模型样式显示在场景视图中。拖拽蓝色的轴线，使其达到图 11-57 所示的样式，并在 Animator 中捕捉 0 秒时的关键帧。也就是模型开始第一个关键帧的时候，场景视图中是什么都没有的，随着时间的推移，模型一点一点地生成。

图 11-57

（5）继续拖拽蓝色的轴，并捕捉不同时间、不同位置的关键帧。图 11-58 所示为第 5 秒的时候模型的位置，图 11-59 所示为第 8 秒的位置，图 11-60 所示为第 12 秒的位置。

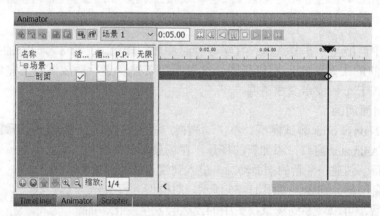

图 11-58

图 11-59

图 11-60

（6）捕捉好这几个位置后，回到剖分工具选项卡下，将移动命令关闭，单击播放按钮即可以看到制作好的剖分动画了。当然，可以通过拖拽关键帧的位置，调整模型剖面动画生成的快慢。

11.7.7　脚本

使用"Scripter"窗口可向模型中的动画对象添加交互性，如图 11-61 所示。"动画互动工具"树形视图以分层列表视图的形式包含 Navisworks 文件中可用的所有脚本。使用它可以创建并管理动画脚本。

注意：尽管可以将脚本组织到文件夹中，但是这对 Navisworks 中执行脚本的方式没有任何影响。

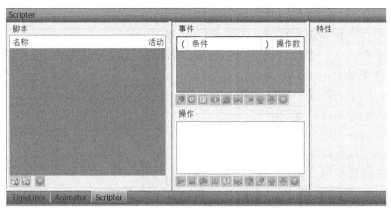

图 11-61

（1）分层列表：可以使用"Scripter"树视图创建并管理脚本。选择树视图中的脚本将显示相关的事件、操作和特性。通过拖动树视图中的项目可以快速复制并移动这些项目。要执行此操作，请单击要复制或移动的项目，按住鼠标右键并将该项目拖动到所需位置，当鼠标指针变为箭头时，释放鼠标键可显示关联菜单。根据需要单击"在此处复制"或"在此处移动"。

（2）关联菜单：对于树中的任何项目，可以通过在项目上单击鼠标右键显示关联菜单。下列命令只要适用，就会显示在关联菜单上。

添加新脚本：将新脚本添加到树视图中。

添加新文件夹：将文件夹添加到树视图中。文件夹可以存放脚本和其他文件夹。

重命名项目：用于重命名在树视图当前选定的项目。

删除项目：删除在树视图中当前选定的项目。

激活：在树视图中选定当前项目"活动的"复选框。仅将执行活动脚本。

取消激活：对树视图中的当前选定项目取消选中"活动"复选框。仅执行活动脚本。

（3）下面是各个图标的含义：

：将新脚本添加到树视图中。

：将新文件夹添加到树视图中。

：删除在树视图中当前选定的项目。

注意：如果意外删除了某个项目，请单击快速访问工具栏上的"撤销"按钮恢复。

（4）活动复选框：使用此复选框可指定要使用哪些脚本，仅执行活动脚本。如果将脚本组织到文件夹中，可以使用顶层文件夹旁边的"活动的"复选框快速打开和关闭脚本。

（5）事件视图："事件"视图显示与当前选定脚本关联的所有事件。可以使用"事件"视图定义、管理和测试事件，如图 11-62 所示。

图 11-62 中图标含义如下：

：添加开始事件。

：添加计时器事件。

：添加按键事件。

：添加碰撞事件。

：添加热点事件。

：添加变量事件。

：添加动画事件。

：在"事件"视图上移当前选定的事件。

图 11-62

：在"事件"视图下移当前选定的事件。

：在"事件"视图删除当前选定的事件。

（6）关联菜单：在"事件"视图中单击鼠标右键将显示关联菜单。下列命令只要适用，就会显示在关联菜单上：

添加事件：用于选择要添加的事件。

删除事件：删除当前选定的事件。

上移：上移当前选定的事件。

下移：下移当前选定的事件。

括号：用于选择括号。包括"（、）"和"无"。

逻辑：用于选择逻辑运算符，选项包括"AND"和"OK"。

测试逻辑：测试事件条件的有效性。

（7）操作视图："操作"视图显示与当前选定脚本关联的动作，如图 11–63 所示。可以使用"操作"视图定义、管理和测试动作。

图 11–63 中图标含义如下：

：添加播放动画动作。

：添加停止动画动作。

：添加显示视点动作。

：添加暂停动作。

：添加发送消息动作。

：添加设置变量动作。

：添加存储特性动作。

：添加载入模型动作。

图 11–63

：在"动作"视图中上移当前选定的动作。

：在"动作"视图中下移当前选定的动作。

：删除当前选定的动作。

（8）关联菜单：在"操作"视图中单击鼠标右键将显示关联菜单。下列命令只要适用，就会显示在关联菜单上。

添加动作：用于选择要添加的动作。

删除动作：删除当前选定的动作。

测试动作：执行当前选定的动作。

停止动作：停止执行当前选定的动作（在"测试动作"时）。

上移：在"动作"视图中上移当前选定的动作。

下移：在"动作"视图中下移当前选定的动作。

（9）特性视图：显示当前选定的事件或动作的特性，如图 11–64 所示。使用"特性"视图可以配置脚本中事件和动作的行为。

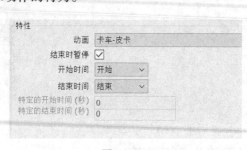

图 11–64

事件特性：当前在 Navisworks 中存在七种事件类型。添加事件时，"特性"视图将显示事件类型的特性。可以立即或以后配置事件特性。

1）启动时触发：无须为该事件类型配置任何特性。

2）计时器触发：

①间隔时间（秒）：定义计时器触发之间的时间长度（以秒为单位）。

②规则性：指定事件频率。从以下选项选择：

a. 以下时间后一次：事件仅发生一次。使用此选项可创建一个在特定时间长度之后开始的事件。

b. 连续：以指定的时间间隔连续重复事件，例如，可以使用该选项模拟工厂机器的循环工作。

3）按键触发：

①键：在此框中单击以输入按哪个键可以进行触发该事件，然后按键可将其链接到事件。

②触发事件：定义触发事件的方式。从以下选项选择：

a. 释放键：按键并释放键后会触发事件。

b. 按下键：只要按下键就会触发事件。

c. 键已按下：按键时触发事件。该选项允许将按键事件与布尔运算符一起使用。例如，可以通过 AND 运算符使该事件与计时器事件一起使用。

4）碰撞触发：发生冲突的选择：单击"设置"按钮，并使用关联菜单定义碰撞对象：

①清除：清除当前选定的碰撞对象。

②从当前选择设置：将碰撞对象设置为在"场景视图"中当前选择的对象（直到在"场景视图"中进行选择后，此选项才可用）。

③从当前选择集设置：将碰撞对象设置为当前搜索集或选择集。

④显示：这是一个只读框，其中显示了作为碰撞对象选择的几何图形对象的数量。

⑤包括重力效果：如果要在碰撞中包括重力，则选中该复选框。例如，如果使用该选项，则从楼板上走过时单击楼板会触发事件。

5）热点触发：

①热点：定义热点类型。从以下选项选择：

a. 球体：基于空间中给定点的简单球体。

b. 选择的球体：围绕选择的球体。该选项不要求在空间中定义给定点。该热点将随选定对象在模型中的移动而移动。

②触发时间：定义触发事件的方式。从以下选项选择：

a. 进入：在进入热点时触发事件。例如，该选项可用于开门。

b. 离开：离开热点时触发事件。例如，该选项可用于关门。

c. 范围：位于热点内部时触发事件。该选项允许将热点事件与布尔运算符一起使用。例如，可以通过 AND 运算符使该事件与计时器事件一起使用。

③热点类型：

a. 位置：热点的位置。如果选择的热点是"选择的球体"，则此特性不可用。

b. 拾取：用于拾取热点的位置。如果选择的热点是"选择的球体"，则此按钮不可用。单击"拾取"按钮，然后为"场景视图"中的热点单击一点。

c. 半径（m）：热点的半径。

6）变量触发：

①变量：要计算的变量的字母数字名称。

②值：要使用的操作数。输入要针对变量测试的值。或者，输入另一个变量的名称，它的值将针对变量中的值进行测试。将应用以下规则：

a. 如果输入数字（例如，0、400、5.3），则将该值视为数字值。如果该值有小数位，则浮点格式最多保留到用户定义的小数位。

b. 如果在单引号或双引号之间输入字母、数字、字符串（如"testing"或"hello"），则将该值视为字符串。

c. 如果输入的字母、数字、字符串没有单引号或双引号（如 counterl 或 testing），则将该值视为另一个变量。如果以前从未使用过该变量，则会为其指定数字值 0。

d. 如果输入了不带任何引号的单词 true 或 false，则将该值视为布尔值（true=1，false=0）。

③计算：用于变量比较的运算符。可以将以下任何一个运算符与数字和布尔值一起使用。但比较字符串只限于"等于"和"不等于"运算符。

7）动画触发：

①动画：选择触发事件的动画。如果 Navisworks 文件中没有任何对象动画，则该特性将不可用。

②触发事件：定义触发事件的方式，从以下选项选择：

a. 开始：当动画开始时触发事件。

b. 结束：当动画结束时触发事件。这将对动画链接在一起很有用。

动作特性：当前在 Navisworks 中有八种操作类型。添加动作时，"特性"视图将显示该动作类型的特性。可以立即或以后配置动作特性。

1）播放动画。

动画：选择要播放的动画。如果 Navisworks 文件中没有任何对象动画，则该特性将不可用。

结束时暂停：如果希望动画在结束时停止，请选中此复选框。如果取消选中此复选框，动画将在结束时返回到起点。

开始时间：定义播放动画的开始位置。从以下选项选择：

①开始：动画从开头正向播放。

②结束：动画从结尾反向播放。

③当前位置：如果播放已经开始，则动画将从其当前位置播放。否则，动画将从正向播放。

④指定的时间：动画从"特定的开始时间（秒）"特性中定义的段播放。

结束位置：定义播放动画的结束位置。从以下选项选择：

①开始：播放在动画开始时结束。

②结束：播放在动画结束时结束。

③指定的时间：播放在"特定的结束时间（秒）"特性中定义的段处结束。

特定的开始时间（秒）：播放段的开始位置。

特定的结束时间（秒）：播放段的结束位置。

2）停止动画。

动画：选择要停止的动画。如果 Navisworks 文件中没有任何对象动画，则该特性将不可用。

重置为：定义已停止的动画的播放位置。从以下选项选择：

①默认位置：将动画重置为其开始点。

②当前位置：动画保持在停止的位置。

3）显示视点。

视点：选择视点或要显示的视点动画，如果 Navisworks 文件中没有任何视点，则该特性将不可用。

4）暂停。

延迟（秒）：定义脚本中的下一个动作运行之前时间的延迟量。

5）发送消息：

消息：定义要发送到在"选项编辑器"中定义的文本文件的消息。

6）设置变量。

变量名称：变量的字母数字名称。

值：要指定的操作数。

修饰符：变量的赋值运算符。可以将以下任何一个运算符与数字和布尔值一起使用，但字符串只能用于"设置等于"运算符。

7）存储特性。

要从中获取特性的选择：单击"设置"按钮，并使用关联菜单定义对象，这些对象用于从以下操作获取特性：

清除：清除当前选择。

从当前选择设置：将对象设置为在"场景视图"中当前选择的对象（直到在"场最视图"中进行选择后，此选项才可用）。

从当前选择集设置：将对象设置为当前搜索集或选择集。

注意：如果用户的选择包含某个对象层次，则会自动使用顶层对象的特性。例如，如果用户选择了一个名为"Wheel"的组，其中包含两个名为"Rim"和"Tire"的子组，则只能存储与"Wheel"相关的特性。

要设置的变量：要接收特性的变量的名称。

要存储的特性：

①类别：特性类别。该下拉列表中的值取决于选定的对象。

②特性：特性类型。该下拉列表中的值取决于选定的特性"类别"。

8）载入模型。

要载入的文件：指向将载入以替换当前文件的 Navisworks 文件的路径。如果要显示一组不同模型文件中包含的一组选定的动画场景，则可能会发现该选项很有用。

A. 启动时触发脚本。

①打开之前制作的卡车—皮卡移动动画，进入到 Scripter 脚本窗口，添加一个新的脚本，命名为启动时触发脚本。直接在新建脚本处命名时，经常会出现输入法问题，导致不能输入中文，这里可以在桌面上新建一个文本文档，在文本文档里输入想要修改后的名字，然后复制过去。

②在事件下添加条件，选择第一个启动时触发，如图 11-65 所示。

③在操作栏内添加第一个按钮：播放动画。可以看到右侧出现关于选择动画和设置动画开始时间和结束时间的选项，如图 11-66 所示。

在动画后选择之前制作好的皮卡—卡车移动动画。

图 11-65

④进入到动画选项卡下，单击启用脚本，使用刚才的脚本，由于刚才设置的脚本是启动时触发，即单击启用脚本之后就可以看到动画被触发。这样一个启动时触发脚本就制作好了，动画播放完成之后，可以将启用脚本关掉，再继续其他操作。

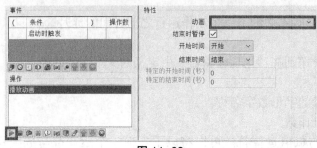

图 11-66

B. 计时器脚本触发。

①打开之前制作的卡车—皮卡移动动画，进入到 Scripter 脚本窗口，添加一个新的脚本，命名为计时器触发脚本。

②在事件下添加条件，选择第二个计时器触发。

③添加计时器触发之后，设置一下后面的间隔时间，将间隔时间设置为 3s，规则性设置为以下时间后一次，即在 3s 后只触发一次操作，如图 11-67 所示。

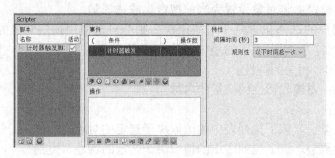

图 11-67

④在操作栏内添加第一个按钮：播放动画。在动画之后选择之前制作好的卡车—皮卡移动动画。

⑤进入到动画选项卡下，单击启用脚本，使用刚才的脚本，由于刚才设置的脚本是计时器触发，即单击启用脚本之后等待 3 秒就可以看到动画被触发。这样一个计时器触发脚本就制作好了。

C. 按键触发脚本。

①打开之前制作的卡车—皮卡移动动画，进入 Scripter 脚本窗口，添加一个新的脚本，命名为按键触发脚本。

②在事件下添加条件，选择第三个按键触发。

③添加按键触发之后，设置一下后面的按键，在其输入框中输入 Q，如图 11-68 所示。即当按下 Q 键的时候启动这个事件。

注意：按下的键应避免与其他的快捷键重复，例如，如果此处输入的是 W，则会调出查看对象控制盘。

④在操作栏内添加第一个按钮：播放动画。在动画后选择之前做好的卡车—皮卡移动动画。

⑤进入动画选项卡下，单击启动脚本，使用刚刚创建的脚本，按下 Q 键，可以观察到卡车—皮卡的动画会被触发。

图 11-68

D. 碰撞触发脚本。

①打开之前制作的卡车—皮卡混合动画，进入 Animator 窗口，将混凝土卡车和卡车—皮卡的活动勾选掉，只修改观察第三个动画"车库门动画"，修改拖拽车库门的几个关键帧，让车库门动画能在第 0 秒开始后就能播放，如图 11-69 所示是修改到车库门开启 1 秒，停顿 1 秒，关闭 1 秒。

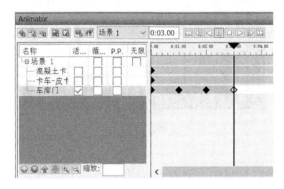

图 11-69

②进入 Scripter 脚本窗口，新建一个脚本并命名为"碰撞触发脚本"，在事件下添加条件，选择第四个按钮"碰撞触发"。

③单击保存的视点窗口，进入车库门视点，选择车库门，在"发生冲突的选择"后的"设置"处单击弹出关联菜单选择从当前选择设置，即将车库门设置为冲突选择的对象，等一下当第三人碰撞车库门的时候会触发事件。设置完成后，设置后面会出现"显示（1 个部件）"。

④在操作栏内添加第一个按钮：播放动画。在"动画"后选择刚刚修改好的"车库门"动画。

⑤进入动画选项卡下，单击启用脚本。

⑥进入"视点"选项卡下，单击使用"漫游"命令，并调出第三人，开启"碰撞""重力""蹲伏"效果，进入"碰撞"编辑中，修改相应参数如图 11-70 所示，调整视角如图 11-71 所示，并将该视点保存，避免后期重复调整视点。

⑦在漫游状态下，向前移动建筑工人，直到建筑工人与车库门发生碰撞，在碰撞的时候可以发现车库门动画会被激活，即说明制作的脚本动画是起作用的，当建筑工人碰撞到车库门的时候启动动画。如果用户感觉车库门动画的运行动作太快，可以回到第一步中调整车库门的关键帧所在时间来满足用户的需求，也可配合着其他的动画共同使用，例如，

利用碰撞做开门动画，利用按键让车库门关闭。

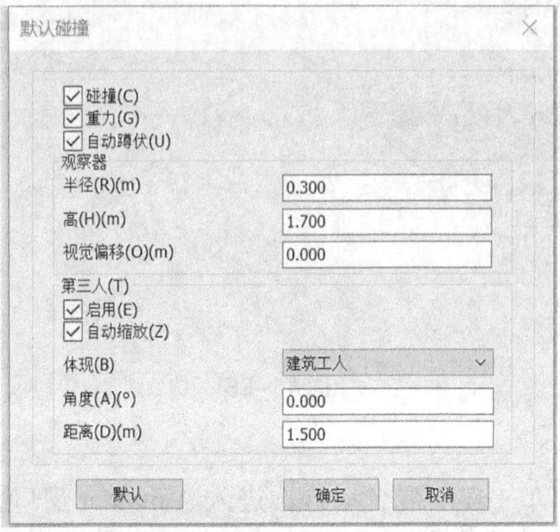

图 11-70

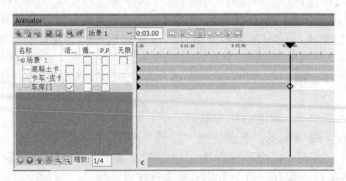

图 11-71

E. 热点触发脚本。

①本节利用热点触发脚本制作一个进入车库门 2m 范围车库门打开，离开车库门 2m 范围车库门关闭的动画效果。

打开上面制作的碰撞触发脚本动画，默认进入碰撞触发脚本动画视点中。进入 Animator 窗口，拖拽修改车库门的关键帧，将第三个和第四个关键帧删除，修改到车库门从第 0 秒处开始动作，第 3 秒处结束动作，即车库门打开花费 3 秒，如图 11-72 所示。

图 11-72

②进入 Scripter 脚本窗口，新建一个脚本命名为"热点触发脚本"，在事件栏中添加条件，选择第五个按钮"热点触发"。

③在特性窗口中，修改"拾取"，单击"拾取"之后，进入场景视图中单击车库门的右

下角，如果感觉单击车库门不方便，可以先回到 Animator 中在时间框中输入 0，回到第 0 秒时的显示状态，方便用户选择车库门的右下角。将半径后面的默认值 0.305 改成 2，如图 11-73 所示。此处为建筑工人走进车库门右下角的 2m 范围内触发事件。

图 11-73

④在操作栏内添加第一个按钮：播放动画。在动画后选择刚刚修改好的车库门动画。

⑤再创建一个脚本命名为"热点触发脚本二"，在事件下添加条件，选择第五个按钮"热点触发"。在热点触发后的特性窗口中的拾取和半径设置与上面的操作是一致的，不同的是将触发事件后的选项设置为离开。

⑥在操作栏内添加一个按钮：播放动画。在动画后选择刚刚修改好的车库门动画。

⑦进入动画选项卡下，单击启用脚本。

⑧进入碰撞触发脚本视点，开启漫游，向前移动建筑工人，当建筑工人走到车库门 2m 范围的时候可以看到车库门的打开，当建筑工人离开车库门 2m 范围的时候可以看到车库门的关闭，即模拟了一个可以自动开关的车库门效果。

F. 变量触发脚本。

变量触发动画，需要设置变量，当变量达到用户设置的某个值后，触发下面添加的操作，该脚本理解起来较为晦涩，用户还是根据自己的理解合理地使用该脚本。这里有一个简单的变量触发车库开门动画。

①首先创建一个"启动时触发脚本"，然后在下面的"操作"中添加"存储特性"。

②可以看到在后面的特性栏中需要添加选择的对象，如图 11-74 所示。

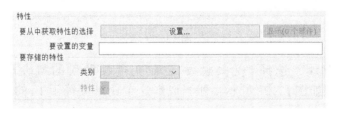

图 11-74

选择车库门这个构件，但是在选择的时候需要注意选择的精度。因为选择的精度不同，特性栏中出现的特性也是不同的。将精度调整到最高层级的对象时，特性栏中出现"Revit 类型">"成本">"0.00"这个属性。就利用这个属性值的变化控制动画的开启。

③调整精度后，选择车库门。单击"要从获取特性的选择"后的"设置"出现关联菜单，选择从当前选择设置，将车库门设置作为变量的主体。下面的选项依次输入"成本""Revit 类型""成本"，如图 11-75 所示。

④添加新的脚本，选择"计时器触发"，设置间隔时间为 2 秒，规则性为"连续"，即每过 2 秒触发一次下面的操作，如图 11-76 所示。

图 11-75

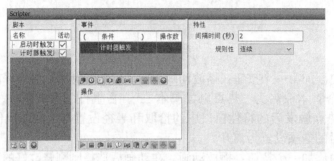

图 11-76

⑤在下面的操作窗口中添加"设置变量",在后面的特性栏中依次输入"成本""2""增量",如图 11-77 所示。变量名称保持一致都为"成本",值为"2","增量"即增加 2,与上面的计时器触发配合起来就是每过 2 秒,成本的值增加 2。

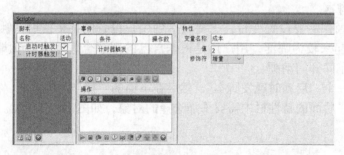

图 11-77

⑥添加新的脚本,选择"变量触发"。在变量触发后的特性栏中依次输入"成本""10""等于",如图 11-78 所示,即当成本这个变量值等于 10 的时候会触发下面的操作。

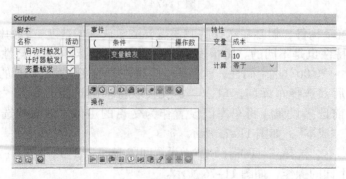

图 11-78

⑦最后在操作栏内添加第一个按钮：播放动画。在动画后选择"车库门"动画。

⑧当添加完这三个脚本动画之后，启动脚本之后，即触发启动时触发，开始存储车库门里面的成本特性，默认该值为 0，与此同时会启动计时器触发，每过 2 秒成本增加 2，直到达到第三个脚本的当成本值等于 10 之后，会启动车库门动画，即需要 10 秒钟的时间。这样一个变量触发的脚本动画就做好了。

G. 动画触发脚本。

①最后一个脚本是动画触发，需要先播放第一个动画之后，再触发下一个动画。回到 Animator 动画窗口中勾选混凝土卡车和卡车—皮卡后的活动，将车库门的活动关闭。

②添加新的脚本，命名为"启动时触发"，在事件中添加"启动时触发"。

③操作栏内添加第一个按钮：播放动画。在动画后选择"卡车—皮卡"动画。

④添加新的脚本，命名为"动画触发"，在"动画触发"的特性栏后面设置动画为"卡车—皮卡"，触发事件为结束，即当"卡车—皮卡"的动画结束后启动下一个操作。

⑤在下一个操作里面添加"播放动画"，播放混凝土卡车动画。

⑥启用脚本后，可以观察到先是"卡车—皮卡"的动画播放，当"卡车—皮卡"的动画播放完成之后，再进行"混凝土卡车"动画的播放。

至此，几个脚本动画就已经讲解完毕了。这里只是比较简单地讲解一下，用户可以根据自己的需求，多个脚本配合，创造出一系列的脚本，满足在现实应用中多种多样的需求。

11.8　TimeLiner 施工模拟

11.8.1　TimeLiner 工具概述

TimeLiner 工具有以下几个功能：

（1）可以将三维模型链接到外部施工进度，以进行可视四维规划。

（2）可以向 Navisworks 中添加四维进度模拟。

（3）从各种来源导入进度，接着可以使用模型中的对象链接进度中的任务以创建四维模拟。这使用户能够看到进度在模型上的效果，并将计划日期与实际日期相比较。

（4）还能够基于模拟的结果导出图像和动画。

（5）如果模型或进度更改，TimeLiner 将自动更新模拟。可以将 TimeLiner 功能与其他 Navisworks 工具结合使用。

通过将 TimeLiner 和对象动画链接在一起，可以根据项目任务的开始时间和持续时间触发对象移动并安排其进度，且可以帮助用户进行工作空间和过程规划。

将 TimeLiner 和 Clash Detective 链接在一起，可以对项目进行基于时间的碰撞检查。将 TimeLiner、对象动画和 Clash Detective 链接在一起，可以对完全动画化的 TimeLiner 进度进行碰撞检测。因此，假设要确保正在移动的起重机不会与工作小组碰撞，可以运行一个 Clash Detective 测试，而不必以可视方式检查 TimeLiner 序列。

11.8.2　TimeLiner 任务

通过"任务"选项卡可以创建和管理项目任务。该选项卡显示进度中以表格格式列出的所有任务。可以使用该选项卡右侧和底部的滚动条浏览任务记录，如图 11-79 所示。

（1）任务视图。任务显示在包含多列的表格中，通过此表格可以灵活地显示记录。可以执行以下操作：

移动列或调整其大小（直接拖曳列后的短竖线可以调整列的大小，直接拖曳列可以将列进行移动位置）。

按升序或降序顺序对列数据进行排序（在列标题处单击右键可设置按升序排序还是按

降序排序）。

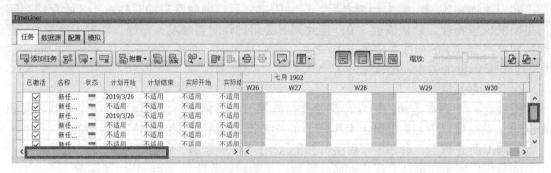

图 11-79

（2）任务层次结构。从数据源（例如 Microsoft Project）导入时，TimeLiner 支持分层任务结构。分别单击任务左侧的加号或减号可以展开或收拢层次结构，如图 11-80 所示。

（3）状态图标。每个任务都使用图标来标识自己的状态。会为每个任务绘制两个单独的条，显示计划与当前的关系。颜色用于区分任务的最早（蓝色）、按时（绿色）、最晚（红色）和计划（灰色）部分。圆点标记计划开始日期和计划结束日期。

已激活	名称	状态	计划开始
☑	新任务	▦	2019/3/26
☑	新任务	▦	不适用
☑	新任务	▦	2019/3/26
☑	新任务	▦	不适用
☑	新任务	▦	不适用
☑	新任务	▦	不适用

图 11-80

将鼠标指针放置在状态图标上会显示工具提示，说明任务状态。

1）在计划开始之前完成。

2）早开始，早完成。

3）早开始，按时完成。

4）早开始，晚完成。

5）按时开始，早完成。

6）按时开始，按时完成。

7）按时开始，晚完成。

8）晚开始，早完成。

9）晚开始，按时完成。

10）晚开始，晚完成。

11）在计划完成之后开始。

12）没有比较。

（4）已激活复选框。

"已激活"列中的复选框可用于打开 / 关闭任务。如果任务已关闭，则模拟中将不再显示此任务。对于分层任务，关闭上级任务会使所有下级任务自动关闭。

（5）任务按钮。

1）添加任务："添加任务"按钮可在任务列表的底部添加新任务。

2）插入任务："插入任务"按钮可在"任务"视图中当前选定的任务上方插入新任务。

3）⬜自动添加任务："自动添加任务"按钮可为每个最高层、最上面的项目或每个搜索和选择集自动添加任务。

4）⬜删除任务回："删除任务"按钮可在"任务"视图中删除当前选定的任务（通过 Ctrl 键加选或 Shift 键多选删除）。

5）⬜附着："附着"按钮可以：

①附着当前选择：将场景中的当前选定项目附着到选定任务。

②附加当前搜索：将当前搜索选择的所有项目附加到选定任务。

③附加当前选择：将场景中当前选定项目附加到已附着到选定任务的项目。

6）⬜使用规则自动附着："使用规则自动附着"按钮可打开"TimeLiner 规则"对话框，从中可以创建、编辑和应用自动将模型几何图形附着到任务的规则。

7）⬜清除附加对象："清除附加对象"按钮可从选定的任务拆离模型几何图形。

8）⬜查找项目："查找项目"按钮可基于用户从下拉列表中选择的搜索条件在进度中查找项目。可以在"选项编辑器"（"工具"＞"TimeLiner"＞"启用查找"复选框）中启用 / 禁用此选项。

9）⬜上移："上移"按钮可在任务列表中将选定任务向上移动。任务只能在其当前的层次级别内移动。

10）⬜下移："下移"按钮可在任务列表中将选定任务向下移动。任务只能在其当前的层次级别内移动。

11）⬜降级："降级"按钮可在任务层次中将选定任务降低一个级别。

12）升级："升级"按钮可在任务层次中将选定任务提高一个级别。

13）⬜添加注释："添加注释"按钮可向任务中添加注释。有关详细信息，请参见使用注释、红线批注和标记。

14）⬜列：通过"列"按钮，可以从三种预定义列集合（"基本""标准"或"扩展"）中选择一种显示在"任务"视图中，也可以在"选择 TimeLiner 列"对话框中创建自定义列集合，方法是单击"选择列"，在设置首选列集合后选择"自定义"。

15）⬜按状态过滤："按状态过滤"按钮可基于任务的状态过滤任务。过滤某个任务会在"任务"视图和"甘特图"视图中临时隐藏该任务，但不会对基础数据结构进行任何更改。

16）⬜导出进度："导出进度"按钮可将 TimeLiner 进度导出为 CSV 或 MicrosoftProjectXML 文件。

（6）"甘特图"视图。

甘特图显示一个说明项目状态的彩色条形图。每个任务占据一行。水平轴表示项目的时间范围（可分解为增量，如天、周、月和年），而垂直轴表示项目任务。任务可以按顺序运行，以并行方式或重叠方式。可以将任务拖动到不同的日期，也可以单击并拖动任务的任一端来延长或缩短其持续时间。所有更改都会自动更新到"任务"视图中。

（7）甘特图按钮。显示日期：使用"显示日期"下拉菜单可以在"当前"甘特图、"计划"甘特图和"计划与当前"甘特图之间切换。

1）⬜显示 / 隐藏甘特图：单击"显示 / 隐藏甘特图"按钮可显示或隐藏甘特图。

2）⬜显示计划日期：单击"显示计划日期"按钮可在甘特图中显示计划日期。

3）⬜显示实际日期：单击"显示实际日期"按钮可在甘特图中显示实际日期。

4）⬜显示计划日期与实际日期：单击"显示计划日期与实际日期"按钮可在甘特图中显示计划日期与实际日期。

缩放滑块：使用"缩放"滑块可以调整显示的甘特图的分辨率。最左边的位置选择时间轴中最小可用的增量（例如，天）；最右边的位置选择时间轴中最大可用的增量（例如，年）。

11.8.3　TimeLiner 数据源

通过"数据源"选项卡，可从第三方进度安排软件（如 MicrosoftProject、Asta 和 Primavera）中导入任务。其中显示所有添加的数据源，以表格格式列出。

数据源显示在多列的表中。这些列会显示名称、源（例如 MicrosoftProject）和项目（例如 myschedule.mpp）。任何其他列（可能没有）标识外部进度中的字段，这些字段指定了每个已导入任务的任务类型、唯一 ID、开始日期和结束日期。

（1）数据源按钮。

①添加：创建到外部项目文件的新连接。单击此按钮将显示一个菜单，该菜单列出了当前计算机上所有可能连接的项目源。

②删除：删除当前选定的数据源。如果在将数据源删除之前刷新了数据源，则从该数据源读取的所有任务和数据都将保留在"任务"选项卡中。

③刷新：显示"从数据源刷新"对话框，从中可以刷新选定数据源。

（2）关联菜单。在选项卡上的数据源区域中单击鼠标右键，将打开一个关联菜单，用户可以通过该菜单来管理数据源。

①重建任务层次：从选定数据源中读取所有任务和关联数据（如"字段选择器"对话框中所定义），并将其添加到"任务"选项卡。选择此选项还会在新任务添加到选定项目文件后与该项目文件同步。此操作将在 TimeLiner 中重建包含所有最新任务和数据的任务层次结构。

②同步：使用选定数据源中的最新关联数据（如开始日期和结束日期）更新"任务"选项卡中的所有现有任务。

③删除：删除当前选定的数据源。如果在将数据源删除之前刷新了数据源，则从该数据源读取的所有任务和数据都将保留在"任务"选项卡中。

④编辑：用于编辑选定数据源。选择此选项将显示"字段选择器"对话框，从中可以定义新字段或重新定义现有字段。

⑤删除：删除选定数据源。

⑥重命名：用于将数据源重命名为更合适的名称。当文本字段高亮显示时，输入新名称，然后按 Enter 键保存它。

注意：如果数据源中的任务不同日用时包含开始日期和结束日期，或者开始日期小于或等于结束日期，则将忽略这些任务。

（3）"字段选择器"对话框。"字段选择器"对话框确定从外部项目进度导入数据时使用的各种选项。每种类型数据源对应的可用选项可能不同。

用于从外部进度安排软件导入数据的"字段选择器"对话框。

用于导入 CSV 数据的"字段选择器"对话框。

1）CSV 导入设置。

①行 1 包含标题：如果要将 CSV 文件中的第一行数据视为列标题，请选中"行 1 包含标题"复选框。TimeLiner 将使用它填充辅网中的"外部字段名"选项。如果 CSV 文件第一行数据不包含列标题，清除此复选框。

②自动检测日期 / 时间格式：如果希望 TimeLiner 尝试确定在 CSV 文件中使用的日期 / 时间格式，选中"自动检测日期 / 时间格式"选项。首先，TimeLiner 应用一组规则以尝试建立文档中使用的日期 / 时间格式；如果无法建立，则将使用系统上的本地设置。

③使用特定的日期 / 时间格式：如果要手动指定应使用的日期 / 时间格式，选中"使用

特定的日期 / 时间格式"选项。选中此单选按钮后，可以在提供的框中输入所需的格式。参见下面的有效日期 / 时间代码列表。

注意：如果发现在一个或多个基于日期 / 时间的列包含的字段中，无法使用手动指定的格式将其数据映射到有效的日期 / 时间值，则 TimeLiner 将"后退"并尝试使用自动的日期 / 时间格式。

④字段映射轴网：字段映射轴网是这样一种轴网，其左列包含来自当前 TimeLiner 进度的所有列，其右列包含许多下拉菜单，通过这些菜单可以将传入的字段映射到 TimeLiner 列。

注意：如果选中"行 1 包含标题"，则从 CSV 文件导入数据时，轴网的"外部字段名"列将显示 CSV 文件第一行中的数据。否则，它将默认为"列 A""列 B"等。

⑤任务名称：在导入 CSV 数据时，将显示此必需手段。如果不映射此字段，将收到一条错误消息。

⑥同步 ID：此字段用于唯一标识每个已导入的任务，即使对进度安排软件中的外部进度进行了主要更改，这也会使同步起作用。默认行为是针对每个源使用最适当的字段。某些源没有明确的唯一 ID，在这种情况下可能需要手动选择字段。

注意：必须为所有数据源映射"同步 ID"。如果未在"字段选择器"对话框中手动执行此操作。则将由外部项目进度安排软件自动进行映射。如果从 CSV 文件导入数据，则必须手动映射"同步 ID"。在 CSV 文件中应该有一个包含唯一数据（例如递增编号）的列，并将其映射到该字段。此唯一数据在针对 CSV 文件中的行进行设置后必须保持不变，用户才可以重建和同步数据源链接。

⑦任务类型：此字段用于为每个已导入的任务自动指定任务类型。

注意：在"配置"选项卡中添加新任务类型必须在从外部项目进度中导入数据之前进行，这样才能在导入过程中识别这些任务类型。

⑧显示 ID：在导入 CSV 数据时，将显示此字段。如果在外部进度安排软件中存在显示 ID，则数据源插件可能会自动映射该 ID，但当导入 CSV 时，该字段必须手动映射。它不是必填字段。映射到"显示 ID"的字段可以自动显示在"任务"选项卡中的"显示 ID"列中，也可以通过手动方式使其显示在该列中。

⑨计划开始日期：此字段用于标识计划的开始日期。这使得可以对比和模拟计划日期与实际日期的差异。

⑩计划结束日期：此字段用于标识计划的结束日期。这使得可以对比和模拟计划日期与实际日期的差异。

⑪实际开始日期：某些项目源支持多个用于不同目的的开始日期。默认行为是针对每个源使用最适当的可用日期。如果"实际开始"日期与默认情况下选择的日期不同，则可以使用该字段定义一个实际开始日期。

⑫ 实际结束日期：某些项目源支持多个用于不同目的的结束日期。默认行为是针对每个源使用最适当的可用日期。如果"实际结束"日期与默认情况下选择的日期不同，则可以使用该字段定义一个实际结束日期。

⑬材料费：此字段用于为每个导入的任务自动指定材料费。

⑭人工费：此字段用于为每个导入的任务自动指定人工费。

⑮机械费：此字段用于为每个导入的任务自动指定机械费。

⑯分包商费用：此字段用于为每个导入的任务自动指定分包商费用。

⑰用户 1 ~ 10：可以使用十个用户字段链接项目源中的任何自定义数据字段。

⑱"全部重置"按钮：使用此按钮可以清除所有列映射，还将 CSV 导入设置重置为其

默认值（如果适用）。

⑲ 有效的日期 / 时间代码：

d，%d：一月中的第几日。一位数的日期名称没有前导零。

dd：一月中的第几日。一位数的日期名称具有前导零。

Ddd：缩写的日名称。

Dddd：完整的日名称。

M，%M：以数字表示的月份。一位数的月份名称没有前导零。

MM：以数字表示的月份。一位数的月份名称具有前导零。

MMM：缩写的月名称。

MMMM：完整的月名称。

y，%y：不带世纪的年份。如果小于 10，则将没有前导零。

yy：不带世纪的年份。如果小于 10，则将有前导零。

yyyy：以四位数字表示的年份，包括世纪。

h，%h：小时（12 小时制）。一位数的小时数没有前导零。

hh：小时（12 小时制）。一位数的小时数具有前导零。

H：小时（24 小时制）。一位数的小时数没有前导零。

HH：小时（24 小时制）。一位数的小时数具有前导零。

m，%m：分。一位数的分钟数没有前导零。

mm：分。一位数的分钟数具有前导零。

s，%s：秒。一位数的秒数没有前导零。

ss：秒。一位数的秒数具有前导零。

t，%t：AM/PM 标识符的第一个字符（如果有）。

Tt：AM/PM 标识符（如果有）。

Z：GMT 时区偏移（"+" 或 "–" 后仅跟小时）。一位数的小时数没有前导零。

Zz：时区偏移。一位数的小时数具有前导零。

Zzz：完整的时区偏移，以小时和分钟表示。一位数的小时数和分钟数具有前导零，例如，"–8：00"。

2）"TimeLiner" 支持多种进度安排软件，如图 11–81 所示。

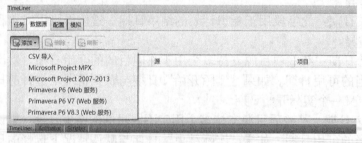

图 11–81

注意：只有安装了相关的进度安排软件后，其中的某些进度安排软件才会起作用。

Navisworks TimeLiner 可以使用 Navisworks.NET API 支持第三方数据源，并且为 MS Project、CSV 和 Primavera 格式提供 Windows 8 支持。Navisworks 任何用户均可开发对新数据源的支持功能有关进一步的指导，请参见 API 文档。

① Microsoft Project MPX：TimeLiner 可以直接读取 Microsoft Project MPX 文件，而无须安装一份 Microsoft Projctm（或任何其他进度安排软件）。Primavera Sure Trak、Primavera

Project Planner 和 Asta Power ProjectTM 都可以导出 MPX 文件。

注意：Primavera SureTrak 在 MPX 文件的"文本 10"字段（而非唯一 ID 字段）中导出它的唯一 ID。链接到从 SureTrak 导出的 MPX 文件时，请确保在"字段选择器"对话框中将 text10 字段指定为唯一 ID 字段。

② MicrosoftProject2007—2013：此数据源要求已安装 Microsoft Project 2007 至 Microsoft Project 2013。

③ Primavera Project Management 6~8：此数据源要求与 Navisworks 一起安装以下元素：Primavera Project Management（PPM）6~8 产品、ActiveX Data Objects 2.1 Primavera Software Development Kit（在 PrimaveraCD 上提供），由于 PPM6~8 是数据库驱动的，因此需要安装 Software Development Kit，以便设置 ODBC 数据源链接。可以通过执行下列步骤从 Project Management CD 中安装和设置该链接：

插入 Project Management CD，输入产品密钥并接受许可协议。

确保选择"Pimavera 应用程序或组件"，然后单击"下一个"。

选择"其他组件"，然后单击"下一个"。

选择"软件开发套件"，然后单击"下一个"。

继续单击"下一个"，直到安装开始。

安装完成后，请单击"确定"，以启动"数据库配置"向导。

在"软件开发套件设置"对话框中相应地调整设置，然后单击"确定"。

对于日志文件，单击"是"，然后单击"完成"完成操作。

在连接到 TimeLiner 中的 PPM6~8 时，可以在登录对话框中选中源链接（如果不存在源链接，将出现警告）。如果用户名和密码未存储在 Navisworks 文件中，则每次登录时都会提示用户进行输入。

连接后将显示一个对话框，用户可以从中选择要打开的项目。复选框确定是否打开所有子项目。TimeLiner 层次结构支持项目 / 活动层次结构的 WBS 结构。

注意：由于从本质上讲，Primavera Project Manager6 产品使用 SDK 进行数据访问，因此使用 TimeLiner 导入数据所需的时间可能比其他格式所需的时间要长。

④ PrimaveraP6（Web 服务）V6 ~ V8.2：访问 PimaveraP6Web 服务功能可极大地缩短使 TimeLiner 进度和 Primavera 进度同步所花费的时间。

此 数 据 源 要 求 用 户 设 置 PrimaveraWeb 服 务 器。 请 参 考 Primavera P6 Web Server Administrator Guide（《Primavera P6 Web 服务器管理指南》）（在 Primavera 文档中提供）。

11.8.4　TimeLiner 配置

通过"配置"选项卡可以设置任务参数，例如任务类型、任务的外观定义以及模拟开始时的默认模型外观，如图 11-82 所示。

（1）任务类型：任务类型显示在多列的表中。如有必要，可以移动表的列以及调整其大小。

图 11-82

注意： 可以双击 "名称" 列来重命名任务类型，或双击任何其他列来更改任务类型的外观。

（2）TimeLiner 附带有三种预定义的任务类型。

1）构造：适用于要在其中构建附加项目的任务。默认情况下，在模拟过程中，对象将在任务开始时以绿色高亮显示并在任务结束时重置为模型外观。

2）拆除：适用于要在其中拆除附加项目的任务。默认情况下，在模拟过程中，对象将在任务开始时以红色高亮显示并在任务结束时隐藏。

3）临时：适用于其中的附加项目仅为临时的任务。默认情况下，在模拟过程中，对象将在任务开始时以黄色高亮显示并在任务结束时隐藏。

（3）添加：添加一个新的任务类型。删除：删除选定的任务类型。

（4）每个任务都有一个与之相关的任务类型，任务类型指定了模拟过程中如何在任务的开头和结尾处理（和显示）附加到任务的项目。可用选项包括：

1）无：附加到任务的项目将不会更改。

2）隐藏：附加到任务的项目将被隐藏。

3）模型外观：附加到任务的项目将按照它们在模型中的定义进行显示，这可能是原始 CAD 颜色。如果在 Navisworks 中应用了颜色和透明度替换，将显示它们。

4）外观定义：用于从 "外观定义" 列表中进行选择，包括十个预定义的外观和已添加的任何自定义外观。

5）外观定义：打开 "外观定义" 对话框。在其中可以设置和更改外观定义。TimeLiner 附带一个由十个预定义的外观定义组成的外观定义集，可用于配置任务类型。外观定义了透明度级别和颜色，名称指定了外观定义名称。单击名称以根据需要对其进行更改。颜色，指定了外观定义颜色，单击颜色以根据需要对其进行更改。透明度，指定了外观定义透明度，使用滑块或者输入值以根据需要更改透明度。单击添加该选项以添加外观定义，单击删除该选项以删除当前选定的外观定义。默认模拟开始外观指定了要在模拟开始时应用于模型中所有对象的默认外观。默认值为 "隐藏"，该值适合于模拟大多数构建序列。

11.8.5　TimeLiner 模拟

通过 "模拟" 选项卡可以在项目进度的整个持续时间内模拟 TimeLiner 序列，如图 11-83 所示。

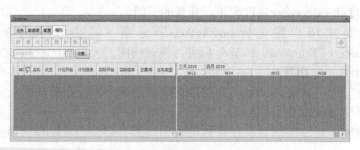

图 11-83

（1）播放控件：可使用标准 VCR 按钮正向和反向播放模拟：

1）回放 ⧏：将模拟倒回到开头。

2）上一帧 ⧏：将后退一个步长。

3）反向播放 ◁：将反向播放模拟。

4）停止 □：将停止播放模拟，并倒回到开头。

5）暂停 ⧐⧐：将使模拟在用户按下该按钮时暂停。然后可以坏视和询问模型，或使模拟前进和后退。要从暂停位置继续播放，只需再次按 "播放" 按钮即可。

6）播放 ▷：将从当前选定时间开始播放模拟。

7）下一帧 ▷▷：将前进一个步长。

8）前进 ▷▷▷：将模拟快进到结尾。

（2）可以使用"模拟位置"滑块快进和快退模拟。

（3）VCR 按钮旁边的"日期 / 时间"框显示模拟过程中的时间点。可以单击日期右侧的下拉图标以显示日历，可以从中选择要"跳转"到的日期。

（4）"导出动画"按钮可打开"导出动画"对话框，以便于用户将 TimeLiner 动画导出为 AVI 文件或者一系列图像文件。

（5）任务视图：所有活动任务均显示在一个由多个列构成的表中。如有必要，可以移动表的列以及调整其大小。

（6）"甘特图"视图：甘特图显示一个说明项目状态的彩色条形图，每个任务占据一行，水平轴表示项目的时间范围（可分解为增量，如天、周、年、月），而垂直轴表示项目任务，任务可以按顺序进行，以并行的方式或者重叠的方式。

可见范围（缩放）级别由"模拟设置"对话框中的"时间间隔大小"选项确定。

（7）"设置"按钮：单击"设置"按钮可打开"模拟设置"对话框，以便于用户定义计划模拟方式。

可以替代运行模拟的开始日期和结束日期。选中"替代开始 / 结束日期"复选框可启用日期框，用户可以从中选择开始日期和结束日期。通过执行此操作，可以模拟整个项目的较小的子部分。日期将显示在"模拟"选项卡中。这些日期也将在导出动画时使用。

可以定义要在使用播放控件执行模拟时使用的"时间间隔大小"。时间间隔大小既可以设置为整个模拟持续时间的百分比，也可以设置为绝对的天数或周数等。

使用下拉列表选择间隔单位，然后使用上箭头按钮和下箭头按钮增加或减小间隔大小，如图 11-84 所示。

图 11-84

还可以高亮显示间隔中正在处理的所有任务。通过选中"以时间间隔显示全部任务"复选框并假设将"时间间隔大小"设置为 5 天，会将此 5 天之内所有已处理的任务（包括在时间间隔范围内开始和结束的任务）设置为它们在"场景视图"中的"开始外观"。"模拟"滑块将通过在滑块下绘制一条蓝线来显示此操作。如果取消选中此复选框，则在时间间隔范围内开始和结束的任务不会以此种方式高亮显示，并且需要与当前日期重叠才可在"场景视图"中高亮显示。

可以定义整个模拟的总体"重放时间"（从模拟开始一直播放到模拟结束所需的时间）。使用向上和向下箭头按钮可以增加或减少持续时间（以秒为单位）。还可以直接在此字段中输入持续时间。

可以定义是否应在"场景视图"中覆盖当前模拟日期，以及覆盖后此日期是应显示在屏幕的顶部还是底部。从下拉列表中选择"无"（不显示覆盖文字）、"顶部"（在窗口顶部显示文字）或"底部"（在窗口底部显示文字）。

可以使用"覆盖文本"对话框来编辑覆盖文字中显示的信息。还可以通过单击此对话框中包含的"字体"按钮更改"字体""字形"和"字号"。

可以向整个进度中添加动画，如图 11-85 所示。以便在 TimeLiner 序列播放过程中，

Navisworks 还会播放指定的视点动画或相机。

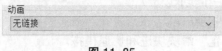

图 11–85

可以在"动画"字段中选择以下选项：

1）无链接：将不播放视点动画或相机动画。

2）保存的视点动画：将进度链接到当前选定的视点或视点动画。

3）场景 X– > "相机"：将进度链接到选定动画场景中的相机动画。

可以预先录制合适的动画，以便与 TimeLiner 模拟一起使用。使用动画还会影响导出动画。

"视图"区域。每个视图都将播放描述计划日期与实际日期关系的进度，如图 11–86 所示。

图 11–86

1）实际：选择此视图将仅模拟实际进度（仅使用实际开始日期和实际结束日期）。

2）实际（计划差别）：选择此视图将针对"计划"进度来模拟"实际"进度，此视图仅高亮显示实际日期范围期间附加到任务的项目，该时间范围为介于实际开始日期和实际结束日期之间的时间。对于实际日期位于计划日期（按计划）中的时间段，将在任务类型开始日期图示中显示附加到任务的项目。对于实际日期早于或晚于计划日期（实际日期与计划日期不一致）的时间段，将分别在任务类型提前或延后外观中显示附加到任务的项目。

3）计划：选择此视图将仅模拟计划进度（仅使用计划的开始日期和计划的结束日期）。

4）计划（当前差别）：选择此视图将针对"计划"进度来模拟"实际"进度，此视图仅高亮显示计划日期范围期间附加到任务的项目，该时间范围为介于"开始日期"和"计划结束"日期之间的时间。对于实际日期介于计划日期中的时间段（按计划），将在任务类型开始外观中显示附加到任务的项目。对于实际日期早于或晚于计划日期（实际日期与计划日期不一致）的时间段，将分别在任务类型提前或延后外观中显示附加到任务的项目。

5）计划与实际：选择此视图将针对"计划"进度来模拟"实际"进度，这将高亮显示整个计划和实际日期范围期间附加到任务的项目，该时间范围为介于实际开始日期和计划开始日期之间的最早者与实际结束日期和计划结束日期之间的最晚者之间的时间。对于实际日期早于或晚于计划日期（实际日期与计划日期不一致）的时间段，将分别在任务类型提前或延后外观中显示附加到任务的项目。

11.8.6   施工模拟练习

要制作一个施工模拟，首先要确定：

（1）要做哪些构件的施工模拟？

（2）哪部分是要详细表现的，哪部分是可以粗略展示的？

（3）需要添加哪些信息计划时间？哪些实际时间？哪些人工费？哪些材料费？

要有事前控制思维，把控所做的和想要的成果是一致的。明确这些之后，才能做出一个好的、明确的施工模拟。

但是怎么明确这些问题呢？前提就是用户在制作之前对 Navis works 有一定的认识，了解它可以做哪些事情，不能做哪些事情。用户要先把关于施工模拟的基础内容了解之后，才能做出一个较为完美的施工模拟动画。

（1）制作施工模拟之前首先对施工模拟的构件进行集合的创建。方便在添加集合后快速附着任务对象。将视图中所有的模型都创建成集合的形式，如图 11-87 所示。

（2）接下来为施工模拟添加任务，这里选择自动添加任务中的针对每个集合来快速添加任务。

（3）添加任务完成之后，发现自动添加好的任务的顺序不能满足要求，则选中要调整的任务，鼠标右键单击"向上"或"向下"调整一下相关的任务顺序，如图 11-88 所示。

图 11-87　　　　　　　　　　　　　　　图 11-88

（4）添加好任务并调整好顺序之后，对每个任务的时间进行输入。这里输入计划开始时间和计划结束时间。此处演示的时间顺序比较简单，主要是按照任务先后的顺序进行排列。

（5）添加好任务、设置好时间之后就可以通过模拟菜单下的播放按钮播放一下当前设置好的施工模拟动画，如图 11-89 所示。当前动画就会按照设置的时间将每个任务依次显示出来。

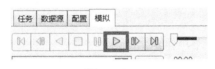

图 11-89

（6）接下来继续深化一下，设置一下场景视图中模型的相关信息的显示，选择手动的方式设置材料费、人工费、机械费、分包商费用这些信息的显示。第一步需要在任务中添加相关的费用信息。单击"任务"菜单下的列选项，单击"选择列"，如图 11-90 所示。将"材料费""人工费""机械费""分包商费用"这几个选项前的对勾勾选上，将"实际开始""实际结束""任务类型"勾选掉，单击确定，如图 11-91 所示。

图 11-90

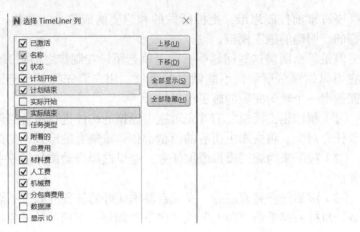

图 11-91

（7）接下来的任务中将相关的信息输进去，在输入信息的时候可以将甘特图先隐藏掉，以便于观察任务中所有的信息。

（8）第二步需要让相关的信息显示在模拟时的场景视图中，单击模拟菜单下"设置"按钮，如图 11-92 所示，进入模拟设置窗口，单击覆盖文本下的"编辑"，对文本进行编辑设置，如图 11-93 所示。

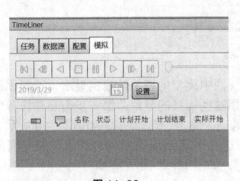

图 11-92

图 11-93

（9）覆盖文本对话框：

1）颜色：选择红色。

2）日期／时间：选择日期和时间表示法适用于本地。

3）其他里面选择新的一行（换行操作），输入材料费和冒号，然后单击"费用"选择"材料费"。

4）将人工费、机械费、分包商费用和总费用输入进去。

5）单击"字体"设置字体。

（10）设置完成之后，单击"播放模拟"。就可以在场景视图左上角看到刚刚设置的信息。

（11）接下来为该段施工模拟添加一个视点动画链接，单击"切换"回任务菜单，再单击 Animator 窗口，添加"场景 1"下的"添加相机"，选择"空白相机"，为"场景 1"添加一个空白相机。

（12）分别在图 11-94 ~ 图 11-97 所示位置在第 0s、第 2s、第 4s、第 6s、第 8s 时保存视点，用户在保存这几个视点的位置时，只要调整到大致位置即可，主要目的是让相机可以围着房间旋转观察。

图 11-94

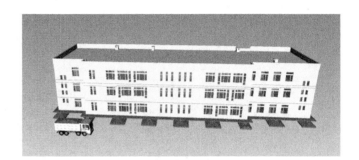

图 11-95

图 11-96

图 11-97

（13）视点动画制作完成后，将视点动画链接到施工模拟中，单击"模拟"菜单中的"设置"，在动画链接中选择刚刚制作的"场景 1-> 相机"，单击"确定"，再次播放该施工模拟，发现在模拟的时候已经可以边旋转视图边进行施工模拟的过程。

（14）添加过施工模拟之后，再为其添加一个柱子生长的动画和墙体生长的动画，在集合窗口选择柱，然后在 Animator 中添加动画集，从当前选择，并将该动画集命名为"柱生长动画"。

（15）选择缩放动画命令，将时间调整到第 0s，然后将缩放后面的 Z 轴调整为 0，即将 X、Y、Z 轴的轴心放到地面的位置上，然后拖拽蓝色的 Z 轴，将柱压扁，捕捉该位置关键帧。

（16）将时间轴调整到第 5s，将柱的缩放再改回原始的状态，捕捉该位置的关键帧，播放观察一下，柱已经可以从无到有地一点点生长起来了。

（17）回到 TimeLiner 中，找到列的按钮"选择列"，勾选"动画"和"动画行为"。

（18）在柱的后面找到"动画"和"动画行为"，在"动画"中选择"场景 1/柱生长动画"，"动画行为"选择"缩放"。完成给柱添加刚刚制作的生长动画。再回到"模拟"选项卡，单击"模拟"，观察刚刚添加动画之后的效果，在模拟的时候就可以观察到柱会有生长的动画，同理，再将墙的生长动画做出来，并链接到墙的任务后面，这样施工模拟就做完了，可以在其中看到模型构件一点一点地建立出来，用户在操作的时候，可以根据项目的实际情况将模型进行集合的划分，将任务按照实际施工顺序进行排序，并链接视点动画和

Animator 动画。

（19）最后，将施工模拟动画进行导出，设置如图 11-98 所示，单击格式后"选项"按钮设置如图 11-99 所示，将动画保存到本地。

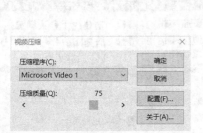

图 11-98　　　　　　　　　　　　　　　　　图 11-99

第 12 章　在 Navisworks 中遇到的问题及其处理方法

12.1　Navisworks 安装目录文件解析

（1）找到 Navisworks 的安装目录，位置：X（安装盘符）：\ProgramFiles\Autodesk\Navisworks Manage2018，Samples 里面有复杂程度不等的 9 个项目模型，可以通过这 9 个模型来学习 Navisworks。

（2）qvatars 文件夹是软件里第三人放置的位置，可以自己做第三人，新建一个文件夹将制作完成的第三人的 nwd 文件放到该文件夹中。

12.2　制作并更改 Navisworks 中的第三人

（1）要制作一个第三人，先看一下系统自带的第三人是什么状态的。打开一个 human 件夹，查看一下里面的文件，如图 12-1 所示。

（2）分别打开图 12-1 所示的几个文件，查看一下每个文件保存的都是什么状态。

（3）打开文件，文件保存的是人站立和蹲伏的几种状态。也就是说制作的时候也可以给出几种状态，来满足第三人进入不同高度的房间内需要显示的状态，这里做一个稍微简单点的、不考虑蹲伏时的状态。

图 12-1

（4）这里还存在一个问题，可能制作过的同学会发现制作出来的第三人经常是倒着的，方向总是调节不正确，这是一个比较头疼的问题。解决此问题的方法也是根据系统自带的文件去观察它是怎么放置第三人的方向的，如图 12-2 所示。按照这种方式去放置，需要观察第一张图片是在上视图可以看到第三人的背影，第三人的头部朝向北方。也就是说在修改自己制作的第三人的时候也应当调整到这种状态再将其放置到该文件夹下，又考虑到在 Revit 中修改较为方便，所以最好在 Revit 中修改完成之后再进行其他的步骤。

图 12-2

（5）打开 Revit 后载入一个系统自带的轿车模型族（也可以用在 Revit 中添加自己想要的 SketchUp 模型）。载入模型之后，进入编辑族的状态。

（6）用 Navisworks 打开刚才导出的车文件，将其保存成 nwd 文件。打开安装目录，在 avatars 文件夹下创建一个自己的文件夹命名为 car，把 nwd 文件放入创建的文件夹内，如图 12-3 所示。

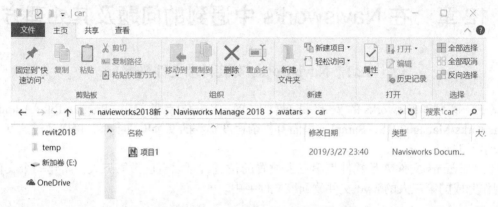

图 12-3

（7）再次打开 Navisworks，调出第三人即可看到刚刚制作的轿车就出现在第三人列表中，选择使用该混凝土罐车作为第三人，并调整轿车的大小和视点距轿车的距离，如图 12-4 所示。

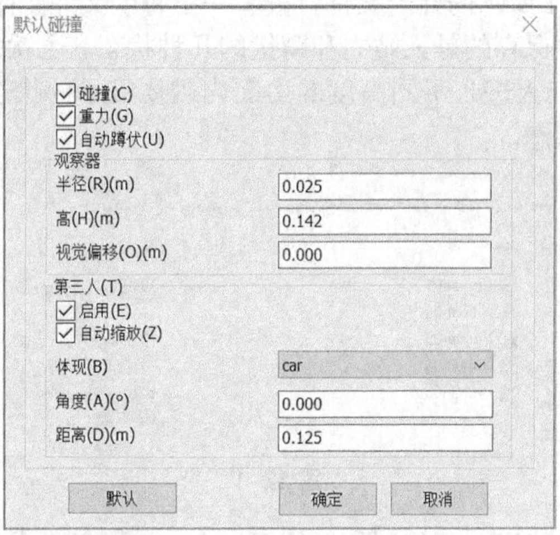

图 12-4

（8）这里就制作了一个简单的第三人的替换。

12.3　关于 Navisworks 中选项的常见设置

（1）自动保存。在"菜单栏"中的"选项"按钮内，单击"常规"列表找到"自保存"选项。用户可以自行设置保存的路径，以及查找当文件崩溃之后，自动保存到哪里，方便查找文件的位置。

（2）修改单位。问题：载入进来的外部文件大小尺寸不对怎么办？

解决方法：改单位，按键盘上 F12（快捷键），将对应的格式改正。

（3）捕捉的设置。在"菜单栏"中单击"选项"按钮，在"界面"中找到"捕捉"。

（4）轴网标高的控制。在"菜单栏"中单击"选项"按钮，在"界面"中找到"轴网"，字体大小与颜色控制如图 12-5 所示。

图 12-5

（5）轴网位置的控制。在"查看"选项卡下，"轴网与标高"面板内"模式"命令下三角内。

12.4　Navisworks 视图操作方法

（1）视点的控制。视图导航盘：通过视图导航盘控制视图的平移、缩放等对场景视图进行查看，如图 12-6 所示。

图 12-6

（2）关于视点的控制及第三人各类数值的调整。在"场景"中，单击鼠标右键，单击"视点"然后选择"编辑视点"，如图 12-7 所示，常用的功能在红线的区域，可以调整线速度（人物 / 视点直线移动速度）和角速度（人物 / 视点转动速度），以及漫游时第三人各类数值的调整，如图 12-7 所示。

（3）拆分视图。

1）单击进入 Navisworks 时默认为一个视图界面，如果想要对其进行多视角观察，可以单击"查看"选项卡，选择"场景视图"面板内"拆分视图"下三角。可以将一个模型分成多视图（视角）来观察。

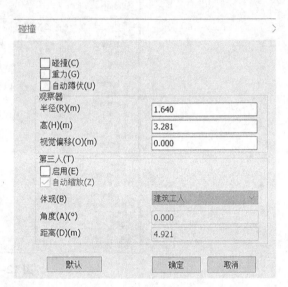

图 12-7

2）首先单击"水平拆分"，然后单击"垂直拆分"，再单击未拆分的视图场景，最后单击"垂直拆分"，出现如图 12-8 所示界面。

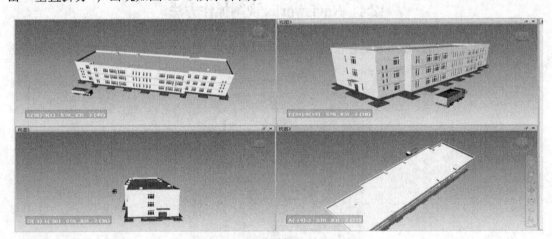

图 12-8

（4）参考视图。"查看"选项卡下"参考视图"下三角。可以移动小箭头的位置来定位和操控相机位置。

（5）光源的调整。在"视点"选项卡中"渲染样式"面板内"光源"下三角。可以调整光源的类别旁边"模式"命令下三角，修改视图的模式（"场景光源"在着色的模式下更加明显）。

12.5 Navisworks 中模型的查看方式

在"视点"选项卡下，导航面板内有"平移""缩放""动态观察""漫游"命令。

重点 1：平移状态，单击鼠标左键或者按住中间的滚轮能够实现模型的平移，Shift+ 中间滚轮能够将模型以视角为中心旋转。

重点 2：漫游状态（适合在模型的内部使用的视图命令），单击"漫游"命令，鼠标在场景中时单击鼠标左键，视角就会随着鼠标移动。同时按 Shift 键则会让视角移动速度加快。鼠标中间的滚轮能够控制视角的上下观察。同时如果将"真实效果"中碰撞、重力勾选，遇到障碍物时会无法前进，视角落到地面就无法继续下降，如果将"漫游"中第三人打开，感觉就更真实了。

如果调整视角时需要保留某个观察模型的特定视角，那么，单击"视点"选项卡，在"载入和回放"列表中单击"保存视点"，就可以将这个视角保存下来。

12.6 如何改变 Navisworks 中的背景色

（1）单击桌面上 Navisworks 软件，进入操作界面，界面是黑色的，并且单击鼠标右键也不会弹出背景选项。

（2）载入项目，对空白处单击鼠标右键。单击背景，出现"背景"对话框，有三个不同的选项，每个选项效果不一。

注意：若修改背景颜色后，场景视图中无变化，到视点选项卡下渲染面板中将模式调参为着色。

12.7 如何在 Navisworks 中制作圆滑的动画

（1）右键单击视图空白处，单击"视点""导航模式""转盘"命令，如图 12-9 所示。

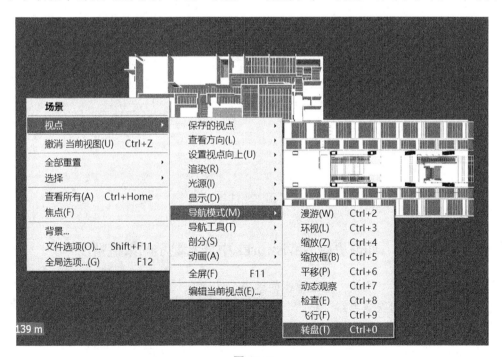

图 12-9

（2）拖动鼠标使项目模型旋转，单击"动画"选项卡，"创建"面板中的"录制"命令，即可做出圆滑的动画了。

12.8　如何解决 Navisworks 制作视频时画面呈现锯齿状

（1）使用"输出"选项卡下"视觉效果"面板中"图像"或"动画"命令。

（2）在弹出的"导出图像"或"导出动画"对话框中，使用"视口"模式导出图像或动画时修改抗锯齿倍数为 8x 或更高，如图 12-10 所示。

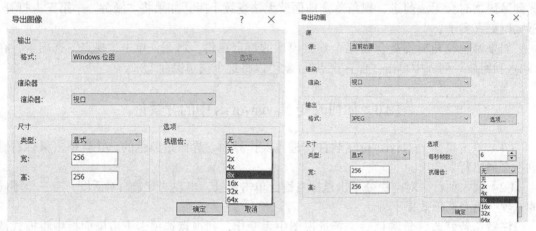

图 12-10

12.9　如何在 Navisworks 中查询面数、点数和线段数

（1）在"常用"选项卡下"项目"面板内"项目"下三角里单击"场景统计信息"命令。

（2）得到想要的数据，如图 12-11 所示。

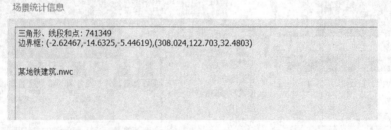

图 12-11

12.10　如何更改 Navisworks 中测量显示的数值精度

（1）单击"菜单栏"按钮，在菜单栏中单击"选项"。

（2）在弹出的"选项编辑器"对话框的"界面"类别下的"显示单位"中，设置"长度单位"为"毫米"即可。

12.11　如何使用 Navisworks 中的框选命令

（1）在"常用"选项卡下"选择和搜索"面板"选择"命令下三角内单击"选择框"

分类（成框选后就不能进行点选操作）。

（2）在 Navisworks 中的框选不同于 CAD 与 Revit，它的左右框选都是如同 CAD 与 Revit 中的从左往右框选，即构件被全部框中的时候才会被选中。

12.12　Navisworks 集合的单独取消隐藏

在载入的项目中将"常用"选项卡下单击"选择树"命令，弹出选择树工具面板并将其固定在旁边，打开子目录。

单击"选择树"工具面板中"墙"，可以观察到场景视图中墙被选中，选择好墙之后，然后单击"常用"选项卡下"可见性"面板内"隐藏"将墙隐藏，如图 12-12 所示。

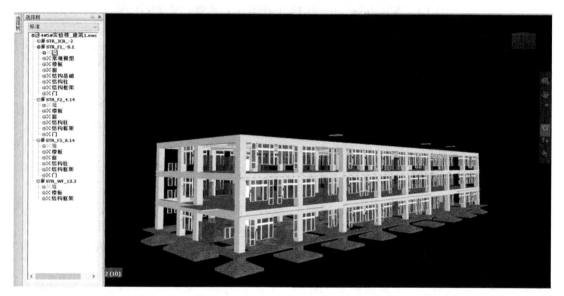

图 12-12

将所有的墙隐藏之后，如果说想将其中一面墙单独显示出来，而不是使用面板中的取消隐藏所有构件。这时可以通过"选择树"工具面板选择到需要单独显示的构件，然后单击"常用"选项卡下"可见性"面板内"隐藏"。

12.13　如何在 Revit 中精确显示 Navisworks 中找到碰撞

（1）选中有问题的模型，单击"常用"选项卡下"显示"面板中"特性"命令，在打开的"特性"工具面板中，找到"元素 ID"分类，记住该值，如图 12-13 所示。

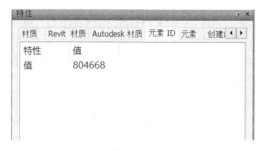

图 12-13

（2）打开 Revi 软件，在 Rei 中"管理"选项卡下"直询"面板中，单击 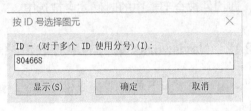 "按 ID 选择"输入之前的值。并确定可以准确地找到有问题的图元构件，如图 12-14 所示。

图 12-14

12.14　Navisworks 在施工模拟中需要注意的几点

（1）要创建施工模拟动画，必须首先关联对象，最好把相同名字的做成一个集合，然后根据集合建立任务层次。

（2）最好配合视点动画，否则做出来视角会很单一。

（3）从 Revit 中导出 nwc 格式的时候需要调节好标高，Navisworks 中默认的插入点跟 Revit 中的正负零标高是一致的。

12.15　如何在 Navisworks 中统计模型构件总数

（1）按 Shift+F3（"查找项目"快捷键），或者"常用"选项卡下"选择和搜索"面板内单击"查找项目"命令。

（2）按 Shift+F7（"特性"快捷键），或者"常用"选项卡下"显示"面板内单击"特性"命令。

（3）将"查找项目"工具面板与"特性"工具面板固定在视图边框上，在"查找项目"工具面板中将搜索条件"类别""特性""条件"分别更改为"元素""ID""已定义"。

（4）单击"查找项目"工具面板中"查找全部"按钮，"特性面板"上出现构件总数（元素 ID 是 Revit 图元 ID，一个图元一个 ID 可靠性更高）。

12.16　Navisworks 导出为视频的设置技巧

（1）在"输出"选项卡中"视觉效果"面板内单击"动画"命令，在"导出动画"对话框中单击"格式"分类中"选项"按钮。

（2）在"视频压缩"对话框中将"压缩程序"列表修改为"Microsoft Video 1"后确定。

12.17　Navisworks 中添加材质的注意事项

问题难点：打开 Navisworks2018，单击门，发现门被全部选中。

（1）解决办法 1：改变选择精度。

①单击"常用"选项卡下"选择和搜索"面板下三角中将"选择精度：最高层级的选择对象"修改为"选择精度：几何图形"后，再单击门扇即可，如图 12-15 所示结果。

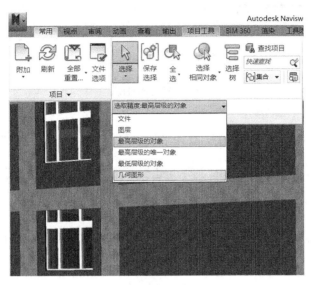

图 12-15

　②选择"常用"选项卡下"工具"面板中"Autodesk Rendring"命令。在"Autodesk Rendring"中选择相应的材质后，单击右键选择"指定给当前选择"即可，如图 12-16 所示。

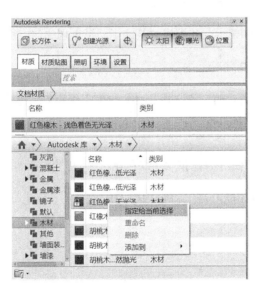

图 12-16

（2）解决办法 2：利用选择树命令。

　①单击门，再单击"常用选项卡"下"选择和搜索"面板中选择树命令，在"选择树"列表中找到代表门扇的材质，单击左键即可选中门扇。

　②选择"常用"选项卡下"工具"面板中"Autodesk Rendring"命令，在"Autodesk Rendring"中选择相应的材质，单击右键，选择"指定给当前选择"即可。

参考文献

[1] 朱溢镕，焦明明 . BIM 概论及 Revit 精讲 [M]. 北京：化学工业出版社，2018.

[2] 张玉琢，马洁，陈慧铭 . BIM 应用与建模基础 [M]. 大连：大连理工大学出版社，2019.

[3] 王帅 . BIM 应用与建模技巧 [M]. 天津：天津大学出版社，2018.

[4] 王君峰 . Autodesk Revit 土建应用之入门篇 [M]. 北京：中国水利水电出版社，2013.

[5] 袁金虎，陆彬，任治兵 . 基于 Revit 的 BIM 技术在群塔作业中的应用探索——以某不规则地块群塔作业为例 [J]. 建筑安全，2018，33（06）：26-28.

[6] 祝连波，李鑫，黄一雷 . 我国大型施工企业 BIM 技术发展模式研究——基于 SWOT 分析 [J]. 建筑经济，2018，39（06）：78-82.

[7] 肖阳，刘为 . BIM 技术在装配式建筑施工质量管理中的应用研究 [J]. 价值工程，2018，37（06）：104-107.

[8] 颜红艳，胡灿，周春梅，唐文彬 . BIM 与工程管理专业融合课程体系建设 [J]. 教育现代化，2018，5（23）：158-163+182.

[9] 翟德昕，赵艳敏 . BIM 智能技术在绿色建筑中的应用 [J]. 建材与装饰，2018（22）：23.

[10] 李建亭 . 分析 BIM 技术在工程管理中的应用 [J]. 工程建设与设计，2018（10）：275-276.